KB163550

파브르 곤충기 ⑤

파브르 곤충기 5

초판 1쇄 발행 ㅣ 2008년 9월 10일
초판 4쇄 발행 ㅣ 2020년 10월 30일

지은이 ㅣ 장 앙리 파브르
옮긴이 ㅣ 김진일
사진찍은이 ㅣ 이원규
그린이 ㅣ 정수일
펴낸이 ㅣ 조미현

펴낸곳 ㅣ (주)현암사
등록 ㅣ 1951년 12월 24일 · 제10-126호
주소 ㅣ 04029 서울시 마포구 동교로12안길 35
전화 ㅣ 365-5051 · 팩스 ㅣ 313-2729
전자우편 ㅣ editor@hyeonamsa.com
홈페이지 ㅣ www.hyeonamsa.com

글 ⓒ 김진일 2008
사진 ⓒ 이원규 2008
그림 ⓒ 정수일 2008

ISBN 978-89-323-1393-1 04490
ISBN 978-89-323-1399-3 (세트)

파브르 곤충기 5

장 앙리 파브르 지음 | 김진일 옮김
이원규 사진 | 정수일 그림

현암사

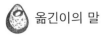 옮긴이의 말

신화 같은 존재 파브르, 그의 역작 곤충기

『파브르 곤충기』는 '철학자처럼 사색하고, 예술가처럼 관찰하고, 시인처럼 느끼고 표현하는 위대한 과학자' 파브르의 평생 신념이 담긴 책이다. 예리한 눈으로 관찰하고 그의 손과 두뇌로 세심하게 실험한 곤충의 본능이나 습성과 생태에서 곤충계의 숨은 비밀까지 고스란히 담겨 있다. 그러기에 백 년이 지난 오늘날까지도 세계적인 애독자가 생겨나며, '문학적 고전', '곤충학의 성경'으로 사랑받는 것이다.

남프랑스의 산속 마을에서 태어난 파브르는, 어려서부터 자연에 유난히 관심이 많았다. '빛은 눈으로 볼 수 있다'는 것을 스스로 발견하기도 하고, 할머니의 옛날이야기 듣기를 좋아했다. 호기심과 탐구심이 많고 기억력이 좋은 아이였다. 가난한 집 맏아들로 태어나 생활고에 허덕이면서 어린 시절을 보내야만 했다. 자라서는 적은 교사 월급으로 많은 가족을 거느리며 살았지만, 가족의 끈끈한 사랑과 대자연의 섭리에 대한 깨달음으로 역경의 연속인 삶을 이겨 낼 수 있었다. 특히 수학, 물리, 화학 등을 스스로 깨우치는 등 기초 과학 분야에 남다른 재능을 가지고 있었다. 문학에도 재주가 뛰어나 사물을 감각적으로 표현하는 능력이 뛰어났다. 이처럼 천성적인 관찰자답게

젊었을 때 우연히 읽은 '곤충 생태에 관한 잡지'가 계기가 되어 그의 이름을 불후하게 만든 '파브르 곤충기'가 탄생하게 되었다. 1권을 출판한 것이 그의 나이 56세. 노경에 접어든 나이에 시작하여 30년 동안의 산고 끝에 보기 드문 곤충기를 완성한 것이다. 소똥구리, 여러 종의 사냥벌, 매미, 개미, 사마귀 등 신기한 곤충들이 꿈틀거리는 관찰 기록만이 아니라 개인적 의견과 감정을 담은 추억의 에세이까지 10권 안에 펼쳐지는 곤충 이야기는 정말 다채롭고 재미있다.

'파브르 곤충기'는 한국인의 필독서이다. 교과서 못지않게 필독서였고, 세상의 곤충은 파브르의 눈을 통해 비로소 우리 곁에 다가왔다. 그 명성을 입증하듯이 그림책, 동화책, 만화책 등 형식뿐 아니라 글쓴이, 번역한 이도 참으로 다양하다. 그러나 우리나라에는 방대한 '파브르 곤충기' 중 재미있는 부분만 발췌한 번역본이나 요약본이 대부분이다. 90년대 마지막 해 대단한 고령의 학자 3인이 완역한 번역본이 처음으로 나오긴 했다. 그러나 곤충학, 생물학을 전공한 사람의 번역이 아니어서인지 전문 용어를 해석하는 데 부족한 부분이 보여 아쉬웠다. 역자는 국내에 곤충학이 도입된 초기에 공부를 하고 보니 다양한 종류의 곤충을 다룰 수밖에 없었다. 반면 후배 곤충학자들은 전문분류군에만 전념하며, 전문성을 갖는 것이 세계의 추세라고 해야 할 것이다. 이런 시점에서는 적절한 번역을 기대할 수 없다.

역자도 벌써 환갑을 넘겼다. 정년퇴직 전에 초벌번역이라도 마쳐야겠다는 급한 마음이 강력한 채찍질을 하여 '파브르 곤충기' 완역이라는 어렵고 긴 여정을 시작하게 되었다. 우리나라 풍뎅이를 전문적으로 분류한 전문가이며, 일반 곤충학자이기도 한 역자가 직접 번역한 '파브르 곤충기' 정본을 만들어 어린이, 청소년, 어른에게 읽히고 싶었다.

역자가 파브르와 그의 곤충기에 관심을 갖기 시작한 건 40년도 더되었다. 마침, 30년 전인 1975년, 파브르가 학위를 받은 프랑스 몽펠리에 이공대학교로 유학하여 1978년에 곤충학 박사학위를 받았다. 그 시절 우리나라의 자연과 곤충을 비교하면서 파브르가 관찰하고 연구한 곳을 발품 팔아 자주 돌아다녔고, 언젠가는 프랑스 어로 쓰인 '파브르 곤충기' 완역본을 우리나라에 소개하리라 마음먹었다. 그 소원을 30년이 지난 오늘에서야 이룬 것이다.

"개성적이고 문학적인 문체로 써 내려간 파브르의 의도를 제대로 전달할 수 있을까, 파브르가 연구한 종은 물론 관련 식물 대부분이 우리나라에는 없는 종이어서 우리나라 이름으로 어떻게 처리할까, 우리나라 독자에 맞는 '한국판 파브르 곤충기'를 만들려면 어떻게 해야 할까" 방대한 양의 원고를 번역하면서 여러 번 되뇌고 고민한 내용이다. 1권에서 10권까지 번역을 하는 동안 마치 역자가 파브르인 양 곤충에 관한 새로운 지식을 발견하면 즐거워하고, 실험에 실패하면 안타까워하고, 간간이 내비치는 아들의 죽음에 대한 슬픈 추억, 한때 당신이 몸소 병에 걸려 눈앞의 죽음을 스스로 바라보며, 어린 아들이 얼음 땅에서 캐내 온 벌들이 따뜻한 침실에서 우화하여, 발랑발랑 걸어 다니는 모습을 바라보던 때의 아픔을 생각하며 눈물을 흘리기도 했다. 4년도 넘게 파브르 곤충기와 함께 동고동락했다.

파브르시대에는 벌레에 관한 내용을 과학논문처럼 사실만 써서 발표했을 때는 정신 이상자의 취급을 받기 쉬웠다. 시대적 배경 때문이었을까? 다방면에서 박식한 개인적 배경 때문이었을까? 파브르는 벌레의 사소한 모습도 철학적, 시적 문장으로 써 내려갔다. 현지에서는 지금도 곤충학자라기보다 철학자, 시인으로 더 잘 알려져 있다. 어느 한 문장이 수십 개의 단문으로 구성된 경우도 있고, 같은 내용이 여러 번 반복되기도 하였다. 그래서 원문의 내용은 그대로 살리되 가능한 짧은 단어와 짧은 문장으로 처리해 지루함을 최대한 줄이도록 노력했다. 그러나 파브르의 생각과 의인화가 담긴 문학적 표현을 100% 살리기는 힘들었다기보다, 차라리 포기했음을 고백해 둔다.

파브르가 연구한 종이 우리나라에 분포하지 않을 뿐 아니라 아직 곤충학이 학문으로 정상적 궤도에 오르지 못했던 150년 전 내외에 사용하던 학명이 많았다. 아무래도 파브르는 분류 학자의 업적을 못마땅하게 생각한 듯하다. 다른 종을 연구하거나 이름을 다르게 표기했을 가능성도 종종 엿보였다. 당시 틀린 학명은 현재 맞는 학명을 추적해서 바꾸도록 부단히 노력했다. 그래도 해결하지 못한 학명은 원문의 이름을 그대로 썼다. 본문에 실린 동식물은 우리나라에 서식하는 종류와 가장 가깝도록 우리말 이름을 지었으며, 우리나라에도 분포하여 정식 우리 이름이 있는 종은 따로 표시하여 '한국판 파브르 곤충기'로 만드는 데 힘을 쏟았다.

무엇보다도 곤충 사진과 일러스트가 들어가 내용에 생명력을 불어 넣었다. 이원규 씨의 생생한 곤충 사진과 독자들의 상상력을 불러일으키는 만화가 정수일 씨의 일러스트가 글이 지나가는 길목에 자리 잡고 있어 '파브르 곤충기'를 더욱더 재미있게 읽게 될 것이다. 역자를 비롯한 다양한 분야의 전문가와 함께했기에 이 책이 탄생할 수 있었다.

번역 작업은 Robert Laffont 출판사 1989년도 발행본 파브르 곤충기 Souvenirs Entomologiques(Études sur l'instinct et les mœurs des insectes)를 사용하였다.

끝으로 발행에 선선히 응해 주신 (주)현암사의 조미현 사장님, 책을 예쁘게 꾸며서 독자의 흥미를 한껏 끌어내는 데, 잘못된 문장을 바로 잡아주는 데도, 최선의 노력을 경주해 주신 편집팀, 주변에서 도와주신 여러분께도 심심한 감사의 말씀을 드린다.

2006년 7월
김진일

5권 맛보기

5권은 차례를 보면 개략적인 내용이 짐작될 것이다. 총 22개의 장에서 절반이 넘는 12개의 장은 여러 종류의 소똥구리에 대한 습성이나 특성이 다루어졌고, 나머지는 매미와 사마귀에 관한 연구가 절반씩 차지했다. 연구 중에서 가장 괄목할 만한 성과는 곤충 중에도 새끼를 돌보거나 부부가 협력하여 가정생활을 꾸리는 종이 있음을 발견한 일일 것이다. 성충이 다년생인 경우도 처음 발견한 것이 아닌지 모르겠다. 마치 지구를 굴리는 것 같아서 고대부터 신성한 곤충으로 존경받은 소똥구리들의 비밀을 하나씩 밝힌다. 증발과 기하학 원리를 완벽히 이해하고 똥구슬을 빚어 알을 낳는 진왕소똥구리, 넉 달이나 굶으며 최고의 모성애로 새끼를 돌보는 뿔소똥구리, 갖가지 장식품을 머리에 달고서 후손들과 함께 생활할 정도로 장수하는 소똥구리들을 만난다. 기나긴 땅속 생활 뒤에야 잠시 땅 위로 올라오는 매미를 관찰하며 노래나 부르는 게으름뱅이라는 우화 속의 오명도 벗긴다. 기도드리는 자세의 경건한 모습과 달리 무서운 살생기구와 놀랄 만한 해부학적 지식으로 자기와 사랑을 나누는 수컷까지 잡아먹는 공포의 육식성 곤충 사마귀와 같은 사마귀인데도 먹이에 대한 절제와 검소함을 갖춘 온화한 뿔사마귀도 만난다.

10

 4권에서는 파브르가 개인적인 생각을 강력히 반영한 경우가 너무 많았다. 분류학이 전공인 옮긴이는 이 권을 번역하면서 황당한 느낌을 받은 경우가 적지 않았었다. 그런데 5권에서는 그런 태도가 완전히 사라졌다. 그의 갑작스런 태도 변화를 학문의 최고봉에 달했음을 느끼고 스스로 가장 빳빳해졌던 60대 후반의 파브르가 70대에 들어서자 무르익어 고개를 숙인 벼이삭처럼 변한 것으로 보고 싶다. 제2장의 두 번째 문단에서 "무엇인가 조금은 안다고 생각했던 나의 믿음을 완전히 뒤엎는……"처럼 과거의 오류를 뉘우치면서 태도가 변했을 것 같다. 다만 진화론은 아직도 받아들일 수 없음을 간간이 내비쳤고 곤충의 감각 능력을 사람 기준으로 판정하는 것도 여전했다.

 옮긴이도 60대 후반으로 넘어가는 중이니 인생을 아주 조심하는 게 좋겠다는 교훈을 받은 것 같다. 『파브르 곤충기』총 10권 중 5권 이후는 파브르의 나이 76세에서 84세 사이에 대략 2년마다 한 권씩 발행되었다. 1권을 발행한 다음 매 권마다 3년, 4년, 5년 간격으로 발행하다가 5권은 6년 만에 발행했다. 즉 10권 중 가장 긴 시간이 걸린 셈인데, 이렇게 길어진 이유가 어디에 있는지는 잘 모르겠다. 혹시 많이 자중하던 시대가 아니었는지 의심을 해본다.

차례

일러두기

* 역주는 아라비아 숫자로, 원주는 곤충 모양의 아이콘으로 처리했다.
* 우리나라에 있는 종일 경우에는 ●로 표시했다.
* 프랑스 어로 쓰인 생물들의 이름은 가능하면 학명을 찾아서 보충하였고, 우리나라에 없는 종이라도 우리식 이름을 붙여 보도록 노력했다. 하지만 식물보다는 동물의 학명을 찾기와 이름 짓기에 치중했다. 학명을 추적하지 못한 경우는 프랑스 이름을 그대로 옮겼다.
* 학명은 프랑스 이름 다음에 :를 붙여서 연결했다.
* 원문에 학명이 표기되었으나 당시의 학명이 바뀐 경우는 속명, 종명 또는 속종명을 원문대로 쓰고, 화살표(→)를 붙여 맞는 이름을 표기했다.
* 원문에는 대개 연구 대상 종의 곤충이 그려져 있는데, 실물 크기와의 비례를 분수 형태나 실수의 형태로 표시했거나, 이 표시가 없는 것 등으로 되어 있다. 번역문에서도 원문에서 표시한 방법대로 따랐다.
* 사진 속의 곤충 크기는 대체로 실물 크기지만, 크기가 작은 곤충은 보기 쉽도록 10~15% 이상 확대했다. 우리나라 실정에 맞는 곤충 사진을 넣고 생태 특성을 알 수 있도록 자세한 설명도 곁들였다.
* 곤충, 식물 사진에는 생태 설명과 함께 채집 장소와 날짜를 넣어 분포 상황을 알 수 있도록 하였다.(예: 시흥, 7. V.´92 → 1992년 5월 7일 시흥에서 촬영했다는 표기법이다.)
* 역주는 신화 포함 인물을 비롯 학술적 용어나 특수 용어를 설명했다. 또한 파브르가 오류를 범하거나 오해한 내용을 바로잡았으며, 우리나라와 관련된 내용도 첨가하였다.

들어가기

가족을 보호하기 위한 집짓기는 본능의 기능을 가장 고도로 표현한다. 이는 건축가의 재능을 가진 새가 우리에게 알려 주고 훨씬 다양한 재주를 가진 곤충이 반복해 주었다. 곤충은 이렇게 말한다.

모성애는 본능에 영감을 주는 최대의 군주이다.

개체의 보존보다 중대한, 종족의 영속성 문제를 책임진 모성은 비록 가장 무능한 지능의 소유자일지라도 매우 놀라운 예측들을 일깨워 준다. 모성은 그의 정신에서 생각조차 못하던 빛이 갑자기 나타나 그르칠 수 없는 이성적 환상을 주는, 그리고 성스러운 수녀원의 세 배나 되는 난로이다. 모성이 확고해질수록 본능은 더욱 높아진다.

이런 점에서 우리의 주목을 끈 것은 정성스러운 모성의 의무를 완전하게 지닌 벌이었다. 본능적 적성의 특권을 부여받은 모든 벌은 후손에게 먹을 것과 살 곳을 마련해 준다. 낱개로 구성된 그들의 눈으로는 결코 보지 못하겠지만 모성의 예견으로는 아주 잘 보는, 즉 가족을 위해 다양한 재주꾼의 대가가 된다. 어떤 자는 면직물을 짜는 직조공이 되어 솜을 짓이겨 부대를 만든다. 또 누구는 바구니 기술자가 되어 잎 조각으로 바구니를 짠다. 또 어떤 자는 미장이가 되어 조약돌 위에 시멘트로 방을 짓고 둥근 천장을 얹으며 또 누구는 도자기 공장에서 진흙을 이겨 손잡이가 달린 멋진 항아리, 또는 손잡이가 없는 항아리나 배불뚝이 동이를 만든다. 다른 녀석은 광부의 기술에 전념하여 땅속에 축축하고 따뜻하며 은밀한 지하실을 판다. 인간의 기술과 비슷한 것도 있지만 우리가 알지 못하는 수많은 기술을 집짓기에 이용하는 경우도 허다하다. 집짓기 다음에는 미래 새끼들의 식량인 꿀떡, 꽃가루 과자, 기술적으로 마비시킨 사냥감 통조림 따위가 온다. 유일한 목적이 가족의 장래인 이런 일들은 모성의 자극을 받아 가장 고도의 본능으로 나타난다.

다른 종류의 곤충은 대개 어미의 보살핌이 아주 간단하다. 집과 먹을거리를 얻는 데 유리한 장소에 알을 낳는 것이 거의 전부이며 나머지 모든 생활은 애벌레가 전적으로 책임진다. 이렇게 볼품없는 양육에는 재주가 필요 없다. 리쿠르고스[1]는 예술은 사람을 나약하게 만든다며 그의 공화국에서 몰아냈다. 이렇게 스파르타식 (Spartiate)으로 기르는 곤충의 세계에서는 본능의 뛰어난 영감이 추방당했다. 어미는 요람의 다정스런 배려에서 해방되고 모든 것 중 가장 훌륭한 지능의 특권도 줄어들어 사라진다. 따라서 가족은 우리에게도, 곤충에게도 완성의 원천이다.

후손에게 극도의 정성을 쏟는 벌은 우리

---

1 Lycurgue. 스파르타의 전설적인 입법자

를 감탄시켰지만 좋든
나쁘든 제 후손을 우발
적인 운명에 내맡기는
다른 곤충은 저들에
비해 흥미가 덜한 것
같다. 그런데 거의
모든 곤충이 이렇
다. 적어도 내가 알

기에는 우리 고장의 곤충 중에서 꿀을 수집하거나 사냥물 보따리
를 땅속에 묻어 주는 벌목 곤충 외에 제 새끼에게 먹을거리와 집
을 마련해 주는 종류는 하나밖에 없다.

그런데 이상하게도 꽃꿀을 거둬들이는 꿀벌 족속의 섬세한 모성
애와 경쟁자인 곤충은 다름 아닌 소똥구리, 즉 가축 떼가 더럽혀
놓은 오물을 이용해서 풀밭을 깨끗하게 청소해 주는 곤충이다. 향
기로운 꽃밭에서 노새가 큰길에 떨어뜨린 똥무더기로 넘어가야 헌
신적인 어미와 풍부한 본능을 다시 만나게 된다. 자연에는 이렇게
정반대인 경우가 많다. 자연에서는 무엇이 추하거나 아름다운 것,
깨끗하거나 더러운 것이란 말인가? 자연은 더러운 것으로 꽃을 만
들어 내고 약간의 두엄에서 축복받은 밀 알맹이를 빼내 준다.

소똥구리는 천한 노동을 함에도 불구하고 대단히 명예로운 위
치를 차지했다. 그들은 대체로 유리한 몸집 크기, 흠잡힐 데 없이
광택을 낸 검소한 옷차림, 통통하고 땅딸막하며 포동포동한 모습,
또는 이마나 가슴에 이상한 장식물을 장착해서 곤충 수집가의 표
본상자에서 훌륭한 모습을 갖추고 있다. 대개가 검정인 이곳의 종

류에다 금빛이나 금속성 광채의 구릿빛으로 반짝이는 열대지방의 몇 종류가 보태지면 더욱 명예로웠다.

이들은 가축 떼의 열성적인 손님이다. 그래서 여러 종류가 양우리의 은은한 향료인 안식향산(acide benzoïque) 냄새를 풍긴다. 이들의 습성에 강한 인상을 받은 학명 명명자들이 슬프게도! 좋은 음조에는 별로 마음 쓰지 않고 이번에도 진단서의 첫머리(기재문에서 학명의 속명이나 종명)에 멜리베(Melibée), 티티르(Tityre), 아민타스(Amyntas), 코리돈(Corydon), 알렉시스(Alexis), 몹쉬스(Mopsus) 따위의 이름을 생각해 냈다. 여기에는 고대의 시인이 유명하게 만든 목가적 이름이 모두 다 들어 있다. 베르길리우스[2]의 목가는 소똥구리를 영광스럽게 하는 어휘를 제공했다. 이토록 시적인 학술 용어를 만나려면 나비의 우아한 멋까지 거슬러 올라가야 할 것이다. 여기서는 그리스와 트로이 진영에서 따온 일리아드(Iliade)의 서사시적 이름의 소리가 나는데, 이것은 어쩌면 평화로운 꽃 날개에는 지나치게 호전적인 사치일 것이다. 이들의 습성에는 아킬레스(Achille)나 아이아스(Ajax) 같은 싸움꾼의 창날 부딪치는 소리 정도만 연상될 뿐이다. 소똥구리에게 붙은 목가적 이름이 훨씬 잘 착상되었다. 그 이름들은 목장을 자주 드나드는 이 곤충의 주요 특징을 잘 일러 준다.

진왕소똥구리

소똥을 다루는 곤충의 선두에는 진왕소똥구리(*Scarabaeus sacer*)가 온다. 이들의 이상한 습성은 벌써 기원전 수천 년에 나일 강 유역의 농부에게 주의를 끌었다. 농부는 봄

2 Publius Vergilius Maro. 기원전 70~19년. 고대 로마의 대표 시인

이 오면 양파 밭에 물을 주다가 아주 가까이서 가끔씩 크고 새카만 곤충이 낙타의 똥경단을 뒷걸음질로 급히 굴리며 지나가는 것을 보았다. 그는 오늘날의 프로방스 농부가 바라보는 것처럼 굴러가는 그 기계를 깜짝 놀라서 바라보았다.[3]

머리는 아래로 향하고 긴 다리를 위로 향해서 자주 곤두박질치는 서투름에도 불구하고, 커다란 똥구슬을 가능한 한 잘 밀고 가는 풍뎅이를 처음 본 사람은 누구나 놀라지 않는 이가 없다. 이 광경을 본 이집트의 농부는 틀림없이

진왕소똥구리(*Scarabaeus sacer*)
한국에는 왕소똥구리만 분포하나, 유럽에는 진왕소똥구리와 다른 몇 종의 왕소똥구리도 분포한다. 대표적인 종은 앞의 두 종이며, 두 종간 외부 형태의 차이는 극히 미세해서 전문가라도 쉽게 구별하기 어렵다. 파브르가 연구한 종도 진왕소똥구리가 아니라 왕소똥구리였을 것이라는 의견을 제시하는 학자들이 있다.
채집: Carcaboso Caceres Spain, 3. IV. '85. P. Cometero

그 구슬이 도대체 무엇인지, 무슨 이득이 있기에 까만 곤충이 그토록 맹렬하게 굴려 가는지 의아하게 생각했을 것이다. 오늘날의 농부도 똑같이 의아해한다.

람세스(Ramsès)와 투트모세(Thoutmosis) 왕 시대인 고대에는 미신이 끼어들었다. 사람들은 굴러가는 둥근 덩어리를 세상(지구)의 모습, 지상의 밤낮 변화로 보아서 풍뎅이는 신처럼 존경받았다. 그 옛 영광을 기억해서 현대의 박물학자들이 신성한 풍뎅이(Scarabée sacré: *Scarabaeus sacer*, 진

3 파브르가 연구한 종은 당시에 분류가 확실치 않았던 왕소똥구리(*S. typhon*)였을 거라는 견해가 있다. 즉 야행성이 아니라 주행성이며, 한국에도 분포하는 종을 연구하였을 것이란다.

왕소똥구리)라고 불렀다.

6~7천 년 전부터 사람들의 입에 오르내리며 환약을 뭉치는 이 이상한 곤충의 습성이 속속들이 잘 알려졌을까? 그 구슬을 정확히 어디에 쓰려는지 알려졌을까? 가족을 어떻게 기르는지는 알려졌을까? 결코 그렇지 않다. 가장 권위 있는 저서조차 그에 관해서는 언어도단의 오류를 되풀이하고 있을 뿐이다.

옛날 이집트 사람들은 소똥구리가 소똥 환약을 동쪽에서 서쪽으로, 즉 세상이 움직이는(지구가 도는) 방향으로 굴려 간다는 말을 했다. 그리고 그것을 달의 회전주기(음력)인 28일 동안 땅속에 묻는다고 했다. 4주 동안의 알 품기 기간이 구슬 만드는 곤충 종족에게 생명을 불어넣어 준다. 29일째 되는 날이 달이 해와 합치는 날이며 세상이 태어난 날임을 알고 있는 곤충은 묻어 놓았던 구슬 쪽으로 다시 와서, 그것을 꺼내서 갈라 나일 강 속에 던졌단다. 즉 주기가 끝난 것이다. 거룩한 물속에 잠기면 구슬에서 한 마리의 왕소똥구리가 나온다.

파라오(Pharaon) 시대의 이 이야기를 너무 비웃지 말자. 엉뚱한 점성술이 섞인 거기에서 어느 정도의 진리가 보일 것이다. 한편 우리의 지식 중에도

상당수가 비죽 웃어 버릴 웃음거리일 것이다. 지금 우리 책에도 밭으로 굴려 가는 것을 보고, 구슬을 소똥구리의 요람으로 간주하는 근본적 오류가 남아 있으니 말이다. 소똥구리를 설명한 모든 저자가 같은 말을 되풀이한다. 피라미드가 세워지던 저 아득한 옛날부터 전설이 고스란히 보존되어 지금까지 내려오는 것이다.

때때로 우거진 전설의 숲에 도끼를 들이대는 것은 좋을 일이고 일반적으로 인정된 생각에서 멍에를 떨쳐 버리는 것은 유익한 일이다. 방해물 찌꺼기에서 벗어난 진리가 결국은 우리가 배운 것보다 낫고 더 훌륭하게 빛날 수 있을 것이다. 이런 대담한 의문이 가끔 떠올랐고 특히 소똥구리에 대해서 많은 의심이 들었다. 오늘날에는 신성한 구슬을 만드는 곤충의 이야기가 완전히 알려졌다. 독자는 그 이야기의 희한함이 얼마나 이집트의 이야기를 앞서는지 보게 될 것이다.

본능에 대한 내 연구의 처음 몇 장에서 땅 위의 여기저기서 곤충이 굴려 가는 동그란 환약 속에는 절대로 배아(알)가 들어 있지 않고, 또한 절대로 들어 있을 수 없다는 것을 아주 명백하게 지적했었다. 그것은 알과 애벌레가 들어 있는 집이 아니다. 왕소똥구리가 조용한 지하 식당에서 먹으려고 혼잡한 곳에서 서둘러 멀리 끌고 간 식량이다.

아비뇽(Avignon) 근처의 레 장글레(les Angles) 고원에서 일반적으로 인정된 것과 반대인 내 주장의 근거를 열심히 수집하던 때로부터 40년 가까이 흘러갔는데, 그동안 내 주장을 약화시키는 것은 하나도 나오지 않았고 되레 모든 것이 내 말을 확고하게 하고 있다. 왕소똥구리의 둥지를 얻게 되어 마침내 아무 대꾸도 없었던 증거가 찾아왔다. 이번에는 내가 원하는 만큼 많이 수집된 진짜 둥지였고 어떤 때는 눈앞에서 만들어지기도 했다.

전에(『파브르 곤충기』 제1권 처음) 내가 애벌레 둥지를 얻으려고 헛되게 시도하던 일을 이야기했었다. 사육장에서 길렀으나 비참하게 실패한 것도 이야기했고, 이 벌레들을 위해 시내의 변두리를 지나던 노새가 떨어뜨린 선물을 창피해서 남몰래 원뿔처럼 접은 종이에 받는 것을 보고 독자는 어쩌면 나의 고생을 동정했을지도 모른다. 아니, 확실히 그랬다. 내가 처해 있던 상황에서는 그 계획이 쉽지 않았다. 대식가, 아니 더 적절한 말로, 대단한 낭비가인 내 하숙생들은 즐거운 햇볕 아래서 솜씨를 위한 솜씨에 전념하며 사육장에서의 권태를 잊고 있었다. 둥글게 만든 구슬이 줄지었는데 그 다음은 굴리는 연습을 몇 번하고는 쓸모없이 버려졌다. 제법 고생해서 얻은 산더미 같은 식량이 해가 질 무렵이면 절망적이게 빠른 속도로 낭비되어 결국 내일 양식은 없는 것이다. 한편 섬유질이 많은 말과 노새의 진수성찬은 어미 소똥구리가 일하는 데 별로 적합하지 못했다. 나는 그 사실을 나중에 알았다. 좀더 느슨한 양의 창자만 제공할 수 있는 균질의 부드러운 것이 필요했음을 몰랐던 것이다.

어쨌든 나의 처음 연구에서 왕소똥구리의 개괄적인 습성은 알아냈지만 개별적인 습성은 여러 이유로 전혀 알아내지 못했었다. 무엇보다도 둥지를 짓는 것은 이해하기 어려운 문제로 남아 있었다. 옹색한 도시에서의 조사 방법과 한 벌의 학술적 실험 기구로 이 문제를 풀기에는 결코 충분치 못했었다. 시골에서 오랫동안 머물러야 하고 해가 쨍쨍 내리쬐는 가운데서 양 떼와 가까이 지내야만

했던 것이다. 인내력과 성실성만 개입되었으면 확실한 성공의 어머니인 이 조건을 조용한 우리 동네에서 실컷 얻게 되었다.

전에는 큰 걱정거리였던 식량이 오늘은 넘쳐날 만큼 많다. 집 옆의 한길에는 밭으로 일하러 나가거나 돌아오는 노새들의 왕래가 잦았고 아침저녁으로 풀밭으로 나갔다가 우리로 돌아오는 양 떼도 지나간다. 정해진 동그라미 안의 풀밭을 뜯어먹게 밧줄에 매인 이웃집 아낙의 염소도 우리 대문에서 네 발짝이면 만난다. 이 좁은 동네에 필요한 재료가 혹시 없으면 박하사탕을 좋아하는 어린 공급자들이 사방으로 나가서 내 곤충들의 요리감을 거둬 온다.

그들은 10명에 1명꼴로 자기가 잡은 것을 별의별 그릇에 다 담아서 가져온다. 행렬을 지어 새로운 종류의 제물을 바치는 아이들에게는 손에 잡히는 오목한 물건이면 무엇이든 다 이용되었다. 헌 모자의 윗부분, 기와 조각, 난로의 연통 조각, 밑창이 다 떨어진 바구니, 다 떨어져 거룻배처럼 딱딱해진 구두, 때로는 수집한 아이의 챙 달린 모자까지 모두 이용된다. ─이번엔 누워서 떡 먹기였어요, 이건 아주 훌륭한 최고급품이에요, 하며 그들의 눈이 기쁨으로 빛났다 ─ 상품(上品)은 노력한 값어치에 따라 칭찬을 듣고, 약속한 대로 즉석에서 값이 치러진다. 면회 절차를 없애려고 식량 공급자들을 사육장으로 데려가 경단을 굴려 가는 왕소똥구리를 보여 준다. 그들은 공을 가지고 노는 것처럼 움직여서 재미있는 곤충을 놀라면서 바라본다. 녀석들이 넘어질 때는 웃고, 자빠져서 다리를 버둥거릴 때는 깔깔댄다. 특히 박하사탕이 한쪽 뺨에 툭 튀어나와서 맛있게 녹는 때는 광경이 더욱 매력적이다. 협력자들의 열성은 이렇게 유지되었다. 내 하숙생들이 굶을까 봐 염려하지는 말자.

녀석들의 식품 창고에는 먹을거리가 넉넉하게 채워질 것이다.

내 하숙생들은 누구일까? 우선 지금 연구하는 주제인 진왕소똥구리였다. 세리냥(Sérignan)의 기다란 야산 병풍이 이들의 북방 한계선일지도 모른다. 여기서 지중해성 식물상이 끝나는데 대표적인 목본식물은 관목, 히이드와 서양소귀나무였다. 햇볕을 무척 좋아하는 대형 소똥구리도 아마 여기서 북쪽 경계를 끝냈을 것 같다. 진왕소똥구리는 세리냥 야산의 남쪽 비탈과 산이 반사한 열이 확실하게 막힌 좁다란 평야에 많다. 모든 징후로 보아 추위에 약한 두 종, 멋진 프랑스무늬금풍뎅이(Bolboceras gaulois: *Bolboceras*→ *Bolbelasmus gallicus*)와 튼튼한 스페인뿔소똥구리(Copris espagnol: *Copris hispanus*)도 여기서 끝난다. 은밀한 습성이 별로 알려지지 않은 소똥구리(Gymnopleure: *Gymnopleurus*), 금풍뎅이(Géotrupes: *Geotrupes*), 소똥풍뎅이(Onthophages: *Onthophagus*), 유럽장수금풍뎅이(Minotaure: *Typhaeus*)도 추가해 보자. 이 모두를 내 사육장에서 길러 보는 영광을 누려 볼 참이다. 이들 모두는 우리가 놀랄 만한 세세한 땅속 재주를 틀림없이 지녔을 테니 길러 보련다.

사육장의 용적은 대략 1m³ 정도였다. 앞면만 철망이고 나머지는 모두 나무로 짰다. 그래서 사육장 안에 넣을 토양층에 비가 많이 들이치는 것을 피한다. 습기가 너무 많으면 갇혀 있는 녀석들에게 치명적일 것이다. 좁은 인공 저택에서는 그들이 자유 상태에서 일할 때처럼 계속 유리한 환경을 만나 무한정 파낼 수는 없다. 약간 시원하고 물이

프랑스무늬금풍뎅이
실물의 2.25배

잘 스며들지만 결코 진흙탕이 되지 않는 땅이 필요하다. 그래서 사육장의 흙은 체로 치고 약간 적셔서 미래의 땅굴이 무너짐을 방지하도록 모래를 적당히 섞어 다졌다. 두께가 30cm를 크게 넘지 않았다. 어떤 경우는 이것으로 충분치 못했다. 특히 금풍뎅이 따위는 깊은 굴을 좋아하는데 수직으로 파기가 모자라면 수평으로 파 들어가서 별충할 줄도 안다.

철망으로 된 앞면은 남쪽을 향하고 있어서 사육장 안으로 햇살이 곧장 비춰 든다. 북쪽을 향한 뒷면은 아래위로 겹쳐진 두 짝의 덧문으로 되어 있어서 열 수는 있으나 갈고리나 빗장으로 제자리에 고정되어 있다. 위쪽 뚜껑은 먹이를 주거나 안을 청소할 때, 또는 새로 잡혀 온 녀석들을 집어넣을 때 열린다. 그래서 날마다 쓰는 실용적인 문이 된다. 흙층을 제자리에 유지시키는 아래쪽 문짝은 비밀의 집 속에 있는 곤충을 갑자기 찾아봐야 할 때, 또는 흙 속의 상태를 확인해야 할 때처럼 큰일이 있을 때 열린다. 그때는 빗장을 빼고 돌쩌귀가 달린 덧문이 젖혀지며 흙바닥은 수직의 참호를 드러내 보인다. 이런 사육장은 소똥구리가 만들어 놓은 작품이 들어 있는 깊은 땅속을 주머니칼로 조심해서 탐색하기에 좋은 조건을 갖추었다. 이렇게 해서 야외에서 힘들게 파 보아도 항상 얻지 못하는 자세한 솜씨를 정확하게, 또 어렵지 않게 얻을 수 있었다.

그렇기는 해도 야외 조사가 반드시 병행되어야 한다. 사육보다 야외에서 더 중요한 것들을 알게 되는 경우가 많다. 잡혀 있다는 것에 별로 신경 쓰지 않는 종류의 소똥구리는 사육장에서도 자유 상태처럼 열심히 일한다. 하지만 겁 많고 조심성 많은 종류는 널빤지로 만든 내 궁궐을 경계한다. 그래도 꾸준히 돌봐 주면 가끔씩 유혹되어 아주 조심스럽게 자기네 비밀을 털어놓기도 한다. 사육장을 제대로 운영하려면 적어도 내 계획에 맞는 시기를 판단하기 위해서라도 야외에서 벌어지는 상태를 알아야 한다. 또 길들여진 상태에서 실시한 연구는 반드시 상당한 부분을 현지의 관찰 내용으로 보충해야 한다.

시간 여유도 있고 통찰력도 있으며 호기심도 나와 비슷하게 타고난 사람이 내 조수로 있다면 아주 유리하겠다. 그런데 일찍이 두어 본 적이 없을 정도로 아주 훌륭한 조수를 얻었다. 그는 우리와 친한 어린 목동이다. 글을 좀 읽을 줄 아는데다가 알고 싶어 한다. 그래서 나를 위해 전날 흙에서 파내 상자에 넣어 둔 곤충들인 왕소똥구리, 금풍뎅이, 뿔소똥구리, 소똥풍뎅이의 이름을 학명으로 알려 주어도 그 학술 용어들에 별로 놀라지 않았다.

구슬을 굴리는 곤충이 집을 짓는 한창 더운 7, 8월에 그는 새벽부터 풀밭으로 갔다가 더위가 수그러드는 저녁에도 늦게까지 남아서 양 떼가 뿌려 놓은 요리 냄새에 이끌려 근처에서 모여든 곤충들 사이를 돌아다닌다. 그리고 곤충 연구에 대해 몇 가지 교육을 적당히 받은 그는 일어나는 일들을 지켜보다가 내게 알려 준다. 그러고는 기회를 엿보며 풀밭을 살핀다. 흙 둔덕으로 곤충이 들어간 자리를 알게 된 지하 동굴을 주머니칼로 캐낸다. 긁고 파내서 찾아낸다. 목동으로서의 막연한 몽상에는 훌륭한 기분 전환감이다.

아아! 시원한 새벽에 왕소똥구리와 뿔소똥구리 굴을 찾아다니며 함께 지내던 아름다운 아침나절. 저기 멋쟁이 개, 파로(Faraud)가 있다. 녀석은 언덕에 앉아서 양 떼를 내려다보며 관리한다. 아무것도, 정다운 손이 내민 딱딱한 빵 조각조차도 녀석의 정신을 자신의 고귀한 임무에서 딴 곳으로 돌리지 못한다. 이 개는 검정색 긴 털이 갈고리처럼 꼬여 수많은 씨앗이 달라붙고 헝클어진 모습이라 분명 아름답지는 않다. 예쁘지는 않아도 훌륭한 머리로 허락된 것과 금지된 것을 구별하고 되똥스러운 양이 움푹 팬 저쪽 땅으로 사라진 것을 알아보는 데는 얼마나 큰 재주를 가졌더냐! 이 개는 정말로, 제게 지키라고 맡겨진 양의 수를 아는 것 같다. 비록 넓적다리뼈 조각조차 얻어먹을 희망은 전혀 없어도 제 양들을 아는 것 같다. 녀석은 제가 앉아 있던 언덕에서 양을 세어 놓았다. 한 마리가 모자란다. 녀석이 떠난다. 이윽고 파로는 길 잃은 양을 데리고 양 떼가 있는 곳으로 돌아온다. 통찰력을 지닌 짐승아, 투박한 너의 두뇌가 어떻게 산수를 알게 되었는지 이해할 수는 없지만 그 실력에 감탄한다. 그렇다. 충실한 개야, 네 주인과 나는 소똥구리를 찾아서 마음대로 덤불 속으로 사라져도 된다. 우리가 없는 동안 어느 양도 멀리가지 않을 것이고 어느 양도 이웃 포도밭의 포도나무에 입을 대지는 않을 것이다.

이렇게 어린 목동과 공동으로, 또 친구인 파로와 함께, 때로는 나 혼자 목자가 되어 음매애 매애 울어 대는 70마리의 양을 지키는 가운데 진왕소똥구리와 녀석의 경쟁자들에 대한 이야기 재료를 아침나절에, 즉 따가운 햇볕을 견딜 수 없게 되기 전에 주워 모았다.

1 진왕소똥구리 - 똥구슬

흔히 그렇듯이 이미 한 이야기를 반복하는 것은 소용없는 짓이다. 왕소똥구리(Scarabée: *Scarabaeus*)가 야외에서 작업하는 모습이나 굴려 온 전리품을 땅속에서 혼자 또는 도둑과 함께 먹는 양상은 전에 말한 것으로 충분하다. 더욱이 전과 같은 방법으로 관찰했을 때 무슨 뾰족한 내용이 새로 추가될 것도 거의 없다. 다만 한 가지는 유의할 만하다. 왕소똥구리가 자신을 위해 똥무더기에서 재료를 뜯어내 적당한 지하 식당으로 옮겨 가는, 즉 단순히 구슬 모양의 식품 만들기에 관한 것이다. 처음 연구에 착수했을 때보다 조건이 훨씬 좋아진 현재의 사육장 덕분에 이 과정을 다시 한 번 천천히 살펴볼 수 있었다. 그 결과 오묘한 집짓기 공사를 설명하는 데 아주 가치 있는 자료를 얻었는데, 그의 조리법을 다시 한 번 보자.

양이 노새나 말보다 양질의 신선한 요리감을 배출했다. 똥무더기 냄새가 사방으로 소식을 전하자 여기저기서 왕소똥구리가 달려와 갈색 나뭇잎 모양의 더듬이를 펼치고 흔드는데, 그 행위는 대단한 열정의 표시이다. 땅속에서 낮잠을 자던 녀석들도 굴의 모래 지붕을 뚫고 나와 모두 식탁에 둘러앉았다. 제일 맛있는 조각을 서로 다투느라고 이웃끼리 싸움도 일어난다. 그들은 갑자기 넓적한 앞다리로 상대방을 넘어뜨린다. 그러다가 곧 조용해지며 각자의 운명이 데려다 준 지점을 활용한다.

대개 둥근 뭉치가 작업의 기초였다. 그것이 한 알의 씨가 되어 층이 포개지면서 점점 커져 마지막에는 살구 크기의 구슬이 된다. 그것을 맛보고 적합하다는 게 확인되면 그냥 놔두지만 어떤 때는 모래로 더러워진 껍질을 얇게 한 꺼풀 긁어내기도 한다. 이제는 이 기초 뭉치로 둥근 덩어리를 만들어야 하는데 연장은 6개의 톱니가 둥글게 솟아난 머리방패의 쇠스랑과 바깥쪽에 5개의 단단한 톱니가 달린 앞다리의 넓은 삽이다.

그 씨앗, 즉 이제 곧 불어날 구슬을 4개의 뒷다리, 특히 더 긴 마지막 뒷다리 쌍으로 부둥켜안고 몸을 이리저리 조금씩 돌리면서 덩어리 키울 재료를 여기저기서 고른다. 머리방패로 껍질을 벗겨내고, 구멍을 뚫고, 파내고, 긁어모은다. 앞다리가 함께 작동하여 한 아름씩 뜯어내 즉시 넓적하고 튼튼한 손바닥으로 토닥토닥 두들겨 먼저 덩어리에 붙인다. 새로 붙인 층을 톱니 달린 삽으로 몇 번 세게 꾹꾹 눌러서 적당히 다져 놓는다. 이렇게 위, 아래, 옆에다 계속 한 아름씩 붙이면 처음의 작은 씨앗이 점점 불어서 큰 덩이의 구슬이 된다.

일꾼은 작업 도중 제 일감인 똥 지붕 밑에서 결코 물러나지 않는다. 그 자리에서 뱅뱅 돌며 옆을 이쪽저쪽 살피고 아래쪽을 가공할 때는 몸이 지면과 닿을 만큼 숙이지만 뭉치를 줄곧 껴안은 채로 일할 뿐 처음부터 끝까지 구슬이 그 자리를 벗어나지는 않는다.

우리가 정확히 둥근 형태를 얻으려면 서투른 회전을 보조할 선반 기계가 필요하다. 아이들이 제힘으로 굴리지 못할 정도로 엄청나게 크고 둥근 눈덩이를 만들려면 깔려 있는 눈 위로 그 덩이를 굴려야 한다. 손으로 직접 만들거나 미숙한 눈으로 보고는 얻지 못할 규칙적인 형태도 이렇게 굴리면 얻을 수 있다. 그런데 우리보다 재주가 훨씬 능란한 소똥구리는 굴릴 필요가 없다. 녀석은 구슬을 제자리에서 옮기지 않는다. 또 일터인 지붕에서 조금 내려와 잠시 검사할 뿐, 전체의 모양을 확인하지도 않는다. 그저 한 켜 한 켜 입히기뿐이다. 굽은 다리 컴퍼스, 즉 살아 있는 공 모양 컴퍼스로도 충분히 곡선의 정도를 확인한다.

게다가 본능에는 특수 연장이 필요 없음을 나는 확신하는데, 이 컴퍼스도 아주 조금 개입할 뿐이다. 만일 증거가 필요하다면 지금 즉시 알 수 있다. 왕소똥구리 수컷의 뒷다리는 눈에 띄게 휘었다. 반대로 그야말로 우아함에 감탄할 만하며 단조롭고 멋진 공 모양 작품을 제작하는 데 타고난 재주꾼이며 아주 능란한 암컷의 뒷다리는 거의 곧은 모양이다.

만일 굽은 컴퍼스가 이 모든 작업 과정에 딸린 역할밖에 없거나 혹시 아무 역할도 없다면 공 모양을 조절하는 근원은 무엇일까? 기관과 완성되는 작업의 상황만 참작하면 도무지 알 수가 없다. 연장을 인도하는 본능의 타고난 재능까지 더 높이 거슬러 올라가야 한다. 벌이 육각형 기둥을 만드는 데 타고난 재능을 가졌듯이 소똥구리는 공을 만드는 데 타고난 재능을 가졌다. 두 곤충이 만들어 낸 외형은 기하학적인 완전에 도달했는데 여기에 오직 그렇게 만들어질 수밖에 없는 어떤 특수 기계장치의 협력이 있었던 것은 아니다.

지금은 이렇게 기억해 두자. 왕소똥구리는 한 아름씩 떼어 낸 재료를 늘어놓고 구슬을 만드는데, 그것을 옮기거나 뒤집지는 않는다. 녀석은 선반을 돌리는 일꾼이 아니라 모형을 제작하는 기술자이다. 우리네 아틀리에의 모형 제작자가 엄지로 눌러서 진흙을 가공하듯이 톱니 달린 팔받이로 눌러서 소똥을 가공한다. 그런데 작품은 표면이 울퉁불퉁하고 대강 둥근 공 모양이 아니다. 사람의 솜씨로는 만들지 못할 정도로 정확한 공 모양이다.

　전리품을 멀리 가져가서 별로 깊지 않은 곳에 파묻고 조용히 먹을 시간이 되었다. 그래서 구슬을 작업장에서 꺼내고, 즉시 관례와 풍습에 따라 땅 위로 굴려 간다. 경단이 만들어지는 것을 처음부터 보지 않고, 뒷걸음질하는 곤충에게 밀려서 굴러 가는 것만 본 사람은 누구나, 둥근 형태가 굴려져 만들어졌다고 생각하기 쉽다. 모양을 안 갖춘 진흙 덩이도 이처럼 굴려 가면 둥글어지듯 이 구슬 역시 굴려져서 동그래졌을 것이다. 하지만 외관상 논리적일 것 같은 이 생각은 완전히 틀렸다. 우리는 방금 둥근 뭉치가 자리를 뜨기 전에 정확한 공 모양임을 보았다. 굴리기와 기하학적 정확성과는 관계가 없다. 굴리기가 표면을 굳혀서 단단한 껍질이 되게는 한다. 하지만 몇 시간 동안 굴린 구슬이나 아직 작업장에서 나오지 않은 구슬이나 모두 모양이 같다.

　처음 제작할 때부터 변함없이 채택되는 이 형태에 어떤 의미가 있을까? 공 모양의 곡선에서 왕소똥구리가 어떤 이익을 얻을까? 호두 껍데기가 아닌 광학렌즈로 관찰하는 사람이라면 곤충이 훌륭한 착상으로 과자를 둥글게 빚는다는 것을 단번에 알게 될 것이다. 네 개로 구성된 양의 위장이 이미 동화할 수 있는 양분을 모

스페인뿔소똥구리

두, 또는 거의 모두 빼낸 다음이라 정말로 영양가 없는 식품, 빈약한 것 중에서도 가장 빈약한 음식은 질의 부족을 양으로 보충해야 한다.

여러 소똥구리에게 주어진 조건이 결국은 같으며, 모두가 게걸스런 식충이다. 대충 몸집만 보아서는 전혀 상상되지 않을 만큼 먹이가 다량 필요하다. 굵은 개암 크기의 스페인뿔소똥구리(Copris espagnol : Copris hispanus)는 한 번의 식사에 주먹만 한 똥 뭉치를 땅속에 모아 놓는다. 똥금풍뎅이(Géotrupe stercoraire : Geotrupes stercorarius)[1]는 병목만큼 굵은 한 뼘 길이의 소시지를 굴속에 모아 놓는다.

이 대식가들에게도 충분한 몫이 할당되었는데 노새가 떨어뜨린 커다란 덩어리 밑에 직접 자리 잡을 뿐 똥을 굴려 가지는 않는다. 바로 밑에 굴을 파고 식당을 차리니 요리가 대문 앞에 있는 셈이며 그것이 집이 되기도 한다. 녀석들은 원하는 양을 힘에 부치지 않을 만큼 한 아름씩 반복적으로 끌어 내린다. 곁에는 똥덩이가 들어 있다는 표시가 전혀 없는 조용한 저택에 터무니없을 정도로

똥소시지

1 J.-P. Lumaret는 1950년 이후 40년 동안 프랑스의 소똥구리류 분포를 조사했는데 Nime 근처에는 이 종이 없었다. 따라서 파브르는 이 일대에 많이 분포하는 왕금풍뎅이(G. spiniger)를 관찰했을 가능성이 고려된다. 더욱이 84쪽에는 이 왕금풍뎅이에 대한 설명은 없고, 표본 그림은 그려져 있다.

많은 식량이 아주 은밀하게 쌓여 있다.

진왕소똥구리(S. sacer)는 직접 식량이 될 덩어리 밑에 집터를 잡는 장점을 갖지 못했다. 떠돌아다니는 기질인데다 한가한 시간에는 엄청난 도둑인 제 동료들과 어울리기를 꺼려해서 혼자 수확물을 가지고 먼 곳으로 찾아가 정착해야 한다. 진왕소똥구리의 식사는 비교적 수수한 편이라 뿔소똥구리의 어마어마한 케이크나 금풍뎅이의 푸짐한 소시지와는 비교되지 않는다. 하지만 그건 아무래도 좋다. 식품이 아무리 보잘것없어도 그것을 직접 옮기는 방법을 생각해 낸 곤충에게는 부피와 무게가 너무 힘에 부친다. 너무 무거워서 다리 사이에 끼고 날아서 옮기기엔 어림도 없다. 큰턱으로 물고 가는 것도 절대로 불가능하다.

난장판에서 빨리 물러가고 싶은 은둔자 곤충이 하루치로 넉넉한 양식을 수집해서 먼 곳의 제 방안으로 직접 운반하는 방법은 오직 한 가지, 즉 제힘에 맞는 크기로 한 알씩 날아서 옮기는 것뿐이다. 하지만 이 방법으로는 부스러기를 얼마나 여러 번 왕래시켜야 하며 또 얼마나 많은 시간을 허비해야겠더냐! 그리고 난장판으로 다시 찾아갔을 때 그 많은 식객이 모두 파먹어서 텅 빈 식탁을 만나게 되지는 않을까? 좋은 기회가 어쩌면 오랫동안 다시 안 올지도 모르니, 그 기회를 꼭 이용해야 한다. 조금도 지체 없이 이용해야 한다. 적어도 하루치 식량을 찬장에 넣어둘 만큼은 작업장에서 한 번에 채취해야 한다.

그러면 어떻게 해야 할까? 아주 간단하다. 들고 갈 수 없으면 끌고, 끌고 갈 수 없으면 굴려 간다. 바퀴 위에 얹힌 우리네 모든 운반 기구가 증언한다. 그래서 왕소똥구리는 공 모양을 채택했는데,

그것은 바퀴도 필요 없고 다양한 상태의 지표면에서도 기막히게 잘 구른다. 공 모양은 아주 많은 힘이 필요한 표면에서도 받침이 있어 훌륭하게 구를 수 있는 형태이다. 환약 제조 곤충이 해결한 기계장치 문제는 바로 이런 것이다. 수확한 구슬의 둥근 형태는 굴려 온 결과가 아니라 굴리기 전부터 만들어졌다. 그 형태는 곤충의 힘으로 무거운 짐을 옮길 수 있으며 머지않은 장래에 굴릴 것을 예견하여 그렇게 만든 것이다.

왕소똥구리는 태양을 무척 좋아하며 머리방패 앞쪽은 반짝이는 햇빛의 형상을 나타낸 것처럼 둥글게 톱날 모양이다. 큰 무더기를 파내는 데 밝은 빛이 필요하며 큰 덩이에서 때로는 식사를, 때로는 둥지 재료를 퍼낸다. 금풍뎅이, 뿔소똥구리, 오니트소똥풍뎅이(Onitis: *Onitis*), 소똥풍뎅이(*Onthophagus*) 등은 대부분 어두운 데서 활동하는 습성이라 안 보이는 똥 밑에서 일하며 외출도 석양의 희미한 빛에서만 하고 먹잇감도 그때 찾아 나선다. 하지만 대담한 녀석들은 대낮의 밝은 곳에서 찾고 발견하며 캐내는데, 수확도 가장 덥고 가장 밝은 시간에 종일 몸을 드러내 놓고 한다. 녀석들의 새까만 갑옷이 커다란 뭉치 위에서 반짝이는데 그 밑에도 많은 종이 제 몫을 잘라 내고 있다. 저자에게는 빛이, 이자에게는 어둠이 있는 것이로다!

가끔 더위에 취한 곤충이 태양에 대한 거리낌 없는 사랑을 경쾌한 발 구르기로 나타내듯이 녀석들도 나름대로 기쁨 표시가 있겠지만 불리한 점도 있을 것 같다. 서로 대문을 이웃한 뿔소똥구리끼리, 또 금풍뎅이끼리 식량을 수집하다가 싸우는 장면은 우연이라도 본 적이 없다. 각자가 암흑 속에서 일하니 옆에서 무슨 일이

일어나든 알지 못한
다. 누군가가 빼앗으
려는 큼직한 덩어리
가 보이지 않을 테니
이웃 간에 탐욕을 자
극받을 수도 없을 것이다.

깊은 어둠 속 똥무더기에서 일하는 분식성(糞食性) 곤충 사이의 평
화는 아마도 여기서 왔을 것이다.[2]

이런 의심에는 근거가 있다. 가장 힘센 녀석의 저주스러운 권
리, 즉 탈취는 짐승 같은 인간만의 전유물이 아니다. 짐승도 그런
짓을 하는데 왕소똥구리가 특히 남용한다. 녀석들은 동료가 무슨
짓을 하는지 모르지만 드러내 놓고 탈취해서 알 때도 있다. 서로
경단을 탐낸다. 무더기에서 직접 둥근 빵을 빚기보다는 친구 것을
강탈하는 편이 더 편리하다고 생각한 도둑과 스스로 만들어 운반
하려는 소유주 사이에 싸움이 벌어진다. 주인은 제 구슬 꼭대기에
떡 버티고 앉아서 기어오르려는 침략자에게 대항한다. 팔받이를
지렛대 삼아 녀석을 멀리 밀쳐 내 자빠뜨린다. 몸을 털고 일어난
침입자가 되돌아와 다시 싸움이 시작된다. 결말이 항상 권리를 가
진 자에게만 유리한 것은 아니다. 때로는 도둑이 탈취한 재산을
가지고 도망친다. 빼앗긴 녀석은 무더기로 다시 돌아가 새 구슬을
만든다. 또 다른 도둑이 나타나 똥덩이를 놓고 싸우다가 드물게는
타협이 되기도 한다. 내 생각에는 곤경에 처
한 친구의 구조 요청으로 불려 와서 도와주
는 소똥구리 이야기 따위의 유치한 동화가

2 앞뒤 내용이 완전히 상반되어
서 정확한 의미를 파악하기가 불
편하다.

이렇게 복잡하게 얽힌 싸움에서 생겨났을 것 같다. 뻔뻔스러운 강도를 기꺼이 도와주는 협조자로 보다니.

결국 왕소똥구리는 격렬한 약탈자이다. 아프리카에서 자신들과 함께 살아가는 베두인[3] 사람과 같은 취미를 가졌다. 베두인 족도 약탈한다. 불행한 기근이나 허기를 후원자로 내세워 이런 나쁜 습관을 옹호할 수는 없다. 내 사육장에는 먹을 것이 많다. 포로들이 자유롭던 시절에도 이렇게 융숭한 대접을 받지는 못했을 것이다. 그런데도 싸움이 잦다. 마치 빵이 모자라는 것처럼 맹렬한 주먹질이다. 여기서는 분명히 필요성의 문제가 아니다. 도둑이 전리품을 몇 번 굴리다 버리는 것을 여러 번 보아서 안다. 녀석들은 약탈을 즐기는 것이다. 라 퐁텐[4]이 이렇게 아주 적절하게 표현했다.

이중의 이득 얻기이다.

먼저 제 재산을 얻고, 다음 남에게 불행 주기이다.

제 동료의 성격을 무척 잘 알았다. 강탈하는 성향을 잘 알았으니 양심적으로 구슬을 만든 왕소똥구리가 더 유리해질 방법은 무엇일까? 작업장에 있는 그 녀석들을 멀리 피해서 제 은신처에 들어박혀 장만한 음식을 먹는 일이다. 왕소똥구리는 그렇게 하며 그것도 서둘러서 한다.

여기서 한 번 만에 그리고 가능한 한 빨리, 충분한 식량을 옮기는 쉬운 운반책이 요구된다. 왕소똥구리는 밝은 해가 쨍쨍 내리쬐는 곳에서 일하기를 좋아한다. 모두가 보

---

3 Bédouin. 서남아시아·아프리카 북부 지역에서 유목하는 거친 아랍 족
4 Jean de La Fontaine. 1621 ~1695년. 프랑스 시인, 이솝처럼 동물을 등장시켜 이야기를 지은 유머 작가

는 데서 긁어모으면 무더기로 유혹된 녀석 모두에게 비밀로 할 수 없다. 그러니 녀석들이 욕심에 자극되는 것을 피하려면, 또한 약탈을 피하려면 멀리 물러갈 필요성이 생긴다. 빨리 물러가려면 손쉬운 운반책이 필요하고 그런 운반은 수확물을 둥글게 만드는 것에서 얻어진다.

예상 밖이었으나 매우 논리적이고 명백하다고 말하고 싶었던 결론은 이것이다. 햇빛을 매우 좋아하는 왕소똥구리는 제 요리를 둥글게 만든다. 이 지방의 분식성 곤충이며 역시 밝은 곳에서 일하는 소똥구리(*Gymnopleurus*)와 긴다리소똥구리(Sisyphes : *Sisyphus*)도 같은 역학적 원리에 따라 가장 잘 구르는 기계인 공 모양을 알고 있어서 구슬 제조 기술에 전념한다. 하지만 어두운 데서 일하는 녀석들은 그렇게 만들지 않아 식량 더미가 조잡하다.

긴다리소똥구리 일본과 중국의 남부지방을 제외한 구북구 모든 지역에 분포하는데, 우리나라에서도 북한의 북부지방에는 많으나 남한에서는 아주 드물다. 매우 다양한 동물의 배설물을 찾는데 사진의 표본은 들쥐의 사체에서 채집되어 이 종의 습성이 독특함을 알 수 있다.
채집: 경북 봉화 석포리, 24. Ⅶ. '86, 김진일

사육장의 생활도 몇 가지 이야기 자료를 제공했다. 아직 온기가 남아 있는 식량 뭉치로 갈아주면 지표면에서 왕래하던 왕소똥구리가 달려온다는 말은 이미 했다. 요리 냄새는 땅속에서 졸던 녀석까지 빠르게 유인한다. 모래 둔덕이 여기저기서 봉긋봉긋 올라와 분출하듯 터지며 거기서 다른 식객이 솟아 나온다. 녀

석들은 넓적한 다리로 눈에 묻은 모래를 털어 낸다. 땅속에서의 졸음도, 저택의 두꺼운 지붕도 녀석들의 예민한 후각을 속이지 못한다. 땅속에서 나온 녀석이든 아니든 거의 똑같이 재빠르게 무더기로 몰려왔다.

이 자질구레한 사실들은 세트(Cette→ Sète)[5], 팔라바스(Palavas), 주앙 만(golfe du Juan) 등의 해수욕장이나 해가 쨍쨍 내리쬐는 아프리카 해변, 심지어는 고적한 사하라 사막에서도 여러 관찰자가 확인하고 깜짝 놀란 사실을 다시 기억하게 한다. 거기는 기후가 더운 만큼 활기찬 진왕소똥구리, 반곰보왕소똥구리(S. semipunctué: S. semipunctatus), 곰보왕소똥구리(S. varioleux: S. variolosus), 그 밖의 왕소똥구리가 우글거린다. 그렇게 많아도 흔하게 보이는 녀석은 없다. 훈련된 곤충학자의 눈길도 어느 한 마리 발견하지 못할 것이다.

하지만 사정이 달라짐을 보시라. 생리적 욕구에 쫓겨 슬그머니 친구를 떠나 숲으로 들어가 숨었다고 해보자. 겨우 볼일을 보고

5 몽펠리에 서남쪽 24km 지점의 유명한 해수욕장 마을로, 현재는 Sète로 표기한다.

반곰보왕소똥구리 소똥 한 토막을 떼어 내 부지런히 도망친다. 여러 마리가 서로 뜯어 가려 하니 현장에서 둥근 구슬을 만들 여유가 없는 것이다.
Phare de l'Espiquette 해변 Bouches-du-Rhône, France, 8. VI. '88, 김진일

일어날까 말까 한데, 즉 겨우 화장(용변)을 끝내고 뒷마무리를 하려는데, 푸드덕하고 어디서 왔는지 모르게 갑자기 한 마리, 세 마리, 열 마리가 이 인간의 배설물을 덮친다. 이렇게 분주한 청소부가 먼 곳에서 달려왔을까? 분명히 아니다. 멀리서는 후각으로 알았더라도 — 불가능한 일은 아니다 — 아주 금방 생겨난 횡재에 그렇게 빨리 올 시간은 안 되었다. 결국 그들은 몇 십 발짝 반경 안 땅속에 숨어서 졸고 있었다. 쉬는 동안 무감각 상태에서도 항상 깨어 있는 후각이 행운의 사건을 은신처 속으로 전해 주었고 그래서 천장을 뚫고 즉시 달려 나온 것이다. 조금 전까지만 해도 우글거리는 무리가 없었던 곳이 볼일을 끝낼 틈도 안 되는 사이에 활기를 띠었다.

왕소똥구리는 후각이 예민하며 주의를 게을리 하지 않음을 인정하자. 쉬지 않고 활동하는 후각이다. 개는 흙을 통해 땅속의 송로(松露)버섯(*Tuber melanosporum*) 냄새를 맡는다. 하지만 개는 깨어 있는 상태였다. 반대로 구슬 만드는 왕소똥구리는 잠든 상태였다. 그래도 녀석은 흙을 통과한 땅속에서 제가 좋아하는 요리 냄새를 맡는다. 둘 중 누가 더 예민한 후각을 가졌는가?

과학은 자신의 재료를 발견하는 곳 어디서나 거두는데 오물 속에서도 거둔다. 그런데 진리는 전혀 더럽혀질 수 없는 높은 곳에 떠 있다. 따라서 똥을 먹고사는 곤충들 이야기에서 피할 수 없는 상세한 사항을 독자께서는 용서해 주기 바란다. 앞에서 말한 것과 다음에 말할 것에 대하여 관용을 베풀어야 할 것이다. 오물을 다루는 메스꺼운 작업장이 어쩌면 재스민 향수나 인도산 향료의 향수 장사꾼 조제실에서 하는 일보다 더 고상한 쪽으로 우리를 이끌어 줄지도 모른다.

나는 소똥구리가 탐욕스럽게 마구 먹는다고 비난했었다. 이제 이 말을 증명할 때가 왔다. 사육장 안의 하숙생들은 구슬이 좋아서 즐겁게 굴려 가기에는 적당치 않다. 그래서 흔히 수집 활동을 무시하고 그 자리에서 먹어 버린다. 좋은 기회이다. 보통 식사는 땅속에서 진행되나 분식성 곤충의 위장이 할 수 있는 일이 무엇인지는 이 잔치가 더 잘 알려 준다.

포로들이 식사를 즐기기에 유리한 조건은 찌는 듯이 매우 덥고 조용한 날이다. 이런 날 아침 8시부터 저녁 8시까지 손에 회중시계를 들고 왕소똥구리 한 마리의 먹는 모습을 관찰했다. 12시간 동안 한 자리에 꼼짝 않고 앉아서 계속 먹는 것을 보니 입맛에 맞는 덩어리를 만났나 보다. 식충이의 왕성한 식욕은 저녁 8시에도 처음 먹기 시작했을 때와 똑같았음을 알 수 있었다. 결국 잔치는 덩어리가 완전히 없어질 때까지 얼마간 더 계속되었다. 이튿날은 거기서 사라졌고 전날 먹었던 푸짐한 덩어리는 찌꺼기만 남았다.

시곗바늘이 한 바퀴 이상 도는 동안 식사를 계속한다는 것 자체가 이미 대단한 폭식이다. 하지만 그보다 훨씬 훌륭한 건 소화가 빨리 된다는 점이다. 벌레 앞쪽에서는 물체가 계속해서 씹히고 삼켜지는데 뒤쪽에서는 빠져나간 자양분 입자가 구둣방의 검정 구두약을 칠한 실 같은 끈으로 계속 만들어지는 게 보인다. 소똥구리는 먹을 때만 배설한다. 그만큼 소화 활동이 빠르다. 그의 실 공장은 처음 몇 입 먹기 시작한 때부터 작동해서 마지막 입을 놀린 지 얼마 안 되어 끝난다. 항문에 매달린 가는 끈이 식사 시작부터 끝까지 조금도 끊기지 않고 계속 수북이 쌓이는데, 마르기 전에는 쉽게 펼쳐 볼 수 있다.

실 공장은 정밀 시계
처럼 규칙적으로 작동
했다. 끈이 매분마
다 — 정확히 말해서
54초마다 — 분출해서

3~4mm씩 길어진다. 가끔씩 만들어진 실의 길이를 재 보려고 핀
셋으로 끈을 눈금자 위에 올려놓았다. 12시간 동안 잰 합계는
2.88m였다. 식사와 필수적인 실 짜기 공정은 내가 램프를 켜 들고
마지막으로 찾아간 8시 이후에도 얼마간 계속되었으니 실험 곤충
은 약 3m의 끊어지지 않은 똥 끈을 길게 자아냈음을 알 수 있다.

끈의 지름과 길이를 알았으니 용적은 쉽게 계산할 수 있다. 곤
충의 정확한 체적도 녀석을 좁은 대롱 속 물에 담아 올라간 물 높
이를 재어서 알아낼 수 있다. 이렇게 얻은 수치는 흥미로우며 이
것으로 왕소똥구리가 12시간에 걸친 한 번의 식사에서 거의 제 몸
뚱이만 한 식량을 소화시켰음을 알았다. 굉장한 위장, 특히 굉장
히 빠르고 굉장히 강력한 소화 능력이로다! 처음 몇 입부터 소화
찌꺼기가 실처럼 만들어져서 길게 늘어나는데 식사가 계속되는
동안에도 한없이 늘어난다. 먹을 게 없을 때가 아니면 결코 쉬지
않는 이 놀라운 증류기 안에서 물체가 위장의 반응물로 즉시 가공
되고 즉시 자양분이 빠지며 그대로 지나간다. 오물을 이토록 빨리
위생적으로 처리하는 실험실은 우리네 위생에도 어떤 역할이 있
을 것이다. 이 중대한 문제를 다시 다룰 기회가 있을 것이다.

2 진왕소똥구리

- 배 모양 경단

한가할 때 진왕소똥구리(*Scarabaeus sacer*) 행동의 감시를 책임진 어린 목동이 6월 말경의 어느 일요일, 아주 기뻐하며 찾아와서 연구를 시작하기에 좋은 시기가 온 것 같다고 알려 주었다. 그는 땅속에서 곤충이 나오는 것을 보았고 뚫고 나온 곳을 파냈더니 별로 깊지 않은 곳에 이상한 물건이 있었다며 뭔가를 가져왔다.

그것은 정말로 모양이 이상했다. 무엇인가 조금은 안다고 생각했던 나의 믿음을 완전히 뒤엎는 물건이었다. 마치 너무 익어서 신선한 빛깔은 없어지고 갈색을 띠게 된 예쁜 배처럼 생겼다. 이 이상한 물건, 공작소의 용광로에서 나온 멋진 장난감 같은 이것은 도대체 무엇일까? 사람의 손으로 빚어졌을까? 배 모양을 본떠 만든 어린이들의 수집품일까? 실제로 그런 것 같기도 하다. 나를 에워싼 아이들이 뜻밖의 아름다운 발견물을 탐내는 눈으로 바라본다. 저희 장난감 상자에 보태고 싶은 눈치이기도 했다. 유리구슬보다 예쁘고 달걀 모양을 한 상아나 회양목으로 만든 팽이보다 훨씬 멋졌다. 하지만 재료는 그렇게 엄선한 물건 축에 끼지는 못할

진왕소똥구리 경단 굴속으로 굴려 와 숨어서 알을 낳고는 알방을 꼭지처럼 빚어 놓아 경단 전체의 모양이 거의 서양 배 같다. Viols-en-Laval, Hérault, France, 9. VI. '88, 김진일

것 같다. 곡선은 아주 예술적이나 단단해서 손가락으로 눌러도 그대로 있다. 어쨌든 땅속에서 발견된 이 작은 배는 더 자세하게 조사되기 전엔 장난감 수집품에 추가되지 않을 것이다.

실제로 왕소똥구리가 만든 물건일까? 속에 알이나 애벌레가 들어 있을까? 목동이 그렇다고 한다. 파내다 부주의로 깨뜨린 것에 밀알 크기의 흰색 알 한 개가 들어 있었다고 한다. 참으로 그 말을 믿지 못하겠다. 그만큼 그 물건은 내가 기다리던 경단과는 다른 모습이었다.[1]

뜻밖에 발견된 의문의 물건을 쪼개서 그 속에 무엇이 들어 있는지 알아본다는 것은 아마도 경솔한 짓이겠지. 만일 목동이 확신하던 왕소똥구리의 알이 들어 있다면 깨뜨리는 것이 그 안 배아의 생명을 위태롭게 하는 짓이다. 지금까지 내가 인정했던 모든 생각과 반대되는 배의 형태가 어쩌면 우연히 만들어졌을 수도 있다. 우연이 나에게 그와 비슷한 것을 마련해 주었는지 누가 알겠나? 물

1 경단이 사실상 서양 배 모양은 아니다. 그러나 딱히 비유할 물체를 찾아내기도 쉽지 않으니 실물 사진을 참고하는 것이 좋겠다.

건을 그대로 놔두고 상황이 어떻게 돌아가는지 기다리는 게 옳다. 특히 발견한 장소에 가서 알아보는 것이 옳겠다.

이튿날 날이 밝자마자 목동은 그 자리에 가 있었다. 나도 그곳으로 갔는데 거기는 나무를 베어 낸 비탈로, 여름 해가 목덜미에 무섭게 내리쬐기 두세 시간 전까지는 양 떼가 우리로 돌아오지 않는다. 서늘한 아침에 양 떼는 파로(개)의 감시를 받으며 풀을 뜯으니, 우리는 협력해서 조사를 시작했다.

최근에 파낸 흙이 봉긋이 올라온 것으로 알아볼 수 있는 왕소똥구리의 땅굴이 곧 발견되었다. 친구는 힘 있는 손목으로 판다. 나는 땅을 긁는 습관이 몸에 배어서 파내는 것이 시원찮다. 그래서 야외에 나갈 때마다 지니고 다니는 가볍고 단단한 휴대용 모종삽을 그에게 넘겨주었다. 지하실 배치와 실내장식을 더 잘 보려고 엎드려서 온 신경을 눈에 집중시킨다. 목동은 모종삽을 지렛대 삼고 한 손은 무너져 내리는 흙을 막으며 치운다.

됐다, 굴이 열린다. 입을 벌린 지하의 따뜻한 습기 속에 훌륭한 배 하나가 길게 누워 있는 것을 보았다. 그렇다. 왕소똥구리 모성의 작품이 이렇게 처음으로 드러난 것은 확실히 오랫동안 기억에 남을 것이다. 나는 유서 깊은 이집트 유물을 발굴하는 고고학자가되어 파라오(Pharaon)의 어느 지하실에서 에메랄드로 조각한 사자(死者)들의 신성한 곤충을 발굴했더라도 이보다 더 강렬하게 감격하지는 않았을 것이다. 아아! 갑자기 빛나는 진리의 거룩한 기쁨, 너희와 비교할 만한 기쁨이 또 어디에 있겠더냐! 목동은 기뻐서 어쩔 줄 몰랐다. 그는 내 미소를 보고 웃었고, 또 내 행복을 보고 기뻐했다.

우연은 되풀이되지 않는다. 옛날 격언에 '같은 것은 두 번 반복되지 않는다(non bis in idem, 논 비스 인 이뎀)'고 했다. 그런데 나는 벌써 두 번이나 배처럼 생긴 이상한 형태를 보았다. 이것이 예외가 아니라 정상적인 형태일까? 곤충이 땅 위로 굴려 가던 공 모양은 단념해야 하나? 계속해 보자. 그러면 알게 되겠지. 두 번째 둥지가 발견되었다. 거기도 역시 한 개의 배가 들어 있다. 우연히 발견된 물건 두 개가 꼭 닮았다. 마치 같은 형틀에서 나온 것 같다. 매우 가치 있는 항목도 있다. 두 번째 굴에는 어미 왕소똥구리도 들어 있는데 애정을 담아 배를 꼭 껴안고 있었다. 아마도 땅굴을 영원히 떠나기 전에 배에 마지막 마무리를 하는 중인 것 같다. 의심은 풀렸다. 일꾼도 알았고 일해 놓은 결과도 알게 되었다.

아침나절의 나머지 시간은 전적으로 이 주제를 확인하는 일밖에 하지 않았다. 견딜 수 없는 해에 쫓겨 탐사한 언덕을 떠나기 전에 형태가 같고 부피도 거의 같은 배 한 타를 얻었다. 작업장 안에 어미가 들어 있는 경우도 여러 번 있었다.

미래가 내게 마련해 준 것이 무엇인지, 그 증거를 끌어내고 이야기를 끝내자. 심한 더위가 계속되는 6월 말에서 9월까지 거의 날마다 왕소똥구리가 자주 드나드는 땅굴에 가 보며 모종삽으로 파내 바라던 것 이상으로 많은 자료를 얻었다. 사육장에서도 자료가 제공되었지만 자유로운 들판에서의 풍부함과는 비교되지

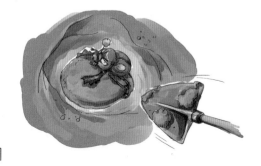

않을 만큼 빈약했다. 어쨌든 내 손을 거쳐 간 왕소똥구리 집이 적어도 100개는 되는데 언제나 변함없이 우아한 배의 형태였다. 절대로, 정말 절대로, 구슬처럼 둥글거나 책들이 말하는 공 모양은 절대로 아니었다.

나 자신도 전에는 대가들의 말을 전적으로 믿어서 잘못된 생각을 가지고 있었다. 레 장글레 고원에서 행했던 탐구에서도 아무 결과를 얻지 못했고, 사육 시도도 형편없이 실패했었다. 그러면서도 어떻게든 어린 독자들에게 왕소똥구리의 집 짓는 방법에 대한 대체적인 지식을 주고 싶었다. 그래서 일반적으로 잘 알려진 둥근 형태를 채택했었다. 그리고 기대감에 이끌려서, 또한 다른 분식성 곤충이 보여 준 것을 쉽게 이용해서 왕소똥구리의 작품에 대해 개략적으로 스케치했었다. 하지만 잘못한 것이었다. 기대란 분명히 귀중한 방법이나 직접 관찰한 사실과 같은 가치를 갖기에는 어림도 없지 않더냐! 흔히 성실치 못한 안내자에게 속아서 나도 생물의 무궁무진한 다양성에 관한 과오를 지속시키는 데 이바지했다. 지금 나는 진왕소똥구리가 아마도 둥글게 집을 지을 것이라고 했던 예전의 그 말을 없었던 것으로 해달라고 간청하면서 서둘러 공개적으로 용서를 빈다.

이제는 실제로 보았고 또 본 사실만 증언하면서 올바른 내용을 자세히 말해 보자. 왕소똥구리의 둥지는 너무 많이 파낸 흙더미가 작은 둔덕을 이루어 밖으로 드러난다. 어미가 집 안을 메우면서 아직 정리되지 않은 공간의 일부가 비어 있어야 하므로 이렇게 둔덕이 생기는 것이다. 이 흙무더기 밑에 10cm 정도의 별로 깊지 않은 굴이 뚫려 있고 계속해서 곧거나 구부러진 수평 지하도로 이어지다가 주먹이 들어갈 만한 넓이의 방으로 끝난다. 여기가 땅 표면에서 몇 센티미터 아래, 태양의 힘으로 부화되는 지하 부화실이며 어미가 자유로이 움직이면서 어린 애벌레의 빵을 배 모양으로 빚어 놓는 작업장이다.

똥으로 빚어진 빵의 장축이 수평선을 따라 누워 있다. 형태와 부피는 정확히 어린이를 즐겁게 하는 날, 즉 세례자 요한 영명축일(6월 24일) 즈음의 설익은 꼬마 배의 선명한 빛깔과 향기를 연상시킨다. 크기는 다양해도 대개 비슷해서 제일 큰 것은 길이가 45mm, 너비는 35mm, 제일 작은 것은 각각 35mm와 28mm였다.

표면을 회반죽으로 반들반들하게 화장시키지는 않았어도 완전히 붉은 흙을 얇게 발라서 정성스럽게 다듬었다. 배 모양의 둥근 빵이 만들어진 지 얼마 안 된 초기에는 진흙처럼 말랑말랑하다가 곧 말라서 단단한 껍질이 되어 손가락으로 눌러지지 않는다. 나무도 그만큼 단단하지는 않다. 껍질은 갇혀 있는 녀석을 세상과 떼어 놓았지만 아주 조용한 가운데서 식사할 수 있게 하는 방어용 피막이다. 하지만 경단의 가운데까지 마르는 날이면 그보다 중대한 위험은 없을 것이다. 너무 굳어 버린 빵을 먹어야 하는 애벌레의 불행은 다음에 말할 것이다.

왕소똥구리의 빵 공장에서는 어떤 반죽을 쓸까? 노새나 말이 공급자일까? 절대로 아니다. 하지만 나는 그렇게 예상했었고 곤충이 여느 풍부한 소똥 창고에서 자신을 위해 열심히 재료를 떠 가는 것을 본 사람이라면 누구나 그렇게 생각할 것이다. 그들은 대개 거기서 구르는 구슬을 만들어 어느 으슥한 모래 속으로 가져가서 먹었다.

어미 자신은 껄끄러운 건초 부스러기가 잔뜩 들어 있는 거친 빵으로도 만족하지만 새끼가 먹은 것에는 무척 까다로웠다. 이때는 영양이 풍부하고 소화가 잘되는 고급 과자가 필요하다. 즉 양의 만나(manne)[2]가 필요한데 수척한 양이 검은 올리브 열매처럼 주르륵 뿌려 놓은 것이 아니라 살찐 창자로 공들여서 빚은 비스킷 모양의 만나 한 덩이가 필요하다. 이것이 어미가 원하는 재료이고 이것만이 반죽에 전적으로 쓰이는 재료였다. 여기서는 말이 내놓은 메마른 섬유질 배설물이 아닌 것이다. 영양가 높은 즙을 잔뜩 머금고 미끈거리며 탄력성이 있고 균질한 배설물이다. 이런 재료의 탄력성과 섬세함은 배 모양의 예술작품 만들기에 아주 적합하고 음식의 질도 갓 난 애벌레의 약한 위장에 적당하다. 부피는 작아도 애벌레는 거기서 양분을 충분히 얻을 것이다.

저장 식량인 배가 이렇게 작아 그것이 놓인 곳에서 어미를 만나기 전에는 뜻밖의 발견물의 기원을 의심했었다. 귀여운 배를 미래의 왕소똥구리 식량으로 생각할 수가 없었던 것이다. 그렇게 큰 몸집에 그토록 놀랄 만큼 게걸스럽게 먹던 녀석이라서 더욱 그랬다.

어쩌면 사육장에서의 실패도 왕소똥구리의 가정생활을 조금도 모르던 내가 말이나 노새의 제품을 여기저기서 주워다가 공급했던 것으로 설명될 것 같다. 제 새끼를 위한 곤충들은 원치 않는 재료로는 둥지를 틀지 않았다. 경험으로 깨달은 지금은 양을 경단 재료의 공급자로 삼았다. 그랬더니 사육장에서도 바라던 대로 일이 진행되었다. 이는 가장 좋은 노다지 말똥을 엄선하고 불순물을 제거해도 새끼 양육용 경단으로는 절대로 사용되지 않음을 의미할까? 최선이 없을 때도 차 **2** 모세가 여호와로부터 받은 음식선이 거절당할까? 이 문제에 대해서는 신중한 의문만 품었을 뿐이며, 지금 내가 확언할 수 있는 것은 연구 중에 찾아냈던 100여 개의 땅굴에서 나온 새끼 식량은 모두 양이 공급했다는 사실이다.

이렇게 독특한 모양의 식량 뭉치 속 어디에 알이 들어 있을까? 대개는 둥근 배의 뚱뚱한 가운데에 놓였을 것으로 생각하기 쉽다. 한가운데는 외부의 각종 돌발 사건에 좀더 잘 보호되고 온도도 일정하게 유지될 것이다. 게다가 깨어난 애벌레는 사방에서 먹이를 발견할 수 있으므로 첫 입질을 할 때 착각할 염려가 없을 것이며 둘레가 모두 똑같으니 고를 필요도 없고 무턱대고 서툴게 이빨을 갖다 댄 곳부터 까다로운 첫 식사가 시작될 테니 그렇게 생각할 것이다.

이런 점 모두가 매우 합리적일 것 같아서 처음에는 나도 그렇게 생각했다. 경단의 첫번 조사에서 주머니칼로 얇은 층을 한 꺼풀씩 젖혀 내고, 뚱뚱한 가운데 부분을 찾아보면 거기에 알이 있을 것으로 확신했다. 하지만 아주 놀랍게도 거기에는 없었다. 가운데는 빈 것이 아니라 동질의 연속된 식량 더미가 꽉 차 있을 뿐이었다.

어느 관찰자든 내 위치였다면 틀림없이 나와 같은 추론이 매우 합리적이라고 생각했을 것이다. 우리는 매우 자랑스럽게 생각하는 논리를 가지고 있다. 하지만 똥을 반죽하는 곤충, 즉 왕소똥구리도 제 나름대로 논리가 있었으며 그의 생각은 우리와 달랐다. 지금 경우에서는 그들의 논리가 우리보다 우월했다. 왕소똥구리는 자신의 통찰력과 사물에 대한 예감을 지니고 있어서 알을 다른 곳에 놓아두었다.

도대체 알을 어디에 두었을까? 배 모양 끝의 좁은 부분, 즉 병목

의 속이었다. 내용물이 상하지 않도록 조심해 가며 여기를 길이로 갈라 보자. 안에는 매끈하게 반짝이는 벽을 갖춘 다락방이 있다. 여기가 바로 배아의 감실(龕室)이며 부화실이었다. 어미의 몸집에 비해 상당히 큰 알은 흰색의 긴 타원형인데 길이는 10mm, 가장 넓은 부분의 너비는 5mm가량이다. 알과 방의 벽 사이에는 약간 빈 공간이 있고 알 뒤쪽 끝이 천장에 붙었다. 배와 수평으로 놓인 알은 천장에 붙은 부분 외에는 전체가 가장 부드럽고 가장 따뜻한 공기 침대에 누워 있다.

이제 사정을 알았으니 지금부터는 왕소똥구리의 논리를 분명하게 이해해 보자. 곤충의 솜씨치고는 매우 이상한 형태인 배 모양의 필요성도 알아보자. 알이 이상한 위치에 놓이는 것에 대한 타당성도 찾아보자. 사물이 어째서 그렇게 되었는가, 왜 그런가 하는 분야에 뛰어드는 것이 위험을 무릅쓰는 일임은 나도 잘 안다. 발밑의 땅이 움직이고 꺼져 무모한 자를 오류의 수렁 속으로 빠뜨리는, 그런 수수께끼 같은 분야에서는 쉽사리 그런 위험에 빠져 들기 마련이다. 이런 위험이 있다고 해서 연구를 포기해야 할까? 왜?

허약한 능력에 비하면 그토록 위대한 우리의 지식이, 또한 한없는 미지의 혼돈 앞에서는 그렇게도 하찮은 우리의 지식이, 절대적인 현실에 대해서 무엇을 아는가? 아무것도 아는 게 없다. 세상이

50

흥미를 끄는 것은 다만 우리가 거기에 대해 만들어 놓은 개념에 의해서이다. 개념이 사라지면 모든 것이 보람 없는 것, 혼돈스러운 것, 그리고 허무한 것이 된다. 사실을 모아 놓은 무더기는 지식이 아니라 싸늘한 목록일 뿐이다. 그것은 영혼의 화덕에 쬐어서 녹여야 하고 활기를 찾게 해야 한다. 개념과 이성의 빛을 개입시켜서 해석해야 하는 것이다.

왕소똥구리의 작품을 설명하려면 그 비탈로 미끄러져 내려가라. 어쩌면 우리 자신의 논리를 곤충에게 부여할지도 모른다. 그렇더라도 이성이 우리에게 암시하는 것과 본능이 곤충에게 암시하는 것이 놀랍게도 일치하는 것을 보게 되면 그 역시 주목할 만한 일일 것이다.

중대한 위험이 애벌레 상태의 진왕소똥구리를 위협한다. 즉 식량이 마르는 것이다. 애벌레의 일생이 흘러가는 지하실 천장은 약 10cm 두께의 흙이다. 이 얇은 차폐막이 흙층을 석회처럼 구워 대고 훨씬 깊은 층까지도 벽돌처럼 구워 대는 삼복더위에 무엇을 할 수 있을까? 이때는 애벌레 집도 뜨거워진다. 손을 넣어 보면 한증막 같은 열기가 느껴진다.

식량이 2~3주만 유지되어도 괜찮겠는데 그 전에 벌써 너무 말라서 먹지 못할 수도 있다. 애벌레의 이빨이 처음의 부드러운 빵 대신 돌처럼 단단해서 공략할 수 없는 진저리 나는 빵 덩이를 만나는 날이면 불쌍한 애벌레는 굶어 죽을 수밖에 없다. 실제로 죽은 애벌레들을 보았다. 신선한 부분을 꽤 많이 파먹고 이미 독방까지 만들었는데, 이제는 너무 단단해서 깨물 수가 없다. 그래서 8월의 저 햇볕에 희생된 애벌레를 아주 많이 보았다. 출구가 없는 일종의 냄비에 두꺼운 껍질이 남아 있는데 불쌍한 애벌레가 구워져서 오그라들었다.

말라서 돌처럼 된 껍질 안에서 애벌레가 굶어 죽지만 이미 탈바꿈이 끝난 성충이라도 그런 껍질에서는 해방될 수 없으니 역시 그 안에서 죽는다. 해방 문제는 다음에 이야기하기로 하고 지금은 애벌레의 불행을 더 다루어 보자.

식량의 건조는 애벌레에게 치명적이라고 했다. 자신들의 냄비에서 익은 다음 발견된 애벌레들이 이를 보여 주었고 다음 실험이 더 확실하게 입증해 준다. 활발히 둥지를 트는 시기인 7월, 그날 아침 파낸 경단 한 타를 골판지나 전나무 상자에 넣었다. 상자를 꼭 닫고 대기와 온도가 같은 내 연구실 그늘에 놓아두었다. 그러자 모든 상자에서 사육이 실패했다. 경단에 따라 알 또는 부화한 애벌레였으나 곧 말라 죽었다. 반대로 양철통이나 유리그릇 안에서는 아주 잘 발육하여 사육에 실패한 것이 하나도 없었다.

차이는 어디서 왔을까? 단순하다. 투과성인 골판지나 전나무 차폐물은 7월의 고온에서 증발이 빠르다. 그래서 식량인 경단이 말라 애벌레가 굶어서 죽는다. 투과성이 없는 양철통이나 유리그릇에서는 증발이 되지 않아 식량이 부드럽게 남아 있다. 그래서 애벌레는 자신이 태어난 땅굴에서처럼 잘 자란 것이다.

곤충이 건조의 위험을 피하려면 두 가지 방법이 있다. 하나는 넓적한 팔받이에 온 힘을 들여서 겉층을 단단히 다지는 것이다. 겉을 중앙 쪽 덩어리보다 더 조밀하고 균일한 보호용 껍질로 만든다. 어쩌다 잘 마른 것을 깨뜨려 보면 대개 껍질이 깨끗하게 떨어져서 중앙의 핵만 드러난다. 호두의 껍데기와 그 속 알맹이를 연상해 보면 된다. 경단을 만든 어미의 압력이 표면 몇 밀리미터 두께에만 미쳐서 껍질이 생긴 것이다. 압력이 더 깊이 미치지 않아서 부피가 큰 중앙에 핵이 생긴 것이다. 집안 살림꾼이 더위가 한창인 여름에 빵을 신선하게 보존하려면 항아리에 넣고 꼭 닫아 둔다. 곤충도 제 나름대로 그렇게 한 것이다. 녀석은 압축한 항아리로 새끼의 빵을 둘러쌌다.

왕소똥구리는 한술 더 뜬다. 그는 최소량의 문제를 훌륭히 해결해 내는 기하학자였다. 모든 조건이 같을 경우 증발량은 당연히 증발되는 표면의 면적에 비례한다. 그렇다면 식량 덩이도 습기의 손실을 최대한 줄이도록 표면적을 최소화해야 한다. 그러면서도, 즉 표면적이 가장 작으면서도 가장 많은 영양분 재료를 둘러싸 애벌레가 먹을 것을 충분히 보존해야 한다. 그렇다면 최소의 표면적에 최대의 부피를 갖는 형태는 어떤 것일까? 기하학은 바로 공 모양이라고 답변한다.

그래서 왕소똥구리는 이제 새끼의 식량을 목 부분이 없는 공 모양 경단으로 만든다. 피치 못할 이 공 형태는 일꾼이 명령받은 역학적 조건을 맹목적으로 따른 것도 아니고 땅 위로 거칠게 굴려 온 결과도 아니다. 이동 없이 그 자리에서 정확히 둥글게 만들었음은 이미 보았다. 즉 굴리기 전에 둥근 형태가 먼저 만들어졌음을 확인했었다.

애벌레용 경단도 굴속에서 가공됨이 잠시 뒤에 증명될 것이다. 이 경단 역시 굴려지지도, 옮겨지지도 않는다. 모형 제조 기술자가 진흙을 엄지로 꾹꾹 눌러서 가공하듯이 왕소똥구리도 경단에 필요한 모양을 눌러서 만든 것이다.

다른 소똥구리는 자신의 연장으로 배 모양인 왕소똥구리 작품보다 곡선이 덜 멋있는 형태를 만든다. 예를 들어 금풍뎅이(*Geotrupes*)는 일반적인 순대 모양의 원기둥을 만들기도 하고 극도로 단순히 작업해 정해진 형태가 없는, 즉 덩어리를 만났을 때 상태 그대로일 수도 있다. 그렇게 하면 일이 더 빨라질 것이고 태양의 축제에 참가할 시간 여유가 늘어날 것이다. 하지만 진왕소똥구리(*S. sacer*)는 그렇게 하지 않는다. 매우 까다로운 공 모양을 정확하게 만들어서 증발 법칙과 기하학 법칙을 완전히 아는 것처럼 행동한 것이다.

이제는 경단의 목 부분에 대해서 알아보자. 목 부분의 역할과 이점은 무엇일까? 답은 저절로, 아주 분명하게 나온다. 거기는 부화실로서 알이 들어 있다. 그런데 식물이든 동물이든 씨앗에는 생명을 자극하는 기본적인 물질인 공기가 필요하다. 생명의 불씨를 태워 줄 산소가 침투할 수 있도록 새알 껍데기에는 수많은 공기구멍이 있다. 왕소똥구리의 경단도 그와 비교된다.

목 부분의 껍데기는 알 속에 들어 있는 영양분 덩이, 즉 연한 타원형 난황(卵黃)이 너무 빨리 증발하는 것을 막고자 단단하게 눌렀다. 또한 사방에서 공기가 알을 둘러싸고 있는 공기주머니이며 이 주머니가 목 부분의 다락방인 셈이다. 얇은 벽을 통해 가스가 자유롭게 드나들도록 대기 가운데로 돌출한 부분이 이 부화실 말고 더 좋은 곳이 어디에 있는가? 여기는 배아가 호흡용 공기를 교환하는 곳이다.

반대로 경단 뭉치의 한가운데는 환기가 어렵다. 단단한 껍데기에도 사실상 공기구멍이 없고 가운데의 핵은 훨씬 치밀하다. 그렇지만 조금 뒤에서는 애벌레가 살아야 하므로 거기까지 공기가 들어간다. 좀더 튼튼해진 조직체, 즉 생명이 태동할 때의 전율보다는 덜 까다로운 애벌레가 살 곳이라서 지금은 그렇게 치밀한 것이다.

성숙한 애벌레는 잘 자라는 장소라도 알은 숨 막혀 죽을 수 있는데, 증거 실험이 여기 있다. 입이 넓은 작은 병에 필요한 양의 똥을 다져 넣고 가느다란 막대기로 구멍을 뚫어 임시 부화실을 만든다. 자연 상태에서 조심스럽게 옮겨 온 알을 구멍 안에 넣고 똥을 두껍게 다져서 막아 놓았다. 자, 왕소똥구리의 것과 상당히 닮은 덩어리를 이렇게 인공적으로 재현해 놓은 것이다. 알은 덩어리의 한가운데에 놓였으며 좀 성급하게 판단했을 때는 이런 상태가 가장 적합하다고 생각했었다. 실제로는 이렇게 선택한 곳이 치명적이었다. 여기서는 알이 죽는데 왜 그럴까? 분명 환기가 안 되어서 그랬을 것이다.

어느 배아든 공기는 물론 열도 필요하다. 식은 덩어리에 둘러싸인 알은 열전도도 안 좋아서 적당한 부화 온도를 얻지 못한다. 새 알 속의 배아는 품어 주는 어미와 될수록 가까워지려고 노른자의 표면 쪽을 차지한다. 열의 위치가 어디든 이런 극단적 이동으로 항상 위쪽에 자리 잡아 한배의 알 위에 쭈그리고 앉은 어미의 난방장치를 더 잘 이용하는 것이다.

곤충의 경우는 해가 데워 준 땅이 알을 품는 어미가 된다. 곤충의 배아도 난방장치 가까이에 있다. 녀석들도 모든 우주의 부화기에 접근해서 생명의 불씨를 찾는다. 생기가 없는 뭉치 속에 파묻히는 게 아니라 따뜻한 땅의 힘이 사방에서 감싼 꼭지 위에 자리 잡는다.

공기와 온도 조건은 너무도 기본적이어서 분식성 곤충 중 누구도 소홀히 하지 않는다. 양분을 제공하는 뭉치는 우리 눈에 띄는 것마다 모양이 다를 만큼 다양하다. 배 모양 말고도 종류에 따라 원기둥, 타원형, 공 모양, 심지어는 골무 형태까지 있다. 모양은 이렇게 다양해도 아주 중요한 특징은 한결같다. 즉 알이 표면과 아주 가까운 부화실에 놓여 있다. 공기와 열이 쉽게 들어가기에 좋은 방법이다. 이런 까다로운 기술에 가장 재주가 많은 녀석이 배 모양 경단을 만드는 진왕소똥구리였다.

앞에서 나는 짐승의 똥을 가장 잘 반죽하는 이 곤충이 우리의 논리와 경쟁적인 논리로 행동한다고 주장했다. 지금 이 시점에서 주장이 증명되었다. 하지만 이보다도 훌륭한 점이 있다. 인간의 지식으로 다음 문제를 풀어 보라고 하자. 식량 뭉치와 배아가 함께 있는데 그 뭉치는 빨리 말라서 못 쓰게 될 수도 있다. 그렇다면 뭉치를 어떤 모양으로 만들어야 할까? 공기와 열을 쉽게 받으려면 알이 어디에 들어 있어야 할까?

첫 질문은 이미 답이 나왔다. 증발은 표면적에 비례함을 알았으니 최소의 표면적에 최대량의 물질을 포함하는 형태는 공 모양이라고 답변했다. 따라서 식량은 공 모양으로 분배된다. 다음 질문, 즉 알은 손상될 위험과 접촉을 피할 보호용 집이 필요하다. 그래서 아주 두껍지는 않은 원통 모양이나 공 모양의 집 안에 들어 있을 것이다.

필요한 조건이 이렇게 채워졌다. 즉 공 모양 안의 식량은 싱싱하게 보존되고 얇은 원통 모양 집의 보호를 받는 알은 공기와 열의 영향에 지장이 없다. 꼭 필요한 것은 얻어졌다. 하지만 대단히 추잡스럽다. 쓸 만한 것은 아름다움도 모른 체하지 않는다.

예술가는 거칠게 추리한 작품을 다시 손질한다. 공 모양을 좀더 우아한 형태의 반 타원체로 바꾸고, 표면을 우아한 곡선과 연결시킨다. 그래서 전체가 배 모양이나 목이 잘록한 호리병 모양이 된다. 이제는 진정한 예술작품이니 아름답다.

미학이 지시한 것을 왕소똥구리가 그대로 실행했다. 녀석에게도 미학에 대한 의식이 있을까? 자신의 배 모양에 대한 멋을 평가할 줄 알까? 물론 아주 캄캄한 곳에서 다루었으니 눈으로 보지는 못한다. 하지만 만져는 본다. 단단한 각질로 덮인 더듬이 역시 빈약한 감각기관이다. 그렇다고 해서 근본적으로 부드럽게 이루어진 곡선마저 무감각하겠더냐!

나는 왕소똥구리가 제기한 아름다움 문제를 어린아이의 지능으로 시험해 보고 싶은 생각이 났다. 이제 겨우 태어나서 어린 나이의 흐릿한 머릿속에서 졸고 있는 아주 무경험인 지능이 필요했다. 이런 비교가 허락된다면 가능한 한 곤충에 가까운 지능이 필요했다. 그렇지만 내 말을 알아들을 수는 있을 정도로 똑똑한 지능이라야 한다. 그래서 교육받지 않은 여섯 살 미만 어린애를 골랐다.[3]

왕소똥구리의 작품과 내 손으로 빚은 기하학적 작품을 그 재판관들이 심사하도록 했다. 내 작품은 왕소똥구리의 작품과 부피는 같아도 공 위에 짧은 원기둥을 올려놓은 것이다. 아이들끼리 의견에 영향을 주지 못하도록 고해성사를 할 때처럼 각자를 따로 불러서 갑자기 두 장난감을 보이며 어떤 것이 더 예쁘냐고 물었다. 아이 다섯이 모두 왕소똥구리의 배라고 했다. 의견 일치는 아주 인상적이었다. 세련되지 못한 농부의 꼬마들로서 아직 코도 풀 줄 모르는 녀석들이 벌써 형체의 멋에 대한 어떤 의식을 가졌던 것이다. 그들에게도 아름

3 이것은 곤충의 지능을 인정한 것이 아니던가!

다움과 추함이 있었던 것이다.

왕소똥구리도 마찬가지일까? 사정을 완전히 알고 나서 그렇다, 아니다라고 감히 대답할 사람은 아무도 없을 것이다. 유일한 감식가에게 문의할 수도 없으니, 해결할 수 없는 문제로다. 요컨대 대답은 지극히 간단할지도 모른다. 꽃은 자신의 화려한 꽃부리에 대해서 무엇인가를 알고 있을까? 육각형 눈은 자신의 멋진 별 모양에 대해서 무엇인가를 알까? 꽃과 눈처럼 왕소똥구리도 제 작품이지만 아름다움을 모를 수도 있는 문제이다.

아름다움을 알아보는 데 적합한 눈이 있다는 조건만 분명히 채워지면 어디에나 아름다움이 존재한다. 지성의 눈, 정확한 형체를 옳게 평가하는 눈, 이런 눈은 어느 수준의 짐승이 갖춘 속성일까? 두꺼비 수컷에게 이상적인 아름다움은 분명히 두꺼비 암컷이겠지만 동물에게 거역할 수 없는 성의 매력 외에 실제로 아름다움이 있을까? 평범하게 생각했을 때 과연 아름다움이란 무엇일까? 그것은 질서이다. 질서는 무엇인가? 전체 안에서 흐르는 조화이다. 조화란 무엇인가? 그것은…… 아니, 이쯤 해두자. 물음에 대한 대답이 계속 나오겠지만 마지막 바탕, 즉 흔들리지 않는 밑받침까지는 결코 도달하지 못할 것이다. 소똥 한 조각으로 얼마나 많은 형이상학이 동원되더냐! 그냥 지나가자, 그럴 때가 되었다.

3 진왕소똥구리
- 경단의 모양내기

지금 우리는 탄탄한 대지에, 즉 관찰할 수 있는 사실 앞에 와 있다. 왕소똥구리 어미는 어떻게 경단을 배 모양으로 만들까? 우선 경단이 땅 위에 굴려져서 만들어진 것이 아님은 확실하다. 이리저리 아무렇게나 굴려진 것으로 그 형태를 해명할 수는 없다. 배 부분은 그렇다고 치자. 하지만 호리병의 목 부분, 즉 부화실이 파인 타원형 돌출부는 그럴 수 없지 않더냐! 무턱대고 강하게 두드린다고 해서 그런 섬세한 작품이 나올 수도 없다. 금은세공사가 보석을 대장간의 모루에 올려놓고 망치로 내리치지는 않는다. 이미 말했듯이 옛날에는 심하게 흔들리는 둥근 것 안에 알이 들었을 것으로 믿었었다. 하지만 배 모양은 분명히 여러 이유로 그 생각에서 우리를 영원히 해방시켜 주었다.

조각가는 자신의 걸작을 만들려고 독방으로 들어간다. 왕소똥구리도 그렇다. 재료를 마련한 다음 모양을 만들기 위해 정신을 가다듬고 지하실에 들어박힌다. 재료는 두 가지 방법으로 마련한다. 한 가지는 우리가 이미 알고 있다. 즉 큰 덩이에서 정선된 조각을 떼어 내 그 자리에서 둥글게 반죽하여 옮기기 전에 벌써 공 모양을 만드는 방법이다. 이것은 자신이 직접 먹을 요리였다.

구슬의 크기가 충분하다고 판단했으나 땅굴을 파기에 적당치 않은 자리라면 짐을 가지고 떠나서 적당한 장소를 만날 때까지 무턱대고 굴려 간다. 구슬은 이미 완전한 공 모양이라 구르면서 완성되는 것은 아니라도 표면은 약간 단단해지고 흙과 가는 모래알이 박힌다. 도중에 이런 것이 박힌 흙투성이 껍데기가 많은 길을 지나왔다는 표시가 되기도 한다. 이런 세부 사항에도 나름대로 중요성이 있으며 잠시 뒤 우리에게 도움이 될 것이다.

어떤 경우는 조각을 떼어 낸 장소와 아주 가까운 곳에 땅굴을 판다. 흙은 돌이 별로 많지 않아 파기가 쉬웠다. 그러면 여행할 필요가 없어지고 따라서 옮기기 좋은 공 모양도 필요 없다. 그래서 양의 부드러운 비스킷을 떼어 내 그대로 창고에 넣는다. 통째로 또는 여러 조각으로 나뉜 조잡한 상태의 덩어리가 작업장으로 들어간다.

돌이 많은 땅은 거칠어서 자연에서는 그런 경우가 드물다. 쉽게 파이는 땅은 드물어서 이 곤충은 짐을 짊어지고 그런 곳을 찾아 헤매야 한다. 하지만 체질해서 돌을 골라낸 흙이 한 켜 깔린 내 사육장에서는 대개 여행하지 않는다. 어디든 쉽게 파여서 산란 준비를 하는 어미는 바로 옆의 덩이를 정해진 형태로 만들지 않고 직접 땅속으로 끌어내린다.

미리 둥글게 만들거나 옮기지 않고 창고에 넣은 것이 야외에서 이루어졌든 사육장에서 이루어졌든 최종 결과는 가장 놀라웠다. 전날 나는 형태가 안 갖춰진 덩어리가 땅속으로 사라지는 것을 보앉는데 다음 날이나 이틀 뒤에 작업장을 찾아가 보면 예술가 앞에 작품이 놓여 있다. 처음에는 한 아름씩 들여 간 어수선한 조각이거나 볼품없는 덩어리였는데 지금은 꼼꼼하게 마무리되어 완전히 정확한 형태의 배 모양이 된 것이다.

예술품에는 그 제조 방식의 표시가 남아 있다. 굴 바닥에 닿은 부분에는 흙 부스러기가 박혀 있고 나머지 부분은 모두 반들반들 윤이 난다. 작업장 바닥과 닿은 말랑말랑한 부분은 왕소똥구리의 체중과 작업 과정에 눌려서 흙 알갱이로 더럽혀졌다. 하지만 대부분인 나머지에는 곤충의 섬세한 작업 형태가 간직되어 있다.

이런 꼼꼼함과 섬세함을 통해 작업 양상이 확 눈에 들어온다. 배는 빙빙 도는 선반 위에서 만들어진 것도 아니고 넓은 작업장에서 굴려 얻어진 것도 아니다. 만일 그랬다면 구슬 전체가 온통 흙으로 더럽혀졌을 것이다. 게다가 그런 방법으로는 불룩하게 튀어나온 목이 만들어질 수 없다. 전혀 더러워지지 않은 위쪽 표면은 구슬을 옆으로 돌리지 않았음을 분명하게 입증한다. 따라서 왕소똥구리는 그것을 조금도 옮기거나 뒤집지 않았고 놓여 있는 상태에서 반죽한 것이다. 넓은 앞다리로 톡톡 쳐서 환약을 제조했음을 분명히 보여 주는 듯했다.

이제는 야외에서 실행되는 일반적인 경우를 살펴보자. 이때는 멀리서 굴려 와 표면 전체에 흙이 묻은 재료가 땅속으로 끌려 들어간다. 미래의 배 모양에서 중심부는 이미 완성된 그 둥근 것을 어떻게 할까? 목적을 이루고자 결과에만 집착할 뿐, 야심적인 실험 방법을 포기했더라도 —여러 번 있었던 일이다.— 해답을 얻는 것이 별로 어렵지는 않다. 어쨌든 구슬을 가진 어미를 연구실로 옮겨

꼬마똥풍뎅이
실물의 6배

와 행동을 자세히 관찰하면 된다.

체질하고 습기로 축여서 적당히 다진 흙을 넓은 표본병에 충분히 담았다. 이 인공 지표면에 어미와 소중한 구슬을 내려놓는다. 다음, 병을 그늘진 곳으로 옮겨 놓고 기다린다. 인내력이 너무 오랜 시련을 겪지는 않았다. 난소의 자극에 재촉받은 곤충은 중단되었던 일을 다시 시작한다.

어떤 때는 여전히 땅 위에서 둥근 뭉치를 쪼개며 마구 흩뜨린다. 이 행위는 자신이 잡혀 있다는 착란에 빠져서 소중한 물건을 마구 부수며 소동을 일으키는 절망적 행동이 결코 아니다. 오히려 슬기로운 위생적 행위이다. 도둑들 틈에서 감시까지 하며 수집하기가 항상 쉬운 것만은 아니다. 재물 수확에만 열중했다가 그 뭉치 속에 작은 소똥풍뎅이(*Onthophagus*)나 꼬마똥풍뎅이(*Aphodius pusillus*)* 가 들어 있을 수도 있다. 따라서 과격한 경쟁자들 사이에서 급하게 떼어 온 덩어리는 대개 꼼꼼히 조사할 필요가 있다.

본의 아니게 침입한 녀석들에게도 덩어리가 아주 좋은 양식이었으니 대형 소비자로서 미래의 경단에 큰 손해를 끼칠 수도 있다. 허기진 그 녀석들을 없애야 한다. 그

나는 소……
나는 꼬마……
이렇게 생긴 놈들이 있을지 몰라

서북반구똥풍뎅이(*Aphodius fimetarius*) 극동 아시아를 제외한 구북구와 신북구에 널리 분포한다. 비교적 대형 똥풍뎅이이며, 개체 수도 많다. Freche Hérault, France, 9. VI. '88, 김진일

래서 어미는 덩이를 산산조각 내며 필요 없는 것을 제거하는 것이다. 그러고는 부스러기를 다시 모아서 구슬을 만드는데 이제는 흙 묻은 껍데기가 없다. 구슬이 땅속으로 끌려 들어가며 지면과 닿은 곳 말고는 더러운 것이 없는 경단이 된다.

대개는 땅굴에서 파내 온 구슬을 그대로 땅속에 묻는다. 이용할 장소로 굴려 가는 동안 껍데기가 거칠어진 것도 그대로 파묻는다. 이렇게 표면 전체에 모래와 흙이 박혀서 거친 구슬이 표본병 밑에서 경단으로, 즉 배 모양으로 바뀌었음을 볼 수 있다. 덩어리 안팎으로 전체를 다시 만든 게 아니라 그냥 눌러서 목 부분을 늘여 놓았다는 증거가 된다.

대개는 이렇게 진행된다. 들에서 파낸 구슬은 거의 모두가 흙으로 덮여 광택이 완전히 없어진 경우까지 있었다. 그런데 굴리는 과정에서 더러워졌음을 깜박 잊고 배 모양으로 오랫동안 묻혀서 그렇게 되었다고 생각할 수도 있을 것이다. 하지만 내가 만났던 몇 개의 매끈한 것과 특히 사육장에서 본 무척 깨끗한 경단들이

이런 오해를 근본적으로 없애 주었다. 이 경단들은 전혀 이동 없이 가까운 곳의 덩어리에서 형태가 잡히지 않은 상태로 떼어 내 창고에 넣어진 재료들로서 통째로 빚어졌다는 이야기가 된다. 껍데기에 흙이 박혀서 거친 것은 작업장에서 제작된 것이 아니라 지표면을 많이 돌아다닌 표시임을 증명할 뿐이다.

경단 제조 과정을 직접 관찰하기가 쉽지는 않다. 기술자가 모양을 만들 때는 완전한 암흑을 요구하며 빛이 들어가면 즉시 일체의 작업을 거부한다. 하지만 관찰하려는 나에게는 밝음이 필요하다. 두 조건을 연결시킬 수는 없는 일이다. 그래도 시도는 해보고 전혀 보이지 않는 진실을 조금씩이라도 알아내 보자. 그래서 이런 장치가 채택되었다.

좀 전의 넓은 표본병을 다시 이용하는데 흙을 손가락 몇 마디 두께로 깐다. 작업장 벽이 투명한 창인 것이 필수적인데 이런 것을 얻으려고 깔아 놓은 흙 위에 삼각대 하나를 올려놓는다. 높이 10cm의 지지대 위에 병과 지름이 같은 전나무 판자를 둥글게 잘라서 올려놓았다. 판자의 가장자리를 약간 도려내 왕소똥구리와 구슬이 지나갈 수 있게 했다. 끝으로 흙을 병에 들어갈 만큼 가리개 위에 다져 놓는다. 이렇게 해서 경계가 지어진 아랫방은 곤충의 일터인 넓은 지하실이 될 것이나 벽은 유리벽이다.

왕소똥구리가 작업할 때 위쪽 흙의

일부가 도려낸 판자 사이로 무너져 내려 아랫방에 넓게 경사면을 이룬다. 기술자는 이 비탈을 통해서 내가 마련해 준 투명한 방안으로 들어갈 것이다. 물론 방이 완전히 캄캄해야만 작업에 착수할 것이니 골판지로 위가 막힌 원통을 만들어 유리병에 씌우고 제자리에 놔둔다. 이제 불투명한 곳은 곤충이 요구하는 어둠을 제공할 것이고 골판지를 벗기면 나의 요구대로 밝을 것이다.

관찰 장치를 이렇게 설치해 놓고 얼마 전에 자연에서 구슬을 가지고 굴로 들어간 어미를 찾아 나선다. 이런 어미를 찾는 데 아침 한나절이면 족하다. 잡아 온 어미와 구슬을 병 위층 흙에 내려놓는다. 다음, 원통 골판지를 씌우고 기다린다. 아직 알을 낳지 않았다면 부지런한 녀석이 새 땅굴을 파고 파이는 대로 구슬을 끌어들일 것이다. 왕소똥구리는 아주 두껍지는 않은 위층의 흙을 지나 전나무 판자도 만날 것이다. 판자는 야외에서 정상적으로 땅을 파 들어갈 때 자주 길을 가로막는 자갈과 비슷한 장애물이다. 녀석은 막힌 원인을 찾아보고 도려낸 곳도 발견할 것이다. 그리고 그 문을 통해 밑에 있는 방으로 내려갈 텐데 그 넓은 지하실은 텅 비어 있다. 녀석은 내가 이사시킨 여기서 작업할 것이다. 내 예견은 이렇다고 했다. 하지만 이 모든 것에는 시간이 필요하다. 호기심으로 아무리 성급해져도 만족하고 싶다면 다음 날까지 기다려야 한다.

시간이 되었으니 가 보자. 전날 연구실 문을 열어 놓았다. 혹시 자물쇠 소리만 나도 경계가 심한 이 일꾼을 방해해서 작업이 중단될지 모른다. 더욱 조심하려고 들어가기 전에 소리가 안 나는 슬리퍼를 신었다. 이제 원통을 홱! 들어 올렸다. 완전하구나! 예상이 옳았다.

왕소똥구리는 유리벽의 작업장 안에 있다. 녀석이 어렴풋한 형태의 경단 위에 넓적한 다리를 얹어 놓고 일하는 도중에 내가 갑자기 덮친 것이다. 갑자기 밝아져서 당황한 녀석은 화석처럼 굳어 꼼짝 않는다. 이렇게 몇 초가 지난 다음 녀석은 등을 돌려 비탈을 더듬더듬 지나 어두운 위층으로 올라간다. 나는 일해 놓은 것을 잠시 살펴본다. 모양, 위치, 방향 등을 메모하고 원통을 씌워서 다시 캄캄하게 해놓는다. 반복 조사를 하고 싶다면 무례한 짓을 오래 끌지 말아야겠지.

이렇게 갑자기 잠깐씩 살펴본 것으로 수수께끼 같은 작업과정을 약간 알게 되었다. 처음에는 완전히 둥글던 구슬이 이제는 가장자리가 별로 깊지 않은 일종의 분화구를 형성하여 굵은 똬리 모양을 하고 있다. 만들어 놓은 것은 배가 둥글고 아가리 둘레의 입술은 두껍고 좁은 고랑 덕분에 목이 잘록해진 선사시대의 아주 작은 항아리를 연상시켰다. 이 경단의 어렴풋한 형체는 빙글빙글 돌리는 옹기장이의 선반을 모르던 제4기(紀) 시대 사람들의 방식과 이 곤충의 방식이 같음을 말해 준다.

둥글게 테두리가 쳐진 한쪽에는 탄력성 있는 공 모양에 홈 하나가 파였는데 그것이 목의 출발점이다. 더욱이 공은 끝이 약간 뭉툭하게 튀어나왔다. 이렇게 튀어나온 것의 가운데가 눌려서 재료가 가장자리로 밀려 나가며 부정확한 모양의 분화구가 되었다. 이 첫번째 작업을 하려면 둥글게 안아서 누르기만 하면 된다.

조용한 저녁때 다시 갑자기 찾아가 보았다. 아침나절의 불안을 떨쳐 버린 모형 제조 곤충은 작업장으로 다시 내려왔다. 내 책략으로 이상한 사건이 일어나자, 즉 빛이 훤하게 비쳐 들자 어리둥절해진 녀석은 즉시 위층으로 도망친다. 못살게 구는 내 조명에 가엾은 어미는 위층으로 물러갔지만 마지못해 더듬거리는 발걸음이었다.

작업은 진전되어 있었다. 분화구가 깊어졌고 두꺼운 입술은 얇아져서 경단의 목과 비슷한 모양으로 늘어났다. 다른 재료에는 변화가 없다. 위치와 방향도 기록해 둔 그대로였다. 즉 바닥에 닿은 면은 여전히 아래 지점에 있고 위쪽으로 향한 면은 여전히 위쪽에 있다. 내 오른쪽에 있던 분화구는 경단의 목으로 바뀌었는데 왼쪽은 그대로 있다. 전에 말한 것을 다시 증명하는 결론이 나온다. 즉 굴림은 없고 반죽하여 모양을 만드는 압착 작업만 있을 뿐이라는 것이다.

이튿날 세 번째로 가 보았다. 경단이 완성되었다. 어제는 열린 자루 같던 목이 지금은 닫혔다. 따라서 알을 낳은 것이다. 작품이 완성되었으니 이제는 손질할 필요가 없다. 그동안 그렇게 방해했어도 어미가 완벽한 기하학으로 마무리 손질까지 했음에는 의심의 여지가 없다.

그런데 가장 섬세한 작업 부분은 나를 피해 가서 알 수가 없다. 부화실이 어떻게 생겨났는지 대강은 잘 알겠다. 처음 분화구를 둘러싸고 있던 굵은 똬리가 다리에 눌려 얇은 판이 되었고 다음은 아가리가 점점 좁아지면서 완전한 자루가 되었다. 여기까지의 작업은 충분히 설명되나 뻣뻣한 연장, 즉 톱니 달린 넓은 팔받이의 갑작스럽고 둔탁한 로봇 같은 움직임을 생각하면 부화가 예정된 독방의 완전한 우아함이 설명되질 않는다.

왕소똥구리는 응회암이나 파내기에 알맞을 투박한 연장으로 어떻게 알의 부화실 안쪽을 그렇게 섬세하게 다듬고, 반들반들해진

진왕소똥구리 똥경단 굴 하나에서 이미 경단을 만들어 산란한 것 한 개와 아직 경단 제작을 하지 않은 똥덩이 두 개를 발견했다. Freche Hérault, France, 9. Ⅵ. '88, 김진일

타원형의 다락방 모양을 만들어 냈을까? 자루의 좁은 입구로 들여다보면 채석장 인부의 연장처럼 엄청나게 커다란 톱니 모양 다리가 어떻게 붓의 부드러움과 경쟁했을까? 어디에 그렇지 않다는 법이라도 있는가? 연장이 일꾼을 만드는 것이 아니라는 말은 전에도 했지만 지금의 경우도 그 말을 되풀이하게 한다. 곤충은 자신이 타고난 연장이 무엇이든, 전문가로서 적성을 잘 발휘한다. 프랭클린(Franklin)[1]이 말하는 모범적인 일꾼처럼 녀석은 대패로 톱질을, 또한 톱으로 대패질을 할 줄 안다. 왕소똥구리는 단단한 톱날이 땅이나 가를 쇠스랑을 흙손이나 붓처럼 써서 애벌레가 태어날 방에 칠을 해 윤을 낸다.

부화실에 대한 또 하나의 사실을 이야기하고 끝내련다. 경단 목 부분의 제일 끝에는 항상 한 가지 특징이 매우 분명하게 나타난다. 목 부분은 정성스럽게 다듬어졌는데 끝에는 몇 가닥의 섬유질 털이 곤두서 있다. 거기는 어미가 알을 제자리에 낳은 다음 좁은 입구를 막은 마개가 있다. 마개는 털의 구조가 말해 주듯이 작품의 나머지 부분 전체에 걸친 누르기 압력을 약간 돌출한 끝 부분에

1 Benjamin. 법조인, 과학자, 문필가. 『파브르 곤충기』 제4권 189쪽 참조

68

서는 받지 않았다.

경단의 다른 부분은 어디나 곤충의 힘찬 다리가 주는 압력을 받았는데 왜 맨 끝 부분에는 아주 이상한 예외를 남겼을까? 알은 뒤쪽 끝 부분인 이 마개에 붙어 있는데 만일 마개가 짓눌리면 배아에 압력이 전달되어 위험할 것이다. 이런 위험을 잘 알고 있는 어미는 구멍을 다지지 않은 상태에서 마개를 막았다. 이렇게 하면 부화실에 환기가 잘 될 것이며 알도 방망이질 충격의 압박을 피할 것이다.

4 진왕소똥구리 - 애벌레

진왕소똥구리(*Scarabaeus sacer*)의 알은 땅굴의 얇은 천장 밑에서 지상 최고의 부화기인 태양열 변화에 크게 영향을 받는다. 그래서 배아가 깨어나는 정확한 기간이 없고, 있을 수도 없다. 부화는 6, 7월에 한다. 해가 뜨겁게 내리쬘 때는 산란한 지 5~6일 만에 애벌레를 얻었는데 보통 온도에서는 12일 만에 얻었다.

갓 깨어난 애벌레는 알껍질을 벗어 버리는 즉시 벽으로 이빨을 가져간다. 제집을 먹기 시작한 것인데 막무가내가 아니라 분명히 조심해서 먹는다. 만일 옆의 얇은 벽을 먹든가 — 거기도 질은 다른 곳과 똑같이 훌륭하므로 못 깨물 이유가 없다 — 가장 약한 부분, 즉 돌출부의 끝을 긁는다면 보호용 울타리가 충분한 접착력을 갖기 전에 구멍이 뚫릴 것이다.

애벌레가 경단을 무턱대고 먹었다가는 밖에서 일어날지도 모르는 돌발 사고의 위험을 무릅써야 할 것이다. 적어도 제 요람에서 열린 천장으로 미끄러져 땅바닥에 떨어질 수도 있다. 어린것이 제 방에서 떨어지면 끝장이다. 녀석은 다시 제 식량을 찾아가지 못할 것이고 다시 찾았더라도 흙이 박힌 껍질에서는 불쾌감만 얻을 것이다. 알의 점성이 아직 남아서 반짝이는 갓 난 애벌레는 어미의 보살핌을 받는 고등동물의 새끼들이 결코 갖지 못한 훌륭한 지혜로 위험을 완전히 알아서 그런 행동은 확실히 성공하는 술책으로 피한다.

자기 둘레는 모두가 똑같은 식량이며 모두가 제 입맛에 맞지만 애벌레는 반드시 제 방 아래쪽만 공격한다. 아래쪽은 부피가 큰 공으로 연속되어서 거기를 먹는 벌레는 이빨을 어디든 마음대로 가져가도 괜찮을 것이다.

식량이라는 면에서 그곳과 다른 곳을 구별짓는 건 아무것도 없다. 그런데 왜 그 공격 지점을 택하는지 누가 설명해 줄 수 있을까? 얇은 벽이 어린것의 연약한 피부에 어떤 인상을 미쳤기에 바깥과 가까운 지점임을 알았을까? 또한 방금 태어난 녀석이 외부의 위험에 대해서 무엇을 알까? 도무지 갈피를 잡을 수가 없다.

아니, 오히려 어떻게 된 사정인지를 알 것 같다. 몇 해 전에 배벌과 조롱박벌이 알려 준 것을 다른 모습으로 다시 보는 셈이다. 저 숙련된 대식가, 저 노련한 해부가들이 가르쳐 준, 허락된 것과 금지된 것을 아주 잘 구별해서 식사가 끝날 때까지 먹이를 죽이지 않고 조금씩 잡아먹는 방법 말이다. 왕소똥구리 애벌레 역시 까다로운 식사 기술을 가지고 있다. 녀석은 쉽지 않은 식량 보존 문제는 걱정할 필요가 없지만 적어도 자신을 노출시킬 정도로 적절치 못한 입질은 삼가야 한다. 위험한 입질 중 첫 입질이 가장 두렵다. 그때는 애벌레가 허약하고 벽은 얇아서 자기 몸을 보호하는 대책 없이는 누구도 알 수 없는 가장 중요한 영감을 가진 것이다. 녀석은 절대적인 본능의 목소리가 말해 주는 것에 복종한다.

너는 절대로 다른 곳이 아니라 여기를 깨물지어다.

그래서 마음에 드는 음식이 어디에 있든 다른 곳은 전혀 건드리지 않고 오직 규정에 맞는 지점, 즉 경단 목 부분의 아래쪽부터 깨물어 먹기 시작하는 것이다. 애벌레는 며칠 만에 두꺼운 덩어리 속으로 숨어 버리고 거기서 오물이 전혀 묻지 않은 흰색 판암 빛 상아처럼 건강하게 빛나고 포동포동한 애벌레로 변형되면서 살이 찌고 자라는 것이다. 사라진 재료, 아니 좀더 정확히 말해서 생명의 도가니 속에서 녹은 재료가 넓게 빈 공간으로 남겨지는데 그 공간의 천장 밑에는 등을 구부려서 이중으로 접힌 애벌레가 채워진다.

이제는 이 곤충이 보여 준 적이 없었을 만큼 희한하고 대담한 솜씨를 보여 줄 때가 왔다. 방안에 고즈넉이 들어 있는 애벌레를 살펴보고 싶어서 경단의 뚱뚱한 부분에 0.5cm²의 작은 창문을 뚫었다. 갇혀 있던 녀석이 즉시 머리를 구멍으로 내밀고 무슨 일이 벌어졌는지 알아본다. 틈이 생겼음을 알아챈다. 머리가 들어간다. 좁은 방안에서 하얀 등줄기를 돌리는 것이 희미하게 보인다. 그러더니 방금 뚫어 놓은 창문을 물렁물렁하고 상당히 빨리 굳는 성질의 갈색 반죽으로 막아 버린다.

등이 갑자기 미끄러진 것을 보면 방안 벽이 아마도 일종의 퓌레(purée, 야채를 삶아서 거른 걸쭉한 음식) 같을 거라 생각했다. 애벌레가 몸을 돌려 재료를 한 아름 퍼내고 다시 한 번 몸을 돌려서 위험해진 틈에다 회반죽 대신 그 짐을 부어 놓는다. 새로 막은 마개를 치웠다. 녀석은 즉시 다시 막는다. 머리를 창으로 내밀었다가 다시 들어가 껍데기 속에서 씨앗이 미끄러지듯 몸을 돌려 처음처럼 푸짐한 마개로 당장 막는다. 일의 진행 과정을 미리 알고 있었기에 이번에는 훨씬 잘 관찰했다.

내 생각이 얼마나 잘못되었더냐! 하지만 너무 창피하게 생각지는 않는다. 벌레는 우리가 감히 상상조차 못할 자신 보호 기술을 쓰는 일이 허다하다. 몸을 돌린 다음 벌어진 틈에 나타난 것은 머리가 아니라 반대쪽 끝이었다. 애벌레는 퓌레 같은 벽에서 긁어낸 한 아름 식량으로 반죽해 온 것이 아니라 그 구멍에다 똥을 싼 것이니 훨씬 경제적인 방법이었다. 배급된 식량은 겨우 먹고살 정도뿐이니 인색하게 절약해야지 낭비해서는 안 된다. 게다가 시멘트의 질이 좋아서 더 빨리 굳는다. 창자가 필요한 것에 호의만 베풀어 준다면 긴급한 수리는 더 빨리 이루어진다.

창자는 실제로 호의적이었다. 놀라울 정도로 호의적이었다. 틀어막은 마개를 5번, 6번, 더 여러 번 연거푸 뜯어냈는데 시멘트 역시 연거푸 수북이 쏟아져 나왔다.

저장된 시멘트가 굉장히 많아서 쉬지 않고 일하는 미장이에게 언제든 봉사해 주는 것 같다. 왕소똥구리 애벌레도 벌써 기질이 성충 같아서 숙달된 똥싸개였다. 녀석은 세상에

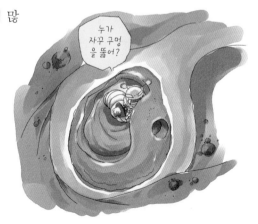

유례없이 말 잘 듣는 창자를 가졌는데 조금 뒤에 해부학이 책임지고 그 일부를 설명해 줄 것이다.

석고 세공인과 미장이는 흙손을 가졌다. 그런데 제집의 벌어진 틈을 열심히 수리하는 이 애벌레 역시 흙손을 가졌다. 끝이 비스듬하게 잘린 마지막 배마디의 등 면에 넓게 경사진 원반이 형성되어 있는데 가장자리에 두툼한 테두리가 둘러쳐졌다. 원반의 한가운데에 단춧구멍 같은 접착제 배출구가 뚫려 있다. 이 원반이 넓고 편평한 흙손인데 압축된 재료가 쓸데없이 흘러 나가 번지지 않도록 둔덕으로 둘러쳐진 것이다.

탄력성 물질을 무더기로 내놓자마자 고르고 누르는 기구가 작동해서 구불구불 벌어진 틈으로 시멘트를 들여보낸다. 부서진 부분 전체에 밀어 넣어서 판판하게 펴고 단단하게 한다. 흙손질을 한 애벌레는 몸을 돌려 펼쳐 놓은 것을 넓은 이마로 두드리고 누르며 큰턱으로 완성시킨다. 15분쯤 기다리면 수선한 부분이 나머지 껍데기 부분과 똑같이 단단해질 것이다. 시멘트가 그만큼 빨리 굳는다. 흙손이 미치지 않는 바깥은 밀어낸 재료가 불규칙하게 튀어나와서 수리했다는 표시가 드러난다. 하지만 안쪽에는 부서졌던 흔적조차 없다. 위험하던 곳이 다시 평상시처럼 매끈하게 되었다. 우리네 벽에 뚫린 구멍을 막는 석고장이도 이보다 훌륭하게 보수하지는 못할 것이다.

애벌레의 재주는 이것으로 끝이 아니다. 깨진 항아리도 접착제로 고친다. 설명을 해보자. 눌러서 말리면 단단한 껍데기가 되는 경단의 겉쪽을 식량을 신선하게 보관하는 항아리에 비교했었다. 땅에서 파내기가 까다로워서 때로는 모종삽으로 잘못 쳐서 항아리를 깨뜨리는 수가 있었다. 깨진 조각 안에 애벌레를 넣고 조각들을 다시 맞추어 헌 신문지로 싸서 고정시킨다.

집에 돌아오면 항아리가 변형되었고 깨진 자국이 남아 있어도 결국은 언제나 틀림없이 단단해진 경단을 발견했다. 돌아오는 동안 무너진 집을 수리해 놓은 것이다. 틈새로 부어 넣은 접착제가 조각들을 서로 붙여 두꺼운 초벽으로 안쪽을 튼튼하게 했다. 그래서 수선한 껍데기도 바깥 면이 고르지 않은 것 말고는 멀쩡한 껍데기만큼 가치가 있었다. 애벌레는 예술적으로 수리한 금고 안에서 깊은 안정을 되찾는다.

이제는 석고 세공인의 솜씨, 즉 이런 재주의 동기가 무엇인지 생각해 볼 때이다. 애벌레는 깊은 암흑 속에서 살기로 되어 있으니 갑자기 들어 온 성가신 빛을 피하려고 구멍을 막는 것일까? 애벌레는 장님이다. 노리끼리한 빵모자 모양의 머리에는 시각기관의 흔적조차 없다. 하지만 눈이 없다고 해서 애벌레가 예민한 피부로 느낄지도 모르는 빛의 영향까지 부정해서는 안 된다. 실험이 필요하다. 바로 이런 실험 말이다.

거의 암흑 상태에서 껍데기에 구멍을 내고 도구에 겨우 남아 있는 미량의 희미한 반사광을 구멍 앞에 갖다 대어 깜깜한 상자 안에 집어넣었다. 몇 분 뒤에는 구멍이 막혔다. 애벌레는 암흑 속에서도 제집을 밀봉하는 것이 좋다고 판단한 것이다.

갓 깨어난 애벌레를 경단에서 꺼내 식량이 가득한 표본병에서 길렀는데 식량 뭉치의 밑바닥은 반쪽짜리 공처럼 만들었다. 경단의 반쪽에 해당하는 초라하고 작은 공간이 애벌레의 산실(産室)을 대신한 인공 방이다. 작은 방마다 실험 벌레를 따로따로 넣었다.

집이 바뀌었다고 해서 눈에 띌 정도로 불안해하지는 않았다. 내가 선택해 준 식사도 입맛에 잘 맞아서 녀석들은 평상시와 같은 식욕으로 울타리를 뜯어먹었다. 불룩한 배가 귀양살이를 극복하는 데 전혀 방해되지는 않으니 사육은 아무 지장 없이 진행된다.

여기서 기억해 둘 사실이 하나 있다. 내 덕분에 병으로 이사한 녀석들은 경단의 반쪽밖에 안 되던 다락방을 차차 보충했다. 마룻바닥을 만들고 거기에다 둥근 천장을 붙여서 공 모양 울타리를 쌓고 그 안에 틀어박히려 한다. 건축자재는 창자가 제공하는 접착제이며 연장은 테두리가 진 마지막 배마디의 원반 모양 흙손이다. 반죽된 시멘트가 구멍 둘레에 놓이고 굳어서 약간 안으로 구부러지는 둘째 줄 재료의 지지대가 된다. 다른 줄이 차례차례 계속되어 점점 전체적인 곡선을 띤다. 가끔 엉덩이를 돌려서 공 모양 조립을 더욱 확실히 하며 의지할 발판도 없이 이렇게 둥근 천장을 만든다. 우리네 건축술에서는 반드시 필요한 활 모양 받침대도 없이 과감하게 허공에다 둥근 천장을 지어 공 모양을 완성시킨다.

때로는 표본병의 유리 벽이 작업할 범위에 포함되는데 이때는 작업량이 줄어든다. 어느 때는 반들반들한 유리 벽 표면이 꼼꼼하게 윤을 내는 녀석의 취향에 맞고 곡선도 녀석이 어림잡아 계산한 곡선과 비슷하다. 수고를 덜고 시간을 절약하려고 이런 곳을 이용하는 것 같지는 않다. 아마도 매끄럽고 둥근 벽이 자신의 작업 결과처럼 보였을 것이다. 그래서 둥근 천장 옆에 넓은 유리창이 마련되는데 내 계획에는 더할 나위 없이 훌륭한 것이다.

자 그런데, 애벌레들은 창을 통해서 몇 주 동안 온종일 연구실의 밝은 빛을 받는데도 불쾌해하며 빛을 막고자 접착제로 차광막을 설치할 생각은 전혀 하지 않는다. 정상적인 녀석들처럼 무사태평하게 먹고 소화시킬 뿐이다. 결국 내가 구멍을 내자마자 서둘러서 막았던 것은 빛에서 자신을 보호할 목적은 아니었다는 이야기이다.

외풍이 두려워서 바람이 들어올 틈을 접착제로 꼼꼼히 막은 것일까? 아직은 대답이 나오지 않는다. 온도는 내 방이나 애벌레의 방이나 똑같다. 또 녀석의 방을 뚫을 때 작업장의 공기는 아주 고요했다. 내가 갇힌 녀석에게 물어본 데는 폭풍이 몰아치는 곳이 아니라 조용한 서재의 가운데, 게다가 가장 깊은 고요 속의 표본병에서였다.

피부가 매우 민감하다고 해서 고통스런 찬바람을 내세울 수는 없다. 그렇지만 바람은 어떻게든 피해야 한다. 만일 벌어진 틈으로 바람이 많이 들어가면 무더운 7월의 메마른 공기가 식량을 말려 버려 먹을 수 없는 팬케이크가 된다. 그러면 애벌레는 굶어서 쇠약해지며 곧 죽을 것이다. 어미는 능력을 최대로 발휘하여 미리 둥글고 빽빽한 싸개로 둘러싸 새끼가 굶어 죽는 것을 크게 조심했다. 그렇다고 새끼들이라 해서 식량에 대한 일체의 감시가 면제된 것은 아니다.

애벌레가 끝까지 부드러운 빵을 먹고 싶다면 자신도 밥그릇의 틈새를 잘 메워야 한다. 금이 가면 중대한 위험이 닥칠 수 있으니 틈들을 아주 빨리 메울 필요가 있다. 모든 게 분명히 이렇다는 것을 알았다고 치자. 그렇다면 애벌레가 석고 세공인 같은 흙손을 갖추고 접착제 제조 공장을 보유하게 된 동기는 바로 옹기 수선공이라는 것에 있다. 그래서 금이 간 항아리를 복원하여 부드러운 빵을 보존하려는 것이다.

하지만 심각한 이의가 제기된다. 그토록 열심히 막는 것을 보여 준 틈새나 환기창 따위는 핀셋, 주머니칼, 해부용 바늘 등 내 기구로 만든 것이다. 애벌레가 한 인간의 호기심이 빚은 정도의 불행을 막고자 그런 희한한 재주를 가지고 태어났음은 인정할 수 없다. 땅속에 사는 애벌레가 어째서 인간을 두려워하겠나? 두려울 게 없을 것이다. 왕소똥구리가 둥근 하늘 아래서 구슬을 굴리기 시작한 이래 녀석을 알아보겠다고 말을 시켜 가며 그 종족을 괴롭힌 사람은 아마도 내가 처음일 것이다. 어쩌면 내 뒤를 따라나설 사람이 있겠지만 그 수가 결코 많을 수는 없지 않더냐! 그건 아니다. 인간이 녀석들의 파멸에 간섭했기 때문에 흙손과 시멘트를 갖춘 이유가 될 수는 없다. 그러면 틈을 메우는 재주가 어디에 필요했다는 말일까?

기다려 보시라. 겉보기에는 그토록 조용한 녀석의 방안에서도, 완전한 안전이 보장된 것 같아 보이는 둥근 껍데기에서도 그 안에 사는 애벌레에게 불행이 있다. 크든 작든, 이 세상에 불행 없이 태어난 자가 있더냐? 불행은 생명과 함께 태어난다. 왕소똥구리 애벌레에 대해 이제 겨우 간단한 문제만 다루었는데 벌써 서너 종류의 가슴 아픈 사고가 있음을 보았다. 식물, 동물, 그리고 무분별한 물리적 요인이 녀석의 식량 창고를 부숴 파멸을 불러온다.

양이 제공한 과
자 둘레에서도 생
존경쟁이 엄청나
게 일어난다. 어미
왕소똥구리가 한몫
떼어 내 구슬을 만들려고
양 똥에 도착했을 때 이미 먼저 온

식객들이 마음대로 처분한 경우도 많다. 식객 중에서도 작은 녀석
들이 제일 두려운 존재이다. 특히 과자의 껍질 층 밑에 쪼그리고
열심히 작업 중인 꼬마소똥구리들이 문제였다. 어떤 녀석은 더욱
깊은 곳이나 중심부까지 뚫고 들어가서 맛있는 것을 즐기거나 퓌
레 속에 잠긴다. 그 중 검은색으로 반짝이며 딱지날개에 네 개의
붉은 점이 찍힌 넉점꼬마소똥구리(Onthophagus→ Caccobius schreberi)가
많다. 또 이 지방에서 가장 작은 녀석들로서 기름진 반죽 옆구리
여기저기에 산란하는 꼬마똥풍뎅이(Aphodius pusillus)도 아주 많다.
마음이 급했던 어미 왕소똥구리는 뜯어낸 뭉치를 샅샅이, 그리고
철저하게 살피지 못했다. 혹시 어떤 소똥풍뎅이는 물리쳤더라도
뭉치 중심에 묻혀 있던 녀석은 보지 못하고 수확했다. 더욱이 똥
풍뎅이의 알은 매우 작아서 감시를 곧잘 벗어난다. 이렇게 해서
오염된 뭉치가 땅굴로 들어가 반죽되기도 한다.

　뜰에 열리는 배(梨)에도 얼룩으로 더럽히는 벌레들이 있는데 왕
소똥구리의 배(경단)에는 훨씬 크게 피해를 주는 녀석들이 있다. 우
연히 경단 안에 들어간 꼬마소똥구리는 거기를 들쑤셔서 뒤죽박죽
을 만들어 놓는다. 실컷 배불리 먹고 난 식충이가 빠져나올 때 구슬

꼬마똥풍뎅이 몸길이 3~4.5mm
로 작은 똥풍뎅이의 하나이나 유
라시아 대륙에 널리 분포한다. 우
리나라에서는 60%가 소똥에, 나
머지는 인분이나 개똥에서 발견되
나 유럽에서는 양 똥에 많고, 소,
말 등의 배설물에서도 채집된다고
한다. 채집: 경기도 가평 하판리,
24. IV. '87, 김진일

에 구멍을 뚫는데 거의 연필이 들
어갈 만큼 넓다. 더 큰 불행은 똥
풍뎅이 가족이 두꺼운 식량 더미
속에서 부화하여 자라고 탈바꿈하
는 경우이다. 내 노트에는 본의 아
니게 기생충이 된 분식성 꼬마들
이 탈출한 구멍으로 사방이 뚫린
구슬 이야기가 적혀 있다.

왕소똥구리 애벌레는 식량에 바
람구멍을 내는 식객과 함께 있었
고 더욱이 녀석이 많으면 죽을 수
밖에 없다. 애벌레의 흙손과 시멘
트가 식객을 막기에는 충분치 못
했다. 하지만 웬만큼 파손되고 침
입자의 수가 적으면 충분히 감당해 낼 수 있다. 애벌레는 뚫린 구멍
을 즉시 막고 침입자와 대결하며 혐오감을 주어 몰아낸다. 그러면
경단은 구출되고 가운데 부분이 마르는 것도 방지된다.

경단 파괴자 목록에는 여러 은화식물(隱花植物)도 포함된다. 기
름진 경단의 밑동을 침범해서 비늘처럼 들뜨게 하고 오톨도톨한
작은 혹을 들여보내서 틈이 벌어지게 한다. 틈이 벌어진 껍데기
속의 애벌레가 식량 건조를 방지하는 시멘트 보호 장치를 갖추지
못했다면 죽을 것이다.

무엇보다도 흔한 사고는 세 번째 경우이다. 가해 동식물이 없었
는데 경단이 저절로 벗겨지고 부풀어 갈라지는 현상이 상당히 자

주 일어난다. 경단을 빚을 때 어미가 너무 눌러서 그 힘이 껍데기 층에 반영된 결과일까? 발효되어서 그럴까? 그보다도 진흙이 마를 때처럼 오므라들며 갈라진 것일까? 이 모든 원인이 여기에 덧붙여질 수 있을 것이다.

하지만 나는 정확하게 단정지을 수 없는 상태에서 금이 간 항아리를 확인하게 된다. 이런 금들은 연한 빵을 보호하는 데 불충분한 정도가 아니라 말려 버리겠다고 위협하는 깊이까지 갈라졌다. 저절로 갈라진 틈이 재난이 될까 봐 걱정하지는 말자. 애벌레가 서둘러서 고칠 것이다. 타고날 재능이 부여될 때 접착제와 흙손이 녀석에게 공연히 분배된 것이 아니다.

더는 이익도 없고 진절머리 나는 세부사항, 즉 더듬이가 몇 마디인지 세어 보는 것 따위에 시간을 보내지 말고 이제는 애벌레의 체격을 대강 그려 보자. ― 애벌레는 살이 쪘으나 흰색의 고운 피부가 투명하여 소화기관의 엷은 회색이 비쳐 보인다. 갈고리처럼 구부러져서 수염풍뎅이(Hanneton)의 굼벵이를 연상시키나 생김새는 그보다 훨씬 못난이이다. 갑자기 갈고리처럼 꺾인 등 쪽은 사실상 혹 모양이다. 잔뜩 부풀어 오른 제3, 4, 5 배마디는 거대한 혹 같은데 어찌나 불룩하게 솟았던지 몸속 내용물이 치밀어서 피부가 터질 지경에 이른 탈장이나 주머니 모양이다.

몸통에 비해 작은 머리는 엷은 갈색으로 약간 볼록하고 엷은 색 털이 드문드문 나 있다. 다리는 매우 길고 튼튼한데 발목마디의 끝은 뾰족하다. 애벌레의 다리가 전진 기관으로 쓰이지는 않는 것 같다. 경단에서 꺼낸 녀석을 탁자에 올려놓으면 몸을 뒤틀어 대며 소란을 피우나 이동하지는 못한다. 이럴 때는 몸을 마음대로 움직일

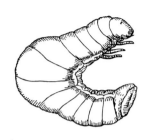
진왕소똥구리 애벌레

수 없는 녀석이 자신의 시멘트(배설물)를 자꾸 내보내서 불안함을 나타낸다.

경사지고 둘레가 두껍게 테두리 진 원반 모양의 마지막 배마디, 즉 흙손 끝 부분의 모양을 다시 설명해 보자. 비스듬한 평면 가운데에 단춧구멍 같은 똥 배출구가 열렸는데 참으로 괴상하게도 방향이 급변하여 위쪽으로 향했다. 엄청나게 커다란 등의 혹과 흙손, 한마디로 말해서 애벌레는 이렇게 생겼다.

뮐상(Mulsant)[1]의 저서 『프랑스 딱정벌레목의 박물지(Histoire naturelle des Coléoptères de France)』에는 진왕소똥구리의 애벌레가 기재(記載)되어 있다. 아주 꼼꼼해서 수염과 더듬이의 모양, 마디 수 등도 설명한다. 하미절판(下尾節板, Hypopygidium)[2]과 그 가시털, 확대경 수준의 많은 것을 보여 준다. 하지만 애벌레 크기의 거의 절반이나 되는 괴상한 모양의 등혹이나 마지막 배마디의 이상한 모양은 보여 주지 않았다. 그렇게도 꼼꼼한 기재자가 착각했다는 것에 의심의 여지가 없다. 기재자가 설명한 애벌레는 결코 진왕소똥구리의 애벌레가 아니다.

애벌레 이야기를 마치기 전에 내부 구조에 대해 몇 마디 해보자. 해부해 보면 그토록 독특하게 사용되던 접착제 제조 공장을 알아낼 수 있을 것이다. ─ 목에서 시작된 매우 짧은 식도 다음의 위, 즉 유미화(乳靡化) 작용을 하는 전위(前胃)는 길고 굵은 원기둥

1 Martial Étienne. 1797~ 1880년. 프랑스 곤충학자
2 마지막 배마디의 복판(腹板)

82

모양이다. 길이는 애벌레 몸길이의 세 배가량 된다. 뒤쪽 1/4 지점의 옆쪽에 잔뜩 먹어서 크게 늘어난 주머니가 있다. 식량에 있는 자양분 요소를 송두리째 넘겨주려고 저장되는 보조 위장이다. 애벌레의 허리 안에 곧게 놓이기엔 너무도 긴 전위는 부속물(보조 위) 앞에서 한 바퀴 돌아 상당히 큰 손잡이 모양을 하며 등 쪽을 차지했다. 이 손잡이와 옆으로 늘어난 주머니를 보관하려고 등에 혹이 부풀어 오른 것이다. 애벌레의 등혹은 제자리에 위치할 수 없을 만큼 큰 부피의 소화기관을 간직하려는 배의 분점, 즉 제2의 배인 셈이다. 아주 가늘고 매우 길며 어수선하게 뒤얽힌 네 개의 관, 즉 말피기씨관(Malpighian tubules, 배설기관)은 전위와의 경계선에 있다.

그 다음에는 앞으로 가늘게 올라가는 원통 모양 창자가 있고 가는 창자 다음에는 다시 뒤로 향한 직장(直腸)이 따라온다. 엄청나게 넓고 창자벽이 튼튼한 직장은 가로로 주름이 잡히고 속에 들어 있는 것에 따라 부풀어 오르며 늘어난다. 이곳은 소화된 찌꺼기가 모이고 항상 시멘트를 공급할 준비를 갖추고 있는 강력한 사출 기관이다.

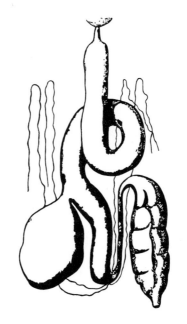

진왕소똥구리 애벌레의 소화기관

5 진왕소똥구리
– 번데기와 해방

애벌레는 제 방안의 벽을 파먹고 자란다. 경단의 중심부는 점차 넓어지면서 작은 방이 되는데 그 넓이는 애벌레의 성장에 따른 결과이다. 녀석이 갇혀 있는 곳은 식량 겸 지붕이고 거기서 살찌며 자란다. 무엇이 더 필요할까? 거의 용적 전체를 차지하고 있는 애벌레가 좁은 집 안에서 해결하기 무척 곤란한 위생 문제에 신경을 써야 한다. 벌어진 틈을 수리해야 할 때는 끊임없이 정성 들여 만들어 내던 회반죽을 이런 일이 없을 때도 지나치게 친절한 창자가 계속 만들어 내므로 어디엔가 버려야 한다.

애벌레의 입맛이 까다롭지 않음은 분명해도 비상식적인 요리는 안 된다. 화학자와 기구를 바꾸지 않는 한 위장이라는 증류 솥이 이용할 수 있는 마지막 미립자까지 뽑아낸 것에서 더 증류해 낼 수는 없다. 하찮은 것 중에서도 가장 형편없이 지나간 것, 즉 자신이 한 번 소화시킨 것까지 손대지는 않는다. 4중의 위장을 가진 양이 가치 없는 찌꺼기라고 버린 쓰레기가 똑같이 강력한 창자를 가진 이 애벌레에게는 훌륭한 물질이었다. 애벌레의 쓰레기 역시 성질이 다른 소비자들의 구미에는 틀림없이 맞을 것이나 진왕소똥구리(*Scarabaeus sacer*) 애벌레의 이빨에는 불쾌한 물질이다. 그러면 그렇게도 인색하게 측정해서 지은 집 안 어디에다 이 거북스러운 찌꺼기를 보관해 둘까?

전에 가위벌붙이(*Anthidium*)의 희한한 재주에 대해 말한 적이 있다. 녀석은 저장해 놓은 꿀을 더럽히지 않으려고 자신이 소화시킨 찌꺼기로 작고 멋진 상감 세공의 걸작인 상자를 만들었다. 왕소똥구리 애벌레는 고립된 은신처에서 마음대로 이용할 수 있는 유일한 건축자재, 하지만 틀림없이 괴로울 정도로 불쾌한 물건인 오물로 가위벌붙이의 작품만큼 예술적이진 못해도 좀더 편리한 작품을 만든다. 녀석의 방식에 주의를 기울여 보자.

애벌레는 경단의 목 부분 밑부터 공격하기 시작하고 항상 그 앞쪽만 먹어서 이미 먹힌 부분에는 자신의 보호에 필요한 얇은 벽만 남았다. 그 뒤쪽에 생긴 빈 공간에 찌꺼기를 넣어

히히, 먹고 싸고 싸고 먹자!

두어 식량은 더럽히지 않는다. 우선 부화실이 이런 식으로 메워지고 다음은 공 모양 안에서 먹힌 부분이 차차 메워진다. 이렇게 해서 경단의 위쪽은 원래의 밀도를 다시 찾는 반면 아래쪽은 두께가 점점 얇아진다. 애벌레의 뒤에는 알맹이가 빠져나간 재료 무더기가 점점 커지고 온

전한 양식의 앞쪽 층은 날로 줄어든다.

애벌레는 4~5주 만에 완전히 성장한다. 그때는 경단의 안쪽에 이상한 모양의 다락방이 파였는데 목 쪽 벽은 매우 두껍고 반대쪽은 얇다. 부조화의 원인은 먹는 대로 차차 메워지는 방식에 있다. 식사가 끝났다. 이제는 방안에 필요한 가구를 채워야 하는데 번데기의 연한 피부에 편안하게 부드러운 것이 필요하다. 또한 마지막 이빨이 허용하는 한도까지 한쪽 벽을 최대로 긁어냈던 반구형을 당연히 강화해야 한다.

신중한 애벌레는 중대한 이득이 될 이 일에도 시멘트를 많이 비축해 두었다. 흙손은 역시 기능적이다. 이번에는 파손된 것을 수리하는 게 아니라 빈약한 반구형의 벽 두께를 2중 3중으로, 또한 전체에 시멘트를 씌우는 데 흙손을 쓴다. 전체가 엉덩이의 미끄럼질로 다듬어져서 피부가 닿아도 부드러운 촉감을 주는 표면이 될 것이다. 이 시멘트로 원래 재료보다 더 단단하고 견고해진다. 애벌레는 마침내 손가락의 눌림이나 조약돌의 충격도 견뎌낼 만큼 튼튼한 상자 안에 들어 있게 된다.

방이 준비되자 허물을 벗고 번데기가 된다. 딱딱한 겉날개는 굵은 주름이 잡힌 어깨걸이처럼 앞쪽으로 비스듬히 뉘어졌고 앞다리는 성충이 죽은 체 했을 때처럼 머리 밑에 구부려져 있다. 그래서 리넨 붕대에 감겨 있는 엄숙한 자세의 미라를 연상시킨다. 이 번데기의 우아한 아름다움과 견줄 만한 것이 곤충 세계에서는 별로 없을 것 같다. 노란색 꿀 빛깔의 반투명한 번데기는 마치 호박(琥珀)에서 잘라낸 것 같다. 이 상태로 굳어서 광물이 되어 썩지 않는다고 가정해 보자. 그러면 찬란한 보석 황옥이 될 것이다.

모양과 색채가 검소하고 고상한 이 놀라운 것에서 특히 하나가 마음을 끌었고 마침내 극히 중요한 어떤 문제의 해답을 가져왔다. 앞다리에 발목마디가 있을까 없을까? 이것이야말로 상세한 구조로 보석을 잠시 잊게 하는 커다란 문제였다. 연구 시절 초기에 열광시켰던 이 문제를 다시 꺼내 보자. 늦은 것은 사실이나 드디어 확실하고 이론의 여지가 없는 해답이 나온 것이다. 전에 가능하다고 생각했던 것이 완전히 명백한 지식이 되었다.

진왕소똥구리와 그 부류의 성충은 아주 이상한 예외로 앞다리 발목마디가 없다. 가장 고등한 계열의 딱정벌레〔Pentamères, 오부절류(五跗節類)〕라면 으레 갖추게 마련인 5마디의 발가락이 녀석의 앞다리에는 없다. 하지만 다른 다리에는 규정대로 정상적인 발목마디가 있다. 발목마디가 없는 팔은 원래 그렇게 구성되었을까, 아니면 사고로 그렇게 되었을까?

첫눈에는 사고가 상당히 있음직해 보였다. 왕소똥구리는 억척스럽게 땅을 파며 용감하게 걸어 다니는 곤충이다. 걷거나 팔 때 언제나 거친 땅과 접촉하고 구슬을 뒷걸음질로 굴릴 때에도 끊임없이 지렛대의 받침대가 되는 것이 앞다리였다. 이 다리는 작업 초기부터 바로 삐어서 연약한 발가락이 부러지거나, 탈골되거나, 완전히 잃어버릴 위험을 다른 다리보다 아주 많이 겪는다.

이 설명에 귀가 솔깃한 사람이 있다면 빨리 생각을 깨우쳐 주어야겠다. 발목마디가 없는 것은 사고의 결과가 아님에 이론의 여지가 없는 증거가 바로 눈앞에 있다. 돋보기로 번데기의 다리를 검사했으나 앞다리에는 발목마디의 흔적조차 없다. 톱니를 가진 다리 끝이 부속물의 흔적조차 없이 갑자기 몽땅 잘렸다. 하지만 다른 다리에는 번데기 상태의 배내옷과 체액으로 보기 흉한 여러 마디 상태이긴 해도 분명히 발목마디가 있다. 마치 동상에 걸려서 부은 손가락 같다.

만일 번데기 확인으로도 불충분하면 고치 방에서 미라의 누더기를 벗어던지고 손가락 없는 팔받이를 내저으며 처음 나오는 성충이 확언해 줄 것이다. 왕소똥구리가 불구의 몸으로 태어남은 사실을 근거로 증명되었다. 절단은 본래부터 그런 것이었다.

좋다, 왕소똥구리가 불구로 태어난다고 하자. 하지만 지금 유행하는 이론은 이렇게 답변할 것이다. 왕소똥구리의 옛날 조상들은 그렇지 않았었다. 일반 법칙에 따라 형성된 조상들은 하찮은 손가락의 세밀한 부분까지 모두 올바른 구조를 가지고 있었다. 어떤 조상이 땅을 파고 구슬을 굴리는 힘든 노동을 하던 중 허약하고 거북하며, 쓸데없는 이 기관이 닳아서 떨어져 버렸다. 우연한 절단이 녀석들이 작업하는 데는 되레 잘된 일이라 후계자들에게 그대로 물려주어 종족에게 큰 이익이 되었다. 우연의 결과인 유리한 상태를 생존경쟁의 채찍 아래서 점점 발전시키고 안정시키면서 오래 이어 온 조상들에 의해 얻어진 개선의 결과를 현재의 곤충이 이용하는 것이다.

오, 천진난만한 이론이여, 책에서는 그토록 의기양양했었는데 현실 앞에서는 그토록 허약하다니. 내 말 좀 들어 보시라. 만일 발가락을 잃은 것이 왕소똥구리에게 좋은 조건이 되어서 우연히 불구가 된 다리를 후손에게 충실하게 전해 주었다면 다른 다리 역시 가는 줄처럼 기운도 없고 거의 쓸모도 없이 허약해서 거친 땅과 접촉하기가 불편했을 것이다. 이것들마저 잃었어야 할 텐데 왜 그렇게 되지 않았는가?

기어오르는 일은 없고 단순히 지팡이 끝의 쇠붙이로 찍기만 하며 걸어 다니는 듯한 왕소똥구리의 모습을 보면 이 곤충이 다리 끝에 단단한 가시를 장착했다는 말을 하고 싶다. 또한 수염풍뎅이 (Hanneton)처럼 발톱을 나뭇가지에 걸어서 매달릴 필요가 없는 이 곤충은 걸을 때 옆으로 내밀려서 아무 도움도 되지 않고 구슬을 만들거나 옮길 때 작동하지도 않는 나머지 네 발가락을 없애는 것이 더 유익하겠다는 말도 하고 싶다. 그렇다. 적에게 붙잡힐 기관 따위는 덜 남길수록 유리하다는 아주 단순한 이유에서 그랬을 것 같다. 남은 문제는 어쩌다 우연히 이런 사태가 일어나는지 알아내야 하는 일이다.

우연은 그런 사고를 매우 자주 일으킨다. 좋은 계절이 끝날 무렵인 10월, 이때는 땅을 파고 구슬을 나르고 경단을 빚다가 지치고 팔다리가 절단되어 일할 수 없는 왕소똥구리가 주류를 이룬다. 사육장에서, 야외에서 보이는 절단 정도는 다양하다. 어떤 녀석은 네 뒷다리의 발가락을 모두 잃었고 어떤 녀석은 한 쌍, 또는 마디 두 개나 한 개만 남았다. 가장 적게 손상을 입은 녀석이 온전한 다리 몇 개를 보존하고 있을 뿐이다.

자, 이것은 이론이 내세운 절단이며 가뭄에 콩 나듯 어쩌다 일어나는 사고도 아니다. 해마다 겨울에 머물 장소가 정해지는 시기에는 불구자가 압도적으로 많다. 녀석들이 노동을 마감하면서 괴로운 생활이 없었던 녀석보다 더 불편해하는 것을 나는 보지 못했다. 이쪽이나 저쪽이나 똑같이 분주히 움직이고 겨울의 첫추위를 땅속에서 초연하게 견뎌 내게 할 건빵을 능란하게 반죽한다. 소똥구리의 노동에서는 불구자들이 성한 녀석들과 경쟁한다.

이런 불구자들이 종족을 이어 간다. 녀석들은 추운 계절을 땅속에서 보내고 봄이면 깨어나 땅으로 다시 올라와 두 번째, 때로는 세 번째까지도 생명의 큰 기쁨에 참여한다. 이런 개선은 해마다 되풀이되어 확실히 안정되고 확고하게 자리 잡힌 습관이 되기에 충분한 시간이 있었다. 왕소똥구리가 이 세상에 존재한 이래로 그 후손은 이를 유리하게 활용했어야 했다. 하지만 전혀 그렇게 하지 않았다. 고치를 뚫고 나오는 왕소똥구리의 네 다리는 예외 없이 규정에 맞는 발목마디를 부여 받았다.

자, 그러면 이론아, 너는 어떻게 생각하느냐? 너는 앞다리에 대해 설명 비슷한 것을 내놓았는데 다른 네 다리는 너의 주장을 분명하게 부정했다. 이래도 아직 네 공상을 진리로 생각하는 것은 아니냐?

그러면 왕소똥구리의 본래 절단 원인은 과연 어디에 있을까? 이에 대하여 나는 아는 것이 전혀 없음을 분명히 자백한다. 그런데 불구인 두 다리는 참으로 이상하다. 끝없는 곤충 무리 중에서도 너무나 이상해서 대가들, 가장 위대한 대가까지도 유감스럽게 착각을 일으킬 정도였다. 우선 기재(記載) 곤충학의 일인자인 라뜨레이유(Latreille)[1]의 말을 들어 보자. 고대 이집트 사람이 기념물로 그리거나 조각한 곤충에 대한 그의 학술 논문 [「자연사박물관 연구 보고(*Mémoire du Muséum d'histoire naturelle*)」, 제5권 247쪽]은 신성한 곤충에 대한 호루스 아폴로(Horus Apollo)[2]의 글을 다음과 같이 인용했다. 이 글은 이 곤충에

1 1762~1833년. 프랑스 곤충학 창시자 중 한 사람. 주요 업적은 자연분류법 적용이다.
2 실제 인물이라기보다는 고대 이집트인의 사고나 점성술의 대변자

대한 찬미를 파피루스(papyrus)에 적어 남긴 유일한 문헌이다.

　호루스 아폴로가 왕소똥구리의 발가락 마디 수에 대해 말한 것을 처음에는 허구로 치부하고 싶을 것이다. 그에 의하면 마디 수가 30개였다. 이 계산이 발목마디도 발가락 마디로 간주한 것이라면 아주 정확하다. 발목마디 부분이 5번째 마디가 되어서 그렇다. 만일 마디 하나를 발가락 하나로 치면 다리의 수는 6이고, 각 다리는 5번째의 발목마디로 끝나므로 왕소똥구리의 발가락은 분명히 30개이다.[3]

　저명하신 선생님, 좀 실례하겠습니다. 두 앞다리에는 발목마디가 없으니 마디의 총합계는 28개밖에 안 됩니다. 선생께서는 일반 법칙에 끌려가셨습니다. 확실히 알고 계셨을 이상한 예외를 깜빡 잊고 압도적으로 단언하는 법칙에 잠시 억제되어 30개라고 하셨습니다. 그렇습니다. 선생님은 예외를 알고 계셨습니다. 그것도 얼마나 잘 알았던지 이집트 문헌을 따라 그리지 않고 곤충을 직접 보고 그려 논문에 첨부한 왕소똥구리 그림은 나무랄 데 없이 정확했습니다. 그 그림에는 앞다리에 발목마디가 없습니다. 착각은 무리가 아니니 허용될 수 있습니다. 너무나 이상한 예외였으니까요.

　뮐상(Mulsant)도 『프랑스의 풍뎅이상과』[4]라는 그의 책에서 태양이 황도의 활을 한 번 도는 데 걸리는 날짜 수의 비율을 따지고 이 곤충이 발가락 30개를 가졌다며 아폴로의

---

[3] 곤충의 다리는 밑마디, 도래마디, 넓적다리마디, 종아리마디, 발목마디의 다섯 마디로 구성되었고, 발목마디는 다시 종류에 따라 수가 다른 여러 마디로 나뉜다. 딱정벌레류는 밑마디가 몸통에 밀착되었고, 도래마디는 넓적다리마디와 겹쳐져서 곤충학자가 아니면 다섯 마디를 알아보지 못한다. 아폴로가 전문가는 아니었을 텐데 30마디로 계산했다는 것이 의심된다.

[4] 『파브르 곤충기』 제1권 59쪽 참조

말을 되풀이했다. 그는 라뜨레이유의 설명도 되풀이했는데 한술 더 떴다. 차라리 뭘상의 말을 들어 보자.

각 발목마디를 하나의 발가락으로 계산하면 이 곤충은 매우 주의 깊게 검사받았음을 인정하게 될 것이다.

매우 주의 깊게 검사받았다고요! 도대체 누가 검사를 했습니까? 호루스 아폴로입니까? 설마 아폴로라고요! 선생님이시지요, 그렇습니다, 확실히 그렇습니다. 그런데 법칙은 절대주의로 선생을 잠시 혼란에 빠뜨렸습니다. 선생께서 진왕소똥구리를 그리실 때 아주 중대한 혼란에 빠졌습니다. 그래서 앞다리에도 다른 다리처럼 발목마디를 그리셨습니다. 그토록 세심한 기재가인 선생께서도 방심의 희생자가 되셨습니다. 일반 법칙이 선생으로 하여금 이상한 예외를 깜빡 잊게 한 것입니다.

아폴로 자신은 무엇을 보았을까? 필경 우리가 오늘날 보는 것과 같은 것을 보았을 것이다. 모든 것으로 미루어 볼 때 그렇게 생각되는데 라뜨레이유의 해석이 옳다면, 즉 이집트 작가가 맨 처음 발목마디의 수에 따라 30개의 발가락을 세었다면 그것은 일반적인 상황의 자료를 정신적으로 세어서일 것이다. 그는 큰 실수를 하나 했다. 하지만 몇 천 년 뒤에 라뜨레이유와 뭘상 같은 대가 역시 그런 실수를 저지르는 것을 보면 아주 용서받을 수 없는 것만은 아닌 것 같다. 이 모두에게 책망받아 마땅한 것은 이 곤충의 아주 예외적인 기관이다.

하지만 이런 말을 할 사람이 있을지도 모른다.

호루스 아폴로가 왜 정확한 사실을 보지 못했겠는가? 그 시대의 왕소똥구리는 어쩌면 지금은 없는 발목마디를 가지고 있었을 것이다. 오랜 세월의 고난이 녀석을 변화시켰을 것이다.

나는 생물변이론(진화론)의 이의에 대답하고자, 아폴로 시대의 왕소똥구리 실물을 볼 기회를 기다리겠다. 고양이, 따오기, 악어를 그토록 경건하게 보존한 지하실에는 신성한 곤충도 틀림없이 보존되었을 것이다. 그런데 미라의 부적처럼 기념 건축물에 새기거나 얇은 돌로 조각한 왕소똥구리를 나타낸 그림 몇 개밖에 확보하지 못했다. 고대 예술가는 전체를 제작하는 데는 놀라울 만큼 충실했지만, 그의 끌이나 정이 발목마디처럼 자질구레한 세부 사항에는 관심을 두지 않았다.[5]

비록 그런 자료를 조금밖에 갖지 못했으나 그 조각이나 삽화가 과연 문제를 해결해 줄 것인지는 크게 의심하고 있다. 앞다리의 발목마디를 그린 그림을 발견하더라도 항상 잘못된 이해, 방심, 균형에 대한 경향성 따위가 제시될 테니 문제가 진척되지는 않을 것이다. 정신 속에 남아 있는 의심은 옛날 곤충의 실물을 보지 않고는 사라질 수가 없다. 파라오 시대의 왕소똥구리도 지금의 왕소똥구리와 다르지 않음을 확신하면서 실물을 기다린다.

비록 마법서 같은 아폴로의 글이 수없이 난해한 이야기로 가득 찼지만 아직 이 고대 이집트의 저자를 떠나지는 말자. 그는 때때로 놀랄 만큼 정확한 통찰력을 가지기도 했

---

5 그 시대 진왕소똥구리 실물은 보존되었고 대영박물관에 전시된 표본을 본 적도 있다. 한편, 뮐상의 1842년도 저서의 진왕소똥구리 그림 앞다리에는 분명히 발목마디가 없다. 그렇다면 파브르는 다른 소똥구리의 그림을 이 종의 것으로 알았던 것은 아닌지 의심된다.

다. 그것들은 우연히 만난 것일까? 확실한 관찰 결과일까? 나는 오히려 후자 쪽으로 기운다. 그가 말한 것들이 오늘날까지 우리 지식이 알지 못했던 생물학의 세부적 내용과 정확히 일치하니 말이다. 왕소똥구리 생활의 비밀에 대해서는 우리보다 더 많이 알았다.

그는 특히 이런 말을 했다.

왕소똥구리는 제 경단을 땅에 묻고 28일 동안 숨겨 놓는다. 이 기간은 달이 한 번 공전하는 주기와 같으며 그동안 왕소똥구리 종족에 생명이 생긴다. 29일째가 달과 해가 만나는 날이며 세상이 탄생하는 날임을 아는 이 곤충은 경단을 쪼개서 물속에 던진다. 쪼개진 경단에서 동물이 나오는데 그것이 왕소똥구리였다.

달의 공전, 달과 해의 만남, 세상의 탄생 등 점성술적 부조리는 버리자. 하지만 이것은 기억해 두자. 왕소똥구리가 태어나는 기간은 28일, 곤충이 껍질을 깨고 나오는 데 없어서는 안 되는 물의 개입도 기억하자. 이런 것은 과학의 영역에 속하는 정확한 사실들이다. 이 사실들이 상상에 의한 것일까? 실제적인 것일까? 검토해 볼 문제이다.

고대인은 탈바꿈의 불가사의는 몰랐다. 그들의 생각에 애벌레란 썩은 데서 나오는 벌레였다. 하찮은 창조물에게는 비천한 상태에서 끌어내 줄 미래가 없었다. 벌레로 나타났다가 벌레로 사라지게 되어 있었다. 벌레는 머지않아 더 멋있는 생명이 만들어질 가면이 아니라, 그야말로 분명히 업신여겨졌다가 자신이 태어난 썩은 곳으로 되돌아갈 존재였다.

따라서 이집트의 저자에게는 왕소똥구리 애벌레가 알려지지 않았다. 그가 만일 굵은 애벌레가 살고 있는 경단 가운데의 번데기 방을 보았더라도 더럽고 흉한 그 벌레가 고상한 멋을 내는 미래의 왕소똥구리임은 결코 생각지 못했을 것이다. 오랫동안 유지되었던 그 시대의 이런 사고로는 신성한 곤충에게 아비도 어미도 없었다. 이 곤충의 암수는 겉으로는 구별되지 않으니 실정을 모르던 옛날 사람의 착오는 용서받을 수 있는 문제이다. 신성한 곤충은 더러운 구슬에서 호박 보석 같은 번데기가 나타나는 날짜에 태어났다. 호박에서는 완전히 알아볼 수 있는 성충의 모습이 보였다.

모든 고대 사람은 아마도 왕소똥구리의 생명이 태어나기 시작하는 순간을 몰랐을 것이다. 당시는 성충과 벌레와의 친자 관계를 짐작조차 못하던 시대였다. 따라서 고대인이 생각하기에 생명의 탄생은 곤충을 알아볼 수 있을 때부터이지 그 이전은 아니었다. 결국 이 곤충 종족에 생명이 생기는 기간이 28일이라는 아폴로의 말은, 번데기 상태에 도달하는 과정의 기간이었던 것이다. 내 연구에서도 이 기간은 특별한 주목의 대상이었다. 기간이 일정하지는 않았어도 변이의 폭은 좁았다. 수집된 기록을 보면 가장 긴 기간은 33일, 가장 짧은 기간은 21일로 적혀 있다. 20회가량의 관찰로 얻은 평균은 28일이었다. 28이라는 날짜, 4주인 이 숫자도 보였는데 다른 수치보다 더 자주 나타났다. 아폴로가 말한 것은 사실이었다. 진정 이 곤충은 음력으로 한 달 만에 생명을 얻는다.

4주가 지나면 왕소똥구리가 최종 형태를 갖춘다. 형체는 맞다. 하지만 색채는 아직 그렇지 못해서 번데기 허물을 벗을 때는 아주 이상한 빛깔이다. 머리, 다리, 가슴은 검붉은 색, 머리방패의 톱니와 앞다리의 팔받이를 제외한 이빨은 연기에 그을린 갈색, 배는 불투명한 백색, 딱지날개는 반투명한 백색이나 아주 약하게 노란 빛을 띤다. 추기경의 위엄을 갖춘 망토의 붉은색과 사제의 기다란 흰옷 빛깔이 합쳐진 장엄한 복장, 종교적 전통을 가진 곤충과 잘 어울리는 이 복장은 잠시뿐이다. 이제 차차 어두워져서 마침내 새까만 제복으로 바뀐다. 갑옷이 완전히 단단해지고 결정적인 색채를 얻는 데 한 달가량이 필요하다.

드디어 곤충이 완전히 성숙하여 자유가 머지않았다. 이에 대한 감미로운 불안이 녀석을 깨운다. 지금까지 어둠의 아들이었던 곤충은 빛의 환희를 예감한다. 해를 바라보고자 껍질을 깨뜨리고 땅속에서 솟아나고 싶은 욕망으로 가득 찬다. 하지만 해방되는 과정에서 만나는 어려움 역시 만만치 않다. 이제는 불쾌한 감옥이 되어 버린 자신의 요람에서 나올 것인가? 못 나올 것인가? 경우에 따라 다르다.

왕소똥구리가 해방될 만큼 성숙한 때는 대개 8월이다. 드문 예외를 빼고는 매우 덥고 몹시 가물며 고온으로 타는 듯한 8월이다. 만일 그때 더위로 헐떡이는 땅을 구해 줄 소나기가 가끔씩 와 주지 않으면 무력한 곤충의 힘 앞에는 참을성과 아주 단단해서 깨뜨려 뚫어야 할 방의 벽이 도전해 온다. 처음에는 연했던 재료가 오랫동안 말라서 이제는 넘을 수 없는 성벽이 되었다. 삼복더위의 가마솥에서 구워진 일종의 벽돌로 변했다.

이렇게 어려운 상황에 처해 있는 곤충이라도 잊지 않고 실험했다. 탈출 시점인데도 철 늦어 보이는 성충이 들어 있는 배 모양 경단을 수집했다. 이미 말라서 아주 단단해진 것을 그대로 상자 안에 넣어 둔다. 금세, 혹은 뒤늦게 안에서 줄로 쓰는 것처럼 귀에 거슬리는 소리가 희미하게 들려온다. 갇혀 있는 녀석들이 출구를 뚫으려고 머리방패 쇠스랑과 앞다리로 벽을 긁는 소리이다. 2~3일이 지나도 해방은 진척되는 것 같지 않다.

그 중 두 마리에게 도움을 주기로 하고 주머니칼로 직접 들창을 내 주었다. 이렇게 틈을 내 주면 녀석이 넓힐 공격점을 제공하는 거라 생각했다. 따라서 탈출을 돕는 것 같았다. 그런데 전혀 그렇지 않았다. 도움을 받아도 다른 녀석들보다 더 빨리 진척되지는 않았다.

모든 껍질이 보름 안에 조용해졌다. 갇힌 녀석들이 헛된 시도 끝에 기운이 빠져 죽은 것이다. 죽은 녀석들이 누워 있는 껍데기를 깨뜨려 본다. 얼마 안 되는 한 줌의 가루, 부피를 따져 봐야 콩알만 한 가루가 굴복시킬 수 없는 성벽에서 줄, 톱, 써레, 쇠스랑 따위의 연장으로 뜯어낼 수 있는 것의 전부였다.

다른 고치(껍데기)도 똑같이 단단했으나 젖은 헝겊으로 감쌌다. 고치에 습기가 스며들자 감쌌던 것을 벗기고 작은 병 안에 넣어 마개로 막아 두었다. 이번에는 형세가 완전히 달랐다. 젖은 헝겊

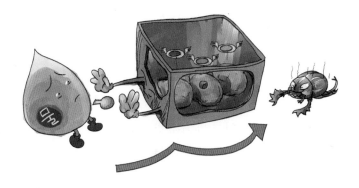

으로 적당히 부드러워진 고치 속에서는 갇힌 녀석들이 다리를 뻗고 높이 서서 등을 지렛대 삼아 떠미는 바람에 갈라지며 열린다. 그렇지 않으면 한 군데가 쇠스랑에 긁혀서 산산조각 나며 무너져 커다란 틈이 벌어진다. 완전한 성공이다. 모두가 지장 없이 해방되었다. 물 몇 방울이 녀석들에게 태양의 기쁨을 가져다준 것이다.

두 번째도 아폴로의 말이 맞았다. 물론 둥근 구슬을 물속에 던진 것은 옛날 저자가 말한 것처럼 어미는 아니었다. 해방의 목욕은 구름이 담당했고 궁극적으로 해방을 가능케 한 것은 비였다. 자연에서도 틀림없이 실험과 같은 방법으로 일이 진행될 것이다. 석회처럼 타 버린 8월의 땅속, 별로 두껍지도 않은 흙 차양 밑에서 껍질은 벽돌처럼 구워졌다. 대부분 돌처럼 단단하다. 곤충으로서는 연장을 써서 상자를 나오는 게 불가능하다. 하지만 타다 남은 흙 속에서 기다리는 식물 씨앗과 왕소똥구리 가족에게 소나기가 한 줄기 부어 주면, 비록 조금만 내려도 들판에서는 부활 같은 현상이 일어난다.

땅에 물이 스며든다. 이것은 실험할 때 썼던 젖은 헝겊이다. 젖은 흙이 닿으면 고치, 즉 상자는 처음처럼 연해진다. 곤충은 다리를 움직이고 등으로 밀어서 자유가 된다. 사실상 9월이 되어 가을의 전조인 첫 비가 올 때서야 왕소똥구리는 태어난 땅굴을 떠나고, 양을 치는 풀밭이 활기를 띤다. 마치 온 세상의 곤충이 봄에 활기를 띠는 것처럼 말이다. 이제껏 그렇게도 인색했던 구름이 마침내 왕소똥구리를 구해 주러 온 것이다.

땅이 예외적으로 시원한 경우는 껍데기가 깨져 곤충이 훨씬 이른 철에 해방될 수 있다. 하지만 여기서는 대개가 그렇듯이 여름 태양이 용서 없이 내리쬐어 땅이 석회석처럼 굳었다. 그러니 왕소똥구리가 빛을 찾아 나오는 게 아무리 시급해도 첫 비가 단단한 껍질을 연하게 해주길 기다려야 한다. 소나기 한줄기가 녀석에게는 생사의 문제이다. 이집트 점성가들의 대변자인 아폴로는 제대로 보았다. 그래서 신성한 벌레의 탄생에 물을 관여시킨 것이다.

하지만 난해한 옛날 책과 그 안의 단편적인 진리는 놔두고 해방된 왕소똥구리가 제일 먼저 하는 행동도 잊지 말고 삶에 충만한 녀석의 수습 기간을 구경해 보자. 8월이 되자 무력한 포로가 부스럭거리는 소리가 들려 상자를 깨뜨려 보았다. 녀석을 그 종의 유일한 동반자인(생활 방법이 같은) 소똥구리(*Gymnopleurus*) 사육장에 넣었다. 그토록 오랫동안 먹지 못했으니 이제는 먹을 때라고 생각했다. 그런데 그게 아니었다. 맛있는 무더기를 권해 보고, 유혹도 해보았는데 어린것은 본 체도 않는다. 녀석에게는 무엇보다도 빛의 환희가 필요했던 것이다. 그래서 철망으로 기어올라 해가 밝게 비치는 곳으로 간다. 거기서 꼼짝 않고 해에 도취했다.

그렇게 찬란한 빛을 처음 온몸으로 받는 동안 이 분식성 곤충의 둔한 머릿속은 어떨까? 아마도 생각이 전혀 없을 것이다. 햇빛을 받아 활짝 피는 꽃처럼 의식 없는 기쁨을 누릴 것이다.

드디어 녀석이 식량으로 달려간다. 모든 규정에 맞게 구슬을 만든다. 견습은 전혀 없
었다. 하지만 오래 숙
련되었더라도 그보다
규칙적일 수 없을 만큼
첫 시도부터 둥근 모양
이 제대로 만들어졌다.
방금 빚은 빵을 조용히
먹을 땅굴을 판다. 초보
자는 여기서도 기술에 아주
정통했다. 오랜 경험이라도 녀석
의 재간에 더 보탤 것이 없을 것이다.

굴착 연장은 앞다리와 머리방패였다. 파낸 흙을 밖으로 내올 때
도 선배들과 똑같이 손수레를 썼다. 즉 머리방패와 앞가슴에 흙을
잔뜩 싣고는 머리를 숙여 먼지 속에 박고 전진해서 몇 인치 밖 출
입구에다 뿌려 놓는다. 오랫동안 일해야 하는 땅굴 파기 인부처럼
느린 걸음으로 다시 들어가 손수레에 짐을 싣는다. 식당을 만드는
작업이 착실히 몇 시간은 걸린다.

마침내 구슬이 창고로 들어갔다. 집이 닫히고, 이제는 끝이다.
집과 양식이 확보되었으니 즐거운 삶이로다! 지극히 좋은 세상에
서 모든 것이 최고로 잘 되었다. 기쁘다, 만세! 행복한 녀석아, 너
는 친구들이 할 때 본 적도 없고 배운 적도 없는 모르는 일을 훌륭
하게 해낼 줄 아는구나. 인간 생활에서는 그렇게도 얻기 힘든 평
화와 식량을 그 재주로 듬뿍 쥐어 줄 것이다.

6 목대장왕소똥구리와 소똥구리

진왕소똥구리(*Scarabaeus sacer*)가 방금 알려 준 것을 일반화시켜서 같은 계열의 다른 종들도 아주 미세한 부분까지 똑같다고 생각한다면 잘못일 것이다. 기관이 비슷하다고 해서 본능까지 반드시 같은 것은 아니다. 아마도 같은 연장을 써서 얻는 결과인 소질은 공통적으로 유지되겠지만 기관으로는 전혀 예상할 수 없는 어떤 은밀한 적성으로 기본적인 과제가 다양하게 강요될 수도 있다.

동기를 알지 못하는 다양성과 고유성에 대한 연구는 곤충학 분야의 한 부분이 조사되어, 관찰자까지 가장 매력을 느끼는 연구가 되기도 한다. 시간, 인내력, 때로는 재치를 펑펑 써 가며 마침내 왕소똥구리가 어떻게 하는지 알게 된 참이다. 녀석과 구조가 아주 비슷한 자들은 어떻게 할까? 진왕소똥구리의 습성은 얼마나 반복될까? 진왕소똥구리는 모르는 일의 해결 방법과 독특한 재주를, 그리고 그 종 고유의 관습을 가졌을까? 아주 흥미 있는 문제이다. 두 종 사이에 공유할 수 없는 특색의 구분이 딱지날개나 더듬이 차이에서보다 정신적 차이에서 훨씬 잘 나타나기 때문이다.

반곰보왕소똥구리

이 지방의 왕소똥구리는 진왕소똥구리, 반곰보왕소똥구리(*S. semipunctatus*), 그리고 목대장왕소똥구리(*S. laticollis*)로 대표된다. 추위를 타는 앞의 두 종은 지중해 해안에서 별로 멀리까지는 분포하지 않고 세 번째 종은 북쪽으로 상당히 멀리까지 올라간다.[1] 반곰보왕소똥구리는 연안을 떠나지 않아서 주앙 만(golfe du Juan), 세트(Sète), 팔라바스(Palavas) 해변의 모래사장에 많다.

전에 진왕소똥구리처럼 열심히 구슬을 굴리는 녀석들의 재주 부리기를 보고 감탄했었다. 구면이지만 이제는 너무 멀리 있어서 관

1 J.-P. Lumaret(1990년)가 조사한 바에 의하면 보클뤼즈현 (파브르가 살았던 지방)의 북쪽에 인접한 드롬(Drôme)현까지도 분포하지 않았다고 한다.

반곰보왕소똥구리 지중해안의 사구지대에 분포한다. J.-P. Lumaret(1990년)의 보고에 의하면 l´Éspiguette사구에서는 헥타르당 100개체가 서식하며, 활동은 특히 해가 나서 더울 때 활발하다. 인분에서 65%, 말똥에서 19%가 채집되었고 나머지는 기타의 여러 동물 똥에서 채집되었다고 한다.
채집: Montpellier France, 30. IX. '76, 김진일

목대장왕소똥구리 지중해와 가까운 지방에 주로 분포하며, 여름 활동 종이나 연중 모든 계절에 만날 수 있다. 하지만 20세기에 들어와서는 많이 희귀해졌다는 기록이 있다.
채집: France 남부 지방, J.-P. Lumaret

심을 가질 수 없는 게 유감이다. 왕소똥구리
의 전기(傳記)에 장 하나를 보태고 싶은 사람
에게 이 종을 추천한다. 녀석에게도 틀림없
이 기억해 둘 특기가 있을 것임은 거의 확실
하다.

목대장왕소똥구리

결국 이 근처에서 연구를 보충해 줄 수 있
는 녀석은 가장 작은 목대장왕소똥구리밖에 없다. 그런데 이 종이
보클뤼즈(Vaucluse) 지방의 다른 곳에는 많이 분포했으나 세리냥
(Sérignan) 근처에는 아주 드물다. 흔하지 않아서 야외에서는 관찰
할 수가 없고 유일한 방편으로 우연히 얻게 된 몇 마리를 사육장
에서 기르는 방법만 남았다.

철망 안에 갇힌 목대장왕소똥구리는 진왕소똥구리처럼 활발하
게 움직이지는 않았고 그처럼 기운 넘치게 활기차지도 않았다. 빼
앗고 빼앗기는 싸움도 없고 오직 예술에 대한 사랑만으로 만들어
서 얼마동안 열광적으로 굴리다가 길바닥에 버리는 구슬도 없다.
두 왕소똥구리의 혈관에는 같은 피가 흐르고 있는 것이 아니었다.

앞가슴이 딱 벌어진 이 곤충은 좀더 조용하고, 얻은 재물을 덜 낭
비하는 성질이다. 양이 비용을 부담하는 진수성찬 무더기를 조심
스럽게 공격해서 제일 맛있는 부분에서 재료를 골라 한 아름씩 떼
어 내 둥글게 뭉친다. 다른 녀석을 방해하지도 않으며 제 일만 한
다. 방법은 진왕소똥구리와 다를 게 없다. 좀더 쉽게 운반할 수 있
는 형태의 공 모양은 언제나 굴리기 전에 현장에서 빚어진다. 한 아
름씩 덧붙여지는 구슬의 이곳저곳을 넓은 앞다리로 두드리고, 이
기고, 고르게 하여 자리를 옮기기 전에 정확한 공 모양을 완성한다.

구슬 제조 곤충은 필요한 양을 얻으면 전리품을 가지고 땅굴 팔 지점으로 향한다. 여행은 진왕소똥구리의 형상을 그대로 따랐다. 머리를 아래로 향하고 뒷다리를 굴리는 물건에 받치고 뒷걸음질로 밀고 간다. 여기까지는 조작이 좀 느린 것 말고는 새로운 게 없다. 더 기다려 보자. 그러면 머지않아 대단한 습성 차이로 두 곤충이 갈라짐을 보게 될 것이다.

옮겨진 구슬을 빼앗고, 구슬 주인도 잡아서 신선한 모래를 깔고 다져 놓은 화분으로 옮긴다. 철망 대신 판유리 한 장으로 탈출을 막고 모래를 적당히 서늘하게 유지시키면서 햇볕이 비쳐 들게 했다. 하숙생들을 각각 다른 집에 가둠으로써 공동 사육장에서 오는 착각을 벗어나게 될 것이다. 이렇게 하면 한 마리가 한 일을 여러 마리가 한 것으로 착각할 염려도 없다. 이렇게 분리해 둠으로써 각자의 개별적인 일을 더 잘 관찰할 수 있을 것이다.

감금된 어미는 속박당한 것에 별로 기분 상하지 않는 것 같다. 곧 모래를 파고 그 속으로 구슬을 가지고 사라진다. 자리 잡고 살림살이를 시작할 시간을 주자.

3~4주가 지났어도 곤충이 다시 표면으로 나타나지 않는다. 이 구멍에서 파낸 흙이 두더지의 흙 둔덕처럼 표면에 쌓여 있었다. 어미가 오랫동안 꾸준하게 일했다는 증거이다. 마침내 화분의 흙을 한 켜씩 조심조심 떠냈다. 넓은 방이 드러났다. 바로 비밀의 방, 어미가 태어날 새끼를 오랫동안 계속 지켜야 하는 안방이다.

처음의 구슬은 사라졌다. 대신 놀랄 만큼 근사하고 손질이 잘된 작은 배 모양 경단 두 개가 있다. 예측했던 것처럼 수집한 재료에서 한 개가 아니라 두 개가 만들어진 것이다. 진왕소똥구리의 경단보다 날씬하며 훨씬 예쁘다는 생각이다. 앙증맞은 크기에 더 좋았는지도 모른다. 최소함 속에서 최대함이 비쳐졌다(*maxime miranda in minimis*). 길이가 33mm, 뚱뚱한 배의 제일 넓은 곳이 2mm였다. 수치는 집어치우고 서툴러 보였던 땅딸막한 모형 제작자가 유명한 동족인 진왕소똥구리의 재주와 맞먹거나 오히려 더 낮다는 것을 인정하자. 나는 서투른 견습공을 예상했는데 능숙한 예술가를 만난 것이다. 겉보기로 누군가를 판단해서는 안 된다는 말이 곤충에게도 훌륭한 충고가 된다.

더 일찍 조사해 보면 항아리에서 어떻게 경단이 얻어지는지 알 수 있다. 사실상 어떤 때는 완전히 둥근 구슬 한 개와 처음의 둥근 형태가 전혀 남아 있지 않은 경단 한 개가 발견된다. 또 어떤 때는 구슬 한 개와 거의 반쪽짜리 공 모양인 환약 부분이 발견되는데, 이것은 빚어야 할 재료를 한 번에 떼어 낸 덩어리이다. 이런 사실로 작업 방식이 추론된다.

왕소똥구리가 만난 똥무더기에서 한 아름씩 떼어 내 만든 구슬은 임시 작품에 지나지 않는다. 지금 둥글게 만든 것은 오로지 좀 더 쉽게 운반하려는 목적 때문이다. 이렇게 둥글게 만드는 데 전념해도 과도한 역점을 두지는 않는다. 녀석에게는 전리품이 부서지지 않고 구르는 데 지장 없이 여행할 수 있으면 그만이다. 따라서 구슬 껍질이 단단해지도록 누르는 것도 아니며 꼼꼼하게 고르지도 않는, 즉 철저하게 공들여 가며 가공하는 것은 아니다.

땅속에서 알을 길러 줄 상자를 마련하는 작업은 전혀 다르다. 빙 돌아가며 홈을 내서 구슬을 거의 같은 크기의 두 개로 나누고, 반쪽 하나는 조작하고, 다음에 조작할 반쪽은 바로 곁에 놓아둔다. 가공되는 반구형이 구슬처럼 동그래지는데 장차 경단의 뚱뚱한 배 부분이 될 것이다. 이번에는 모형에 그야말로 세심한 정성을 들인다. 빵이 너무 말라 위험해질 수 있는 애벌레의 미래도 거기에 달려 있는 것이다. 따라서 구슬의 표면을 한 점 한 점 두드리고 규칙적인 곡선을 따라 고른 압력으로 조심스럽게 눌러서 만든다. 만들어진 공 모양은 기하학적으로 거의 혹은 완전한 정확성을 가졌다. 이 어려운 작품은 표면의 깨끗한 상태가 입증하듯이 굴리지 않고 얻어졌음을 잊지 말자.

나머지 과정은 진왕소똥구리의 방법으로 짐작할 수 있다. 공 모양에 별로 깊지 않은 분화구가 타져 일종의 배뚱뚱이 항아리가 된다. 다음 항아리의 테두리가 늘어나서 알을 받는 주머니가 된다. 주머니가 닫히고 겉이 다듬어지면서 공 모양과 우아하게 맞추어져 경단이 완성된다. 이제는 남은 구슬의 반쪽으로 같은 일을 반복할 것이다.

이 작업의 가장 두드러진 특징은 전혀 굴리지 않고 만든 형태가 정연하게 멋지다는 점이다. 이렇게 현장에서 빚는 것에 대해 내가 수없이 말해 온 증거에다 우연히 아주 인상적인 다른 증거 하나를 덧붙일 수 있게 되었다. 목대장 왕소똥구리에게서 한 번, 꼭 한 번은 뚱뚱한 배가 서로 엇갈려서 달라붙은 경단

두 개를 얻었다. 처음에 만들어진 경단은 특별한 게 없었다. 하지만 두 번째 것은 내가 모르는 어떤 동기로, 어쩌면 충분히 크지 못해 그랬겠지만 첫번째와 맞닿은 채 가공하다가 서로 붙은 것이다. 여기서도 이 부속물이 절대로 굴리거나 옮겨질 수 없음은 아주 명백한 일이다. 그래도 우아한 모양은 여전히 완전했다.

경단을 만드는 두 기술자가 본능이라는 관점에서는 서로 환원될 수 없어도 세부적인 특징에서는 다른 두 종류의 경단을 만들어서 두 종의 차이가 더욱 명백해졌다. 즉 앞가슴이나 딱지날개의 형태가 제공한 특징보다는 기술이 더 결정적이었다. 진왕소똥구리의 땅굴에는 경단이 어김없이 한 개밖에 없으나 목대장왕소똥구리의 땅굴에는 두 개가 들어 있다. 만일 전리품이 푸짐했다면 세 개도 추측할 수 있다. 이 점은 뿔소똥구리(Copris)가 훨씬 확실하게 알려 줄 것이다. 첫번째 굴리기였던 진왕소똥구리는 구슬을 땅속에서 나누지 않고 작업장에서 얻어 온 그대로 이용했다. 목대장왕소똥구리는 땅굴로 가져온 구슬을 크기가 똑같은 두 몫으로 나누고 각각으로 경단 두 개를 빚는다. 하나이던 것이 둘이 되고, 때로는 셋이 될지도 모른다. 만일 두 왕소똥구리가 공통 기원에서 나왔다면 어째서 녀석들 간의 가정경제에 이렇게 심한 차이가 생겼는지 알고 싶다.

범위가 훨씬 넓게 소똥구리(Gymnopleure : *Gymnopleurus*)에서도 왕소똥구리의 방법이 반복된다. 단조로운 되풀이라 말없이 지나치면 진실 하나를 확인하는 데 적절한 자료를 버리는 게 된다. 그러니 그 이야기도 하

소똥구리 실물의 1.3배

자. 하지만 간략하게 하자.

딱지날개 옆이 움푹 파여서 옆구리 일부가 드러나는 특성으로 속명이 붙여진 소똥구리(*Gymnopleurus*)는 프랑스에 두 종이 분포한다. 딱지날개가 매끈하며 어디든 매우 흔한 소똥구리(*G. pilurarius* → *mopsus*)와 윗면이 마치 곰보처럼 작은 홈이 많이 파였고 남쪽지방을 좋아하며 훨씬 드문 억척소똥구리(*G. flagellatus*)이다. 이 근처의 양들이 라벤더와 백리향 사이에서 풀을 뜯는 자갈밭 들판에는 이 두 종이 아주 많다. 몸집이 훨씬 작은 것 말고는 왕소똥구리의 모습을 상당히 연상시킨다. 그뿐만 아니라 습관이나 이용 장소도 같고, 집을 짓는 시기도 5월부터 7월까지로 같다.

비슷한 일을 하는 소똥구리(*mopsus*)와 왕소똥구리는 서로 이웃했는데 사회적 취향보다는 일의 형편에 따라 어쩔 수 없이 가까워진 것이다. 이웃에 자리 잡은 것도 드물지 않고 한 무더기에서 함께 먹는 것은 더 자주 보인다. 해가 쨍쨍 내리쬘 때 식객이 굉장히 많은 경우도 있는데, 소똥구리가 제일 많다. 많아도 압도적으로 많다.[2]

재빨리 날 수 있는 녀석들은 떼 지어 들판을 조사하다가 커

소똥구리 구북구 전역에 분포하며 우리나라에서는 소똥구리 무리 중 가장 많았었는데 1960년대 후반부터 사라져 현재는 절멸된 상태이다. 유럽에서도 드물어져서 보기 어렵다고 한다. 옮긴이의 생각에 아마도 몽골 지방에 소수가 남아 있을 것 같다.
채집: 개성, 16. VII. '33, 조복성

다란 전리품을 발견하면 한꺼번에 내려 덮치는 것 같다. 이렇게 많은 무리가 보여서 입증될 것 같아도 나는 조를 이루었다는 말을 쉽게 믿지는 못하겠다. 차라리 예민한 후각에 인도되어 사방에서 한 마리씩 몰려든 것으로 보고 싶다. 지평선 곳곳에서 개별적으로 달려와 모였다고 보는 것이지 공동으로 탐사하다가 같은 자리를 차지하는 것으로 보지는 않는다. 아무래도 좋다. 우글거리는 곤충 떼가 때로는 어찌나 많던지 한 줌씩 잡을 수 있을 정도였다.

하지만 잡을 틈은 별로 주지 않는다. 위험을 눈치 채고 — 금방 안다 — 여럿은 갑자기 날아올라 떠나 버리고 일부는 무더기 밑에 납작 엎드려서 숨는다. 그래서 소란하던 흥분이 한순간 완전한 정적으로 바뀐다. 가장 활기찼던 작업장이 이렇게 눈 깜짝할 사이에 비워지며 급변하는데도 진왕소똥구리는 무서움을 모른다. 작업 도중 갑자기 들키고 자세히, 또 조심성 없게 마구 조사를 당해도 태평하게 일을 계속한다. 두려움을 모르는 것이다. 같은 기관으로 같은 일을 하면서도 정신적 성격은 서로 딴판이다.

차이는 다른 국면에서 더 뚜렷하게 나타난다. 진왕소똥구리는 구슬을 열심히 굴리는 곤충이다. 녀석의 최고 행복(*summa voluptas*)은 구슬을 만든 다음 몇 시간 동안 뒷걸음질로 굴려 가기이며 쏟아지는 불볕 밑에서 구슬로 곡예를 하는 것이다. 하지만 소똥구리는 구슬 놀이 곤충이라는 형용사에도 불구하고 공놀이에는 별로 열정적이지 않다. 그렇다고 해서 조용한 은신처에서 먹거나 애벌레의 식량으로 이용할 계획도 없이, 둥근 빵을 반죽해서 열정적으로 굴리며 격렬한

2 과거에는 한국에도 소똥구리 중 이 종이 제일 흔했다. 유라시아 대륙에서도 압도적으로 많았는데, 이제 한국에서는 전혀 안 보이고 유럽에도 거의 없으니 멸종 상태인 것 같다.

체조를 충분히 즐긴 다음 버리는 곤충도 아니다.

소똥구리는 사육장에서든, 들에서든 그 자리에서 먹는다. 똥무더기가 마음에 들면 언제까지나 거기에 머문다. 땅속 은신처로 가져가서 먹으려고 둥근 빵을 만들지는 않는다. 내 생각에 이 곤충의 이름은 굴리는 것에서가 아니라 가족을 위해 굴리는 것에서 유래했다.

어미는 양의 무더기에서 새끼 양육에 필요한 재료를 떼어 내 바로 그 자리에서 둥글게 빚는다. 그러고는 왕소똥구리처럼 머리를 아래로 향하고 뒷걸음질로 굴려서 결국은 알을 행복하게 해줄 땅굴 속에 집어넣는다.

물론 구르는 구슬에는 알이 들어 있지 않다. 알은 공공연한 대로가 아니라 은밀한 지하실에서 낳는다. 땅굴을 파낸 깊이는 2~3인치밖에 안 된다. 굴은 내용물에 비해 상당히 넓은데 그것이 거기가 작업장이라는 증거이다. 경단을 빚으려면 자유로운 움직임이 필요한데, 활동이 반복된 장소라는 증거가 되는 것이다. 산란이 끝나면 거기는 비워 두고 현관만 꽉 메워진다. 작은 두더지의 둔덕처럼 쌓였던 흙은 이때 다시 제자리로 들여보내지 않고 남은 것이다.

휴대용 모종삽으로 몇 번 파내면 변변찮은 저택이 드러난다. 흔히 어미가 그 안에 들어 있는데 독방을 영원히 떠나기 전에 자질구레한 집안일을 보살피려는 것이다. 넓은 방 가운데에 녀석의 작품인 배아의 요람과 미래 애벌레의 식량이 놓여 있다. 두 종의 소똥구리(*Gymnopleurus*) 모두 크기와 모양은 참새 알 같으며, 습성과 작업 형태가 너무도 비슷해서 서로 혼동된다. 옆에 있는 어미를 만나기 전에는 방금 파낸 알 모양 경단이 매끈한 곤충(소똥구리)의 작품인지, 곰보투성이 곤충(억척소똥구리)의 작품인지 알 수가 없다. 기껏해야 조금 큰 것이 전자의 경단으로 증명은 되지만 이 특징도 완전히 믿을 것은 못 된다.

한쪽이 더 넓고 둥글며 반대쪽은 타원형 돌기처럼 불쑥 내밀렸거나 경단의 목처럼 길어져 양끝의 모양이 같지 않은 형태가 전에 알았던 것에 또 보태진다. 이런 형태는 둥근 것을 만들기에 적합한 굴리기 방법으로는 얻어지지 않는다. 어미가 뜯어낸 작업장에서 약간 둥글게 만든 것이든, 굴리는 과정에서 둥글어졌든, 또 무더기가 아주 땅굴 가까이에 있어서 형태를 잡지 않고 곧바로 창고에 넣었든, 모두 다시 반죽된다. 어쨌든 방안으로 들여간 어미는 왕소똥구리와 같은 행동으로 모형 만들기 기술자가 된다.

양이 제공한 재료는 모형 만들기에 아주 적합하다. 가장 탄력성 있는 것에서 얻은 재료는 진흙처럼 쉽게 가공되어 경단 같은 예술 작품이 된다. 곡선이 부드럽고 우아해서, 매끈하며 단단한 새알과 경쟁할 정도의 모양이 만들어진다.

알은 그 안 어디에 있을까? 만일 왕소똥구리 때 내세웠던 이유들이 정확했다면, 즉 공기와 열의 유통, 옆의 울타리 따위가 중요하다면 알은 주위의 대기와 가까운 타원형 끝의 얇은 보호벽 안에 놓여 있을 것이 분명하다.

실제로 그곳에 있었다. 얇은 칸막이와 펠트 마개를 통해서 쉽게 드나들 수 있는 공기의 부드러운 층이 사방을 에워싸고 있는 예쁜 부화실 안에 알이 자리 잡고 있었다. 왕소똥구리에게 이미 배워서 예측하고 있었으니 그 자리가 뜻밖은 아니다. 이번에는 주머니칼로 서툴지 않게 단번에 타원형의 뾰족한 부분을 긁었다. 알이 보이자 처음에는 의심했고 다음으로 어렴풋이 관찰했으며 마침내 다른 상황에서 근본적인 사실들이 다시 나타났다. 그래서 의심스러웠던 이유들이 훌륭하게 확신으로 변하며 확인되었다.

왕소똥구리와 소똥구리는 같은 학교에서 배운 모형 제작자가 아니었다. 서로 걸작의 설계도가 달랐다. 같은 재료로 왕소똥구리는 배 모양 경단을 만들었고 소똥구리는 거의 새알 모양을 만들었다. 하지만 이렇게 서로 다르게 제작했어도 양쪽 모두 알과 애벌레가 요구하는 중요한 조건에는 똑같이 순응했다. 녀석들에게도 건조해질 위험이 없는 양식이 필요했다. 그런데 이 조건은 덩어리에 둥근 형태를 줌으로써 표면을 좀더 작아지게 하고, 빠른 증발을 최대한 줄여 준다. 알에게는 공기와 땅의 복사열이 쉽게 도달해야 하는데 한쪽은 경단의 목에서 다른 쪽은 불쑥 튀어나온 타원형의 끝에서 열을 얻는다.

6월에 낳은 두 종의 소똥구리 알은 일주일도 안 되어 부화한다. 즉 알 기간은 5~6일이다. 왕소똥구리 애벌레를 본 사람은 이미 기본적인 특성을 알고 있다. 이 두 종의 작은 구슬 제작자도 애벌레가 모두 통통하고, 등은 갈고리처럼 구부러져 강력한 소화기관의 일부를 담은 혹이나 배낭을 짊어지고 있다. 몸 뒤는 비스듬히 잘려서 똥이 나오는 흙손이 되는데, 왕소똥구리 애벌레와 같은 습성을 가졌다는 표시이다.

사실상 여기서 왕소똥구리의 희한한 점이 반복된다. 소똥구리 역시 애벌레 시대에는 똥을 빨리 싸서 위험해진 방을 수리하는 데 필요한 시멘트를 언제든지 내놓을 준비가 되어 있다. 녀석이 집 안에서 은밀히 살아가는 모습을 관찰하려고, 또는 석고 세공 재주를 유발시키려고 내가 뚫어 놓는 구멍을 당장 메운다. 소똥구리 애벌레는 금 간 곳을 메우고 떨어진 조각을 붙이고 산산조각 난 방도 수리한다. 번데기로 탈바꿈할 때가 가까워지면 남은 찌꺼기로 벽에 튼튼하고 매끈한 시멘트 한 층을 입힌다.

같은 위험은 같은 방어 수단을 불러온다. 소똥구리 껍질도 왕소똥구리의 껍질처럼 터질 위험이 있다. 애벌레가 완전히 자라기 전에 공기가 멋대로 안으로 들어가면 부드럽게 보존되어야 할 식량이 마르는 치명적인 결과가 올 것이다. 그런데 언제나 가득 차 있고, 그야말로 말을 잘 듣는 소화기관이 위협당하는 애벌레를 궁지에서 벗어나게 한다. 왕소똥구리가 충분히 보여 주었으니 중복 설명은 생략하자.

사육장에서 길러진 소똥구리 애벌레의 생육 기간은 17~25일이었고 번데기 기간은 15~20일이다. 기간은 분명히 변동이 있겠으나 변이 폭의 한계는 별로 크지 않을 것 같다. 그래서 나는 두 단계 각각의 기간을 대략 3주로 정하련다.

번데기 시기에는 별로 눈에 띄는 것이 없다. 다만 성충이 처음 나타날 때의 이상한 복장에 대해서 주의를 기울일 필요가 있다. 하지만 그것도 왕소똥구리가 보여 준 빛깔이다. 머리, 가슴, 다리는 쇳빛이 나는 붉은색이고, 딱지날개와 배는 흰색이다. 8월의 뜨거운 열로 단단한 상자처럼 된 껍질을 깨뜨릴 능력이 없어서 9월의 첫 비가 벽을 다시 연하게 해주길 기다렸다가 포로가 해방된다는 것을 덧붙여 두자.

정상상태에서는 전혀 손색없는 명인의 솜씨로 우리를 감탄시켰던 본능이, 일상적인 상황을 벗어났을 때 갑자기 무지한 어리석음을 보이는 것 역시 못지않게 우리를 놀라게 한다. 곤충은 각자 훌륭하게 해내는 일이 있고, 일에는 논리적으로 정리된 일련의 행위가 있다. 그 일에 대해서는 정말로 그 곤충이 대가이다. 자신은 알지 못하는 일에 대한 예감이 자신을 아는 우리의 지식을 능가한다. 무의식적 영감은 일에 관한 한 우리의 의식적 이성을 지배한다. 하지만 녀석을 본래의 길에서 밀어내 보자. 그러면 단번에 무지가 찬란한 빛으로 이어진다. 희미하게 꺼진 빛을 다시 밝혀 주는 것은 없다. 이 세상에서 가장 강한 자극제, 즉 모성이라는 자극제조차도 다시 밝히지 못할 것이다.

모든 이론이 꺼진 빛에 와서는 실패하고 마는 그 이상한 정반대 사실에 대하여 이미 많은 예를 들었다. 그런데 분식성 곤충 이야기를 끝내는 마당에 여기서 마찬가지로 놀라운 예를 또 하나 발견했다. 미래에 대한 밝은 통찰력으로 공 모양, 배 모양, 타원형 경단을 빚어 놀라게 했던 녀석들이, 다음에는 정반대의 놀라운 일을 가지고 우리를 기다린다. 조금 전까지는 요람을 그렇게도 다정하고 정성의 대상으로 삼았던 어미의 행동이 극심한 무관심으로 바뀐 것이다.

왕소똥구리와 소똥구리 두 종류 모두에서 관찰했다. 애벌레의 안락을 마련할 때는 녀석 모두가 감탄할 정도로 열의에 찼으나 갑자기 똑같은 무관심을 보였다.

알을 낳기 전이나 낳고 난 뒤 굴속에서 지나친 조심성에 이끌려 꼼꼼한 잔손질을 하기 전인 어미를 잡아서 다져진 흙이 가득한 화분으로 옮긴다. 얼마간 진척된 일감과 함께 인공 땅바닥에 내려놓는 것이다.

귀양살이 온 곳이 조용하면 망설임이 오래 가지 않는다. 그때까지 소중한 물건을 안고 있던 어미는 땅굴을 파기로 작정한다. 파는 것이 진척되는 대로 둥근 뭉치를 끌어들인다. 뭉치는 어떤 순간에도, 즉 굴을 파다가 곤란한 처지가 되어도 내려놓으면 안 되는 신성한 물건이다. 머지않아 화분 밑에 독방이 생기고, 거기서 배 모양이나 타원형 경단이 가공될 것이다.

그 순간 내가 참견해서 화분을 뒤엎는다. 모든 게 뒤죽박죽되고, 통로와 끝에 있던 독방이 사라진다. 이렇게 무너진 더미에서 어미와 둥근 뭉치를 꺼낸다. 화분에 다시 흙을 채우고 같은 일을 반복시킨다. 그런 재난에 좌절했던 용기를 다시 북돋우는 데는 몇 시간이면 족하다. 산란할 어미는 다시 애벌레의 식량 뭉치를 가지고 땅속으로 들어간다. 자리 잡기가 끝났을 때, 화분을 두 번째로 뒤집어 모든 것을 다시 위태롭게 했다. 실험이 다시 시작된다. 끈질긴 모성애를 가진 녀석은 완전히 지칠 때까지, 그 뭉치

를 다시 땅속으로 끌어들인다.

왕소똥구리 둥지를 이틀 동안 네 번이나 뒤엎었는데, 어미가 나를 감동시키는 인내력으로 무너진 것에 대항하여 다시 시작하는 것을 보았다. 모성애를 그렇게 고생시키자니 양심의 가책이 느껴진다. 게다가 조만간 지치고 얼떨떨해진 어미가 새로 땅파기를 거절할지도 모른다는 생각도 든다.

이런 실험을 많이 했는데 작품은 모두 미완성이었다. 땅속에서 끌려 나온 어미가 지칠 줄 모르는 열성으로 작업은 시작했으나 아직 알이 없는 요람만 안전한 곳에 파묻으려 한다는 것이 입증됐다. 어미는 알이 아직 신성한 것이 안 된 경단에 대해서만 지나치게 경계하고 많이 의심하고 조심하여 우리를 당황시키는 통찰력을 가졌다. 실험자의 계략으로 몽땅 뒤엎어 놓은 사고에도, 그 어느 것에도 힘에 부치지만 않으면 그녀가 달성해야 할 목적을 포기하지 않는다. 어미에게는 억제할 수 없는 고정관념 같은

게 있다. 자손의 장래가 재료 뭉치를 땅속으로 넣을 것을 요구하므로 무슨 일이 있어도 그리 내려 보낼 것이다.

이제는 메달 뒷면을 보시라. 산란을 했고 땅속의 모든 것이 정돈되었다. 어미가 나온다. 그 순간 어미를 들어내고 경단도 파내서 조금 전 상황처럼 화분 지면에 나란히 놓는다. 지금이야말로 경단을 조심해서 파묻을 때이다. 햇볕이 내리쬐면 얇은 껍질 속에서 말라 죽을 연약한 것, 즉 알이 그 안에 들어 있다. 삼복더위에 15분만 내놓아도 모든 게 끝장이다. 그토록 위험한 상황에서 어미는 어떻게 할까?

어미는 아무 일도 않는다. 알이 들어 있지 않을 때는 그토록 귀중했던 물건을 지금은 거기에 있는 것조차 몰라보는 것 같다. 알을 낳기 전에는 지나치게 열정적이던 어미가 낳은 뒤에는 무관심하다. 완성된 작품은 이제 어미와 무관해졌다. 경단이나 타원형 대신 조약돌을 갖다 놓아도 똑같이 취급될 것이다. 잡아 둔 울타리 주변만 왕래하는 것을 보면 어미의 유일한 관심사가 떠나는 것임을 알 수 있다.

본능은 이렇게 행동한다. 즉 생기가 없는 덩어리는 꾸준히 땅속에 파묻고 생명이 있는 덩어리는 땅 위에 내버려 둔다. 본능에게는 해야 할 일이 전부이고 완성한 것은 아무것도 아니다. 본능은 미래는 보아도 과거는 모른 체한다.

7 스페인뿔소똥구리 - 산란

알에 대한 실험과 연구로 성숙해진 이성이 권하는 것을 실현할 본능 보여 주기가 변변찮은 철학의 영향 때문은 아니다. 나 역시 과학적 준엄성이 불러일으키는 불안에 사로잡힌다. 과학을 험상궂은 모습으로 보이고 싶지는 않았다. 명확성은 펜을 놀리는 사람의 최고의 예절이다. 나는 세련되지 못한 어휘를 쓰지 않고도 훌륭하게 말할 수 있다는 신념이 있고, 그렇게 하려고 최선을 다해서 주의한다. 나를 가로막는 불안 역시 다른 종류였다.

여기서 나는 어떤 착각에 빠진 것은 아닌지 자문해 본다.

왕소똥구리(*Scarabaeus*)와 소똥구리(*Gymnopleurus*)는 야외에서 구슬을 만드는 곤충이다. 구슬 만들기를 어떻게 배웠는지 알 수 없는, 어쩌면 어떤 기관에 의해서, 특히 어떤 기술은 길고 약간 구부러진 다리에 강요된 것인지도 모르는 것이 녀석들의 업무이다. 녀석들이 알을 위하여 일할 때, 구슬을 만드는 기술자로서의 특기를 땅속에서 계속한다고 해서 이상할 게 무엇인가?

설명하기가 아주 불편한 세부 사항, 즉 경단의 목과 타원형의 튀어나온 부분을 제외하면 부피를 차지하는 것 중에서 가장 중요한 덩어리만 남을 것이다. 즉 땅굴 밖에서 복제한 공 모양의 덩어리가 남는데, 때로는 왕소똥구리가 특별한 일에 사용하지 않고 해가 쨍쨍 내리쬐는 데서 가지고 노는 구슬이나 소똥구리가 조용히 풀밭에서 굴려 가는 구슬이 남을 것이다.

그렇다면 삼복더위에 건조 방지의 가장 효과적인 것처럼 내세워진 공 모양이 여기서는 무엇을 한단 말일까? 모양 면에서 공이나 그에 가까운 타원형의 특성에는 이론의 여지가 없다. 하지만 이 모양들은 극복할 어려움과 우연히 일치한 것에 지나지 않는다. 들판으로 굴려 가도록 기관을 갖춘 곤충이 땅속에서도 여전히 구슬을 빚는다. 만일 그래서 끝까지 애벌레의 큰턱 밑에 부드러운 식량이 놓이고 녀석이 만족해한다면 잘된 일이다. 하지만 그것을 빙자해서 어미의 본능을 찬양하지는 말자.

내가 완전히 확신하려면 일상생활에서는 구슬 제조에 전혀 무관심하다가 산란 때는 습관을 갑자기 바꾸어 수확한 것을 공처럼 만드는 당당한 풍채의 분식성 곤충이 필요하다. 이 일대에 그런 곤충이 있을까? 있다. 왕소똥구리 다음으로 가장 아름답고 가장 큰 녀석이 있다. 앞가슴이 절벽처럼 갑자기 잘리고 희한하게도 머리에 뿔이 돋아나 눈에 아주 잘 띄는 스페인뿔소똥구리(Copris espagnol: *Copris hispanus*)이다.

살이 쪄서 뚱뚱하고 움츠러들어서 땅딸막하고 거동이 느린 녀석은 분

스페인뿔소똥구리

스페인뿔소똥구리 지중해안에서 특히 서부 지역에 주로 분포하며 프랑스에서는 남동부 지방에 주로 분포한다. 주로 4, 5월에 활동하나 거의 연중 볼 수 있다. 그러나 건조한 계절인 8월과 한 겨울에는 활동하지 않는다. 소똥에 가장 많이(55%) 다음은 양똥(30%)에 모인다. 개똥이나 인분에도 찾아온다.
채집: Hérault, France, III. '75, Lumaret

명히 왕소똥구리나 소똥구리의 굴리기 운동과는 상관없다. 시원찮게 짧은 다리가 구슬 제조가의 긴 다리와는 비교되지 않는다. 게다가 아주 조금만 불안해도 배 밑으로 구부려서 유연성 없이 작달막한 모습만 보일 뿐이다. 이 곤충이 구르는 공처럼 다루기 불편한 것을 가지고 긴 여행을 즐기지 않을 것임은 쉽게 짐작할 수 있다.

사실상 뿔소똥구리의 기질은 한 자리에만 눌러 있는 것이다. 먹을 것을 만나면 밤이나 어스름한 저녁에 그 무더기 밑에 굴을 파는데, 사과 한 개가 들어갈 정도의 크기로 거칠게 판다. 굴 위의 지붕같이 놓이거나 적어도 문어귀에 놓인 양식이 한 아름씩 안으로 끌려 들어간다. 엄청나게 많은 양이 특별한 모양을 갖추지도 않고 빨려 들어가 뿔소똥구리가 무진장하게 먹는다는 것을 웅변해 준다. 보물이 남아 있는 한 녀석들은 완전히 식탁의 즐거움에 파묻혀서 지상으로 나오질 않는다. 식량 창고가 바닥나야 겨우 그곳을 버린다. 저녁에는 다시 찾기가 시작되어 찾아내고, 임시로 사용할 거처를 판다.

뿔소똥구리는 오물을 사전 조작 없이 가마솥에 넣는 작업만 할 뿐이니 지금 당장은 빵을 반죽해서 둥근 모양을 만드는 기술을 전혀 모르는 게 분명하다. 게다가 짧고 서투른 다리 때문에 이런 기술은 근본적으로 배제될 것 같다.

5월, 아주 늦어도 6월에는 산란 시기가 닥친다. 자신은 가장 더러운 재료로 배를 채우면서도 아무렇지 않은데 가족의 지참금을 위해서는 아주 까다로워진다. 이때는 왕소똥구리나 소똥구리처럼 양이 부드럽게 내놓은 생산물이 필요하다. 파이 한 덩이가 아주 푸짐해도 그 자리에서 통째로 땅속에 파묻어서 밖에는 아무런 흔적도 남기지 않는다. 경제적으로 부스러기까지 끌어들이는 것이다.

보다시피 어떤 여행도, 운반도, 준비도 없었다. 케이크가 떨어졌던 바로 그 자리에서 한 아름씩 지하실로 내려간다. 자신을 위해서 했던 일을 이제는 새끼를 위해서 한다. 수북한 흙 둔덕으로 발견된 땅굴은 20cm 깊이의 넓은 동굴이다. 호화판 식사를 할 때 임시로 머물던 오두막보다 넓고, 더 완전한 둥지임을 알 수 있다.

내 똥?

제 마음대로 일하게 놔두고 싶지만 우연히 얻어진 자료는 불완전하고 단편적이며 연관성이 의심되기 마련이다. 사육장에서 조사하는 것이 훨씬 편한데, 뿔소똥구리는 거기서도 더 바랄 것이 없을 만큼 잘 응해 준다. 우선 창고에 넣는 것을 살펴보자.

석양의 희미한 빛을 통해 녀석이 땅굴 어귀에 나타나는 것이 보인다. 깊은 곳에서 수확하러 올라오는 것이다. 식량은 내가 신경 써서 미리 가져다 놓아, 바로 문 앞에 가득 쌓였으니 찾는 데 오래 걸리지 않는다. 겁이 많아서 아주 미미한 위험의 징조만 보여도 다시 들어갈 채비를 하면서 느리고 신중한 걸음으로 식량에 다가간다. 머리방패로 껍질을 벗겨 내고 앞다리로 끌어낸다. 한 아름이 겨우 떨어져 나와 무너져 내린다. 그것을 뒷걸음질로 끌며 땅속으로 사라진다. 겨우 2분 정도 지나자 다시 나타난다. 여전히 조심하면서 문지방을 넘기 전에 넓적한 더듬이를 펼쳐 주위를 살핀다.

식량 무더기와는 2~3인치 떨어졌다. 녀석으로서는 거기까지 위험을 무릅쓰는 것도 중대한 일이다. 식량이 문 앞에 있거나 둥지의 지붕이 되었다면 더 좋아했을 것이다. 그러면 불안의 원인인 외출을 안 해도 되었을 것이다. 하지만 내 결정은 달랐다. 쉽게 관찰하려고 뭉치를 입구 근처에다 놓은 것이다. 겁쟁이는 차차 안심하고 야외에 익숙해지며 옆에 내가 있는 것에도 익숙해진다. 하기야 내 자신이 녀석의 눈에 띄지 않으려고 매우 조심했다. 끝없이 계속해서 한 아름씩 들여간다. 형태는 여전히 제멋대로 된 조각이고 핀셋 같은 작은 다리로 떼어 낼 정도의 부스러기이다.

창고에 넣는 방식은 알았다. 일하도록 놔두었더니 작업이 거의 밤새도록 계속된다. 그 다음 며칠은 별일이 없고, 뿔소똥구리도 나오지 않는다. 하룻밤 작업으로 보물을 충분히 모은 것이다. 얼마간 기다리며 수확물을 제멋대로 정리할 시간 여유를 주자. 주말이 되기 전에[1] 사육장을 파내 식량이 비축된 부분의 땅굴을 들어낸다.

---

1 일주일 안이 아닌지 의심된다.

천장은 야외에서처럼 매우 낮고 불규칙하며 바닥은 거의 편평한 널따란 방이다. 일할 때 드나들던 문이 한쪽 구석에 병목 아가리처럼 둥글게 열렸는데, 이 구멍은 지면까지 비스듬하게 올라오는 지하도와 연결되었다. 집 안의 벽은 맨땅에 파여 정성스럽게 다져져서 내가 파낼 때의 충격에도 무너지지 않을 만큼 단단하다. 곤충은 미래를 위해서 일했다. 그래서 오래 보존될 작품을 만들려고 굴착 곤충으로서의 모든 재간과 정성을 다 발휘했음을 알 수 있다. 단순히 잔치만 벌였던 오두막은 반듯하지도 않고 별로 튼튼하지도 않았다. 하지만 정식 둥지는 좀더 넓고 건축에 더 많은 정성을 들인 지하실이다.

알을 낳기로 예정된 굴에서 암수 한 쌍을 만나는 일이 아주 잦던 것으로 보아 이 훌륭한 작품은 암수 두 마리가 협력해서 지은 것으로 추측된다. 넓고 호화로운 방은 아마도 짝짓기 방이었을 것이다. 짝짓기는 사랑하는 두 곤충이 협력해서 지은 둥근 천장 밑의 넓은 방에서 이루어졌다. 협력은 열정을 용감히 고백하는 방법이었다. 수확하고 창고에 넣는 것도 수컷이 도와줄 것으로 추측된다. 내 생각에 수컷은 힘이 세니 한 아름씩 떼어 내 지하실로 옮길 것 같다. 둘이 하면 치밀한 일이 더 빨리 되는 법이다. 하지만 둥지가 제대로 마련되고 나면 세심한 임무를 어미에게 모두 맡기고 수컷은 물러나 땅 위로 올라온다. 그러고 다른 곳으로 가서 자리 잡는다. 가족의 저택에서 녀석의 역할은 끝난 것이다.

그런데 그토록 하찮은 식량 뭉치가 그렇게 많이 내려간 저택에는 무엇이 있을까? 낱개로 부서진 어수선한 조각 무더기일까? 천만의 말씀. 거기서는 항상 오직 물체 하나만 보았다. 엄청나게 크고 둥근 빵인데, 어미가 둘레를 빙 돌아가며 겨우 돌아다닐 수 있을 정도로 좁은 통로만 남기고 방을 가득 채웠다.

　진짜 왕들의 호화판 케이크인 이 물건에는 일정한 형태가 없다. 칠면조의 알을 연상시키는 크기의 달걀 모양인 것도, 양파 모양의 납작한 타원형도, 거의 둥글어서 네덜란드 치즈를 연상시키는 것도 있다. 둥글고 위쪽이 조금 부풀어 올라 프로방스 지방 농부의 빵이나 그보다는 부활절 명절 때 쓰는 둥근 빵 모양인 것도 있다. 어느 경우든 표면은 매끈하며 정상적인 곡선을 이루었다.

　오해할 염려가 없다. 어미가 한 아름씩 들여온 많은 조각을 모아서 하나의 덩어리로 빚은 것이다. 어미가 모든 조각을 휘젓고 섞고 밟아서, 균질인 뭉치 하나를 만든 것이다. 엄청나게 크고 둥글게 빚은 빵 위에 어미가 앉아 있는 것이 자주 보였는데 그 빵에 비하면 왕소똥구리의 구슬은 아주 초라할 정도였다. 때로는 어미가 너비 10cm나 되는 볼록한 표면 위를 돌아다니면서 두드려 단단하게 골랐다. 이런 이상한 장면은 깜깜할 때만 보인다. 어미는 들키기가 무섭게 파이의 구부러진 비탈을 타고 밑으로 미끄러져 내려가 쪼그린다.

　작업 모습을 더 관찰해서 모르는 사항까지 세세히 연구하려면 계략이 필요한데, 어려움은 거의 없었다. 오랫동안 왕소똥구리와 사귀어 와서 내 방법에 능숙해졌는지, 아니면 겁이 덜해진 뿔소똥구리가 좁은 곳에 갇힌 갑갑증을 잘 견뎌 내서인지, 집 짓는 전 과정을 마음대로 지켜볼 수 있었다. 두 가지 방법이 그 특성을 알려 주기에 적합했다.

　커다란 똥과자를 구하는 대로 땅굴 속에 있던 어미를 사육장으

로 옮겼다. 그릇은 빛이나 어두움을 원함에 따른 두 종류였다. 빛
을 원하면 땅굴과 지름이 비슷한 12cm 유리 표본병을 쓴다. 표본
병 밑에 신선한 모래 한 켜를 까는데, 뿔소똥구리가 파고들어 숨
기에는 부족하다. 하지만 녀석이 미끄러운 유리 받침을 피하고 방
금 빼앗긴 곳의 땅바닥으로 착각하기에는 충분한 두께이다. 표본
병 모랫바닥에 어미와 둥근 빵을 놔둔다.

대낮에는 곤충이 놀라서 일을 안 하려 함은 말할 필요도 없다.
녀석에게는 완전한 어둠이 필요하다. 그래서 표본병을 둘러싸는
골판지 원통을 이용했다. 내가 원할 때 언제라도 원통을 조심해서
들어 올리면, 녀석의 작업 모습을 연구실 조명으로 볼 수 있고 얼
마간 행동을 감시할 수도 있다. 이 방법은 진왕소똥구리(*S. sacer*)의
경단 빚기 관찰 때보다 훨씬 간단했

다. 기질이 관대한 뿔소똥구리는
진왕소똥구리에서 성공하기 어려
웠던 관찰에도 잘 응했다. 그래
서 연구실의 큰 탁자 위에는
빛이 나타났다 사라졌다
하는 조명 기구 한 타가 놓
였다. 이 일련의 기구
를 본 사람은 식민지
의 식료품이 회색 종
이봉투에 감춰졌다고
생각할 것이다.

어두운 사육장으로는

신선한 모래를 채워서 다져 놓은 화분을 사용했다. 어미와 똥과자는 모래 아래에 자리 잡았는데 골판지로 원형 천장을 만들어 주어 윗부분의 모래가 허물어지는 것을 막아 준다.[2] 또 어느 때는 어미와 식량을 그냥 모래 위에 놓아준다. 그러면 어미가 굴을 파 양식을 들여놓고 둥지를 틀어 여느 때처럼 일을 진행한다. 어느 경우든 유리 뚜껑 한 장이 포로들의 감금을 보장해 준다.

불투명한 원통을 씌운 표본병이 무엇을 알려 줄까? 많은 것을, 그것도 가장 흥미 있는 것을 알려 주었다. 우선 이것이다. 커다란 빵은 형태가 다양함에도 불구하고 곡선은 언제나 일정한데 굴려서 만들어진 것이 아니다. 자연 상태의 땅굴을 조사했을 때 이미 그렇게 큰 덩어리로 꽉 채워진 방안에서는 굴릴 수 없음을 알았다. 게다가 이 곤충의 힘으로는 그렇게 무거운 짐을 움직이지 못할 것이다.

가끔씩 조사해 본 표본병에서도 같은 결론이 반복된다. 즉 어미가 덩이에 올라가 여기저기 만져 보고, 튀어나온 곳을 가볍게 토닥거려서 물건이 완전해진다. 덩이를 뒤집으려는 기미는 전혀 보이지 않았다. 좌우로 굴리는 것도 여기서는 문제 밖임이 불을 보듯 뻔하다.

인내력을 가지고 반죽하는 곤충의 꾸준함과 정성을 보고 지금까지 전혀 생각지 않았던 세부적인 기술을 추측하게 되었다. 덩이에 왜 그토록 많은 잔손질을 하고, 이용하기 전에 왜 그토록 오래 기다릴까? 사실상 일주일도 더 지났는데 녀석은 여전히 누르고 매끄럽게 할 뿐 덩이를 이용할 생각은 않는다.

2 어쩌면 진왕소똥구리의 관찰 때 이용했던 방법을 다시 설명하려던 것이 아닌가 한다.

제빵 기사는 반죽을 실컷 주무른 다음 그것을 반죽 통 한구석에 뭉쳐 놓는다. 부피가 큰 덩어리에서는 발효열이 더 잘 일어난다. 녀석은 단지 모은 것을 모두 한 덩어리로 뭉치고 전체를 정성스럽게 반죽해서 임시로 둥근 빵을 만든 것이다. 더 맛있게 반죽하고 나중에 다루기 편하도록 적당히 단단하게 하는 은밀한 작용을 하는 데 필요한 시간적 여유를 준 것이다. 화학작용이 완전히 끝나기 전에는 뿔소똥구리도 빵집 조수처럼 기다린 것이다. 곤충으로서는 참으로 긴 시간이다. 적어도 일주일은 걸린다.

됐다. 빵집 조수는 큰 덩어리를 각각 빵 하나씩이 될 두 덩이로 나눈다. 뿔소똥구리 역시 머리방패와 앞다리의 톱을 써서 빙 돌아가며 홈을 내, 큰 덩어리를 일정한 부피의 조각으로 잘라 낸다. 칼질할 때 망설임도 없고 더 갖다 붙이거나 다시 떼어 내는 일 따위도 없다. 깨끗한 절단 단 한 번으로 필요한 크기의 반죽 덩이가 된다.

이제는 모양을 만들 차례이다. 이런 일에는 별로 어울릴 것 같지 않은 짧은 다리로 덩어리를 재주껏 안고 단지 누르는 행동만으로 둥글게 한다. 아직 형태가 잡히지 않은 구슬에서 묵직하게 옮겨 다니며 오르내리고 좌우로 돌고 다시 위아래로 오가며 질서 있게 여기는 더, 저기는 덜 누르면서 꾸준히 참을성 있게 손질한다. 그렇게 24시간이 지났을 때 모가 졌던 토막이 자두 크기의 완전한 공 모양이 되었다. 땅딸막한 기술자가 겨우 몸을 움직일 만한 어수선한 작업장에서 작품을 전혀 움직이지 않고 일을 끝냈다. 장시간의 인내력이 필요한데다 서툰 연장, 좁은 공간 등으로 안 될 것 같았던 기하학적 공 모양 물체를 얻어 낸 것이다.

곤충은 아주 조금만 불거진 부분이 있어도 그것이 없어질 때까지 다리로 부드럽게 문지르고 또 문지른다. 아직도 오랫동안 애정을 기울여 다듬으며 모양을 완성한다. 녀석의 꼼꼼한 손질은 영영 끝나지 않을 것 같은 기분이다. 하지만 둘째 날 끝 무렵에는 공이 적당하다고 판단한다. 어미는 건축물 지붕으로 올라가서 역시 누르기만으로 별로 깊지 않은 분화구를 만든다. 그러고 분지 안에 알을 낳는다.

그 다음, 그토록 거친 연장으로 지극히 조심스럽게, 또한 놀라울 정도로 섬세하게 분화구 둘레를 오므려서 알을 덮어 둥근 지붕이 된다. 어미는 천천히 돌면서 재료를 조금씩 긁어모아 위로 늘려서 막는 작업을 끝낸다. 이 작업이 모든 일 중 가장 까다롭다. 조심 않고 누르던가, 잘못 계산해서 되밀린다면 얇은 지붕 밑의 배아가 위험에 빠질 것이다. 막기 작업이 가끔씩 중단된다. 어미는 꼼짝 않고 이마를 숙인 채 밑에 있는 공동(공간)을 청진하고 그 안에서 무슨 일이 일어나는지 귀를 기울이는 것 같다.

모든 게 잘된 것 같은데 끈질긴 조작이 다시 시작된다. 꼭대기를 완성시키려고 옆구리를 얇게 긁어낸다. 그러면 꼭대기가 조금 뾰족하게 길어진다. 이렇게 해서 처음의 공 모양 대신 위쪽에 작은 꼭지가 달린 타원형이 생겨난다. 어느 정도 불거진 돌기 밑에 알의 부화실이 있다. 이 꼼꼼한 일에 또 24시간이 소비된다. 공을 만들고, 분지를 파고, 산란하고, 공 모양을 타원형으로 바꾸어서 막는다. 이 모든 과정에 시곗바늘이 네 바퀴, 때로는 더 많이 돈다.

곤충은 재료를 뜯어냈던 빵 덩이로 다시 가서 두 번째 조각을 떼어 낸다. 이 조각도 똑같이 조작하여 알이 든 타원형으로 바꾸며 세 번째, 잦게는 네 번째도 만든다. 하지만 어미가 모아 놓은 재료만 이용했을 때 이 수를 초과한 경우는 보지 못했다.

산란이 끝났다. 그래도 어미는 꼭지를 위로 향해 나란히 세워 놓은 요람 3~4개로 거의 가득 찬 집 안에 머문다. 이제는 어떻게 하려나? 아마도 오랫동안 굶은 것을 좀 보충하려고 외출하겠지. 하지만 이렇게 생각한 사람은 오산이다. 어미는 그대로 남아 있다. 땅속으로 내려간 다음, 어미는 먹지 않는다. 새끼의 식량인 빵을 나누어 입에 대는 일도 없으며 아무것도 먹지 않는다. 상속재산에 관한 한 뿔소똥구리의 조심성은 감동적이었다. 새끼들의 식량 부족을 막고자 굶주림을 무릅쓰는 헌신적인 곤충이다.

굶주림을 무릅쓰는 두 번째 동기는 어미가 요람 주변에서 경단을 지켜야 하는 데 있다. 6월 말부터는 소나기가 한줄기 오거나, 바람이 불거나, 행인의 발에 밟혀서 흙 둔덕이 없어져 땅굴을 찾아 내기가 무척 어렵다. 겨우 찾아 본 몇몇 땅굴에는 언제나 어미가 경단 무더기 옆에서 졸고 있었고 각 경단에는 거의 다 자라서 통통하게 살찐 애벌레가 잔치를 벌이고 있었다.

신선한 모래를 채워 놓은 화분, 즉 어두운 기구도 야외에서 알 아낸 것을 확인시켜 준다. 5월 전반기에 식량을 가지고 땅속으로 들어간 어미는 다시는 유리 뚜껑이 덮인 지면으로 나오지 않는다. 알을 낳은 뒤에도 굴속에 그대로 머문다. 삼복의 무더운 시기를 제 타원형 경단과 함께 지내는데 지하의 수수께끼에서 벗어난 표본병이 말해 주듯이 녀석도 틀림없이 경단을 지키고 있을 것이다.

9월이 되어 첫 가을비가 올 때쯤 비로소 어미가 밖으로 올라온다. 그때는 새 세대도 완전한 형태를 갖췄다. 따라서 땅속에 있던 어미는 제 가족을 알아보는데 이런 경우가 곤충 세계에서는 매우 드문 특권의 하나이다. 어미는 해방되려는 새끼들이 껍데기 긁는 소리를 듣고 자기가 그토록 정성스럽게 만들었던 상자가 깨지는 것을 본다. 만일 시원한 저녁에도 구슬이 충분히 연해지지 않았다면 어미가 지쳐 버린 새끼들을 도와줄지도 모를 일이다. 따뜻한 햇살이 내리쬐는 오솔길에 양의 만나(진수성찬)가 풍부할 때 어미와 새끼가 함께 지하실을 떠나 가을 축제를 즐기러 온다.

화분은 또 다른 사실 하나를 알려 준다. 굴에서 작업을 시작하려는 암수 몇 쌍을 쌍별로 분리해서 화분으로 이사시키고 양식을 후하게 제공했다. 각 쌍은 땅속으로 들어가 자리 잡고 식량을 끌어들인다. 열흘쯤 지나면 수컷이 지표면으로 올라오고 암컷은 나오지 않는다. 식량 더미는 끈질기게 빚어져서 둥글어졌고 산란도 끝나 화분 밑에 모인다. 아비는 어미의 일을 방해하지 않으려고 자진해서 방을 나와 다른 곳에 잠잘 곳을 마련할 생각이다. 하지만 화분의 좁은 테두리 안에서는 그럴 수가 없다. 그래서 모래나 배설물이 약간 있으면 그 밑에 겨우 몸을 숨긴다. 깊은 땅속, 시원함, 어둠을 좋아하는 녀석이 석 달 동안 끈덕지게 메마른 바깥 공기 속 밝은 곳에 머문다. 아비는 저 밑에서 이루어지는 거룩한 일들을 방해할까 봐 들어가기를 거절한다. 어미 방을

가족을
위해서라면……

존중하는 뿔소똥구리에게 후한 점수를 주어야겠다.

땅속에서 이루어져 알 수 없는 사실들을 관찰자의 눈앞에서 그대로 보여 주는 표본병을 다시 살펴보자. 알이 든 채 나란히 서 있는 3~4개의 경단이 거의 집 안 전체를 차지하여 겨우 좁은 통로만 남았을 뿐이다. 처음의 둥근 빵에서 남은 것은 거의 없다. 고작해야 부스러기 몇 토막만 남았는데 식욕이 생기면 그것을 먹는다. 하지만 무엇보다도 제가 제작한 구슬을 걱정하는 어미에게 식욕은 중대한 문제가 아니다.

어미는 이 경단, 저 경단으로 열심히 돌아다니며 만져 보고 들어 본다. 내 눈에는 흠집이 전혀 보이지 않는데도 흠집을 다시 손질한다. 밝은 곳에서 보는 내 망막보다 어둠 속에서 각질로 둘러싸인 녀석의 거친 다리가 지닌 통찰력이 더 큰가 보다. 공기가 들어와 건조해지는 것을 방지하려면 마땅히 없애야 할 틈새나 균질성의 결함을 다리가 발견하는지도 모르겠다. 그래서 매우 사려 깊은 어미가 경단 무더기 틈을 이리저리 미끄러져 다니면서 한배의 새끼를 건사하며 아주 작은 사고까지 해결한다. 내가 방해하면 배끝을 딱지날개 가장자리에 비벼서 소리를 낸다. 어떤 때는 거의 신음소리처럼 조용한 소리를 낸다. 이렇게 꼼꼼히 보살피는 것과 무더기 옆에서 조는 것을 번갈아 하는 동안 새끼의 성장에 필요한 3개월이 지나간다.

이렇게 오랫동안 감시하는 이유가 어렴풋이 보이는 것 같다. 구슬을 굴리는 왕소똥구리와 소똥구리는 굴속에 배 모양이나 타원형 경단을 결코 한 개 이상 만들지 않는다. 때로는 매우 멀리 굴려가야 하는 덩어리는 힘의 제약을 강력하게 받는데, 구슬이 애벌레한 마리의 몫으로는 충분해도 두 마리 몫으로는 부족하다. 가족을 매우 검소하게 키워서 굴려 온 전리품으로 조촐한 두 몫을 만드는 목대장왕소똥구리(*S. laticollis*)에게만 예외가 허용된 것이다.

다른 소똥구리는 알 하나를 위해 땅굴 하나를 파야 한다. 새집에서 완전히 정착하면—이것은 즉시 이루어진다—그 지하실을 버리고 다시 찾은 곳에서 땅파기, 경단 만들기, 그리고 산란을 한다. 떠돌이 습성을 가졌다면 오랫동안 감시하는 게 불가능하다.

그래서 왕소똥구리는 고통스럽다. 그런데 처음에는 균형미가 훌륭하던 녀석의 경단이 곧 금이 가고 비늘처럼 일어나며 부풀어 오른다. 여러 은화식물이 침범해서 망가뜨리고, 재료가 늘어나 경단을 터뜨리고 모양을 흉하게 만든다. 애벌레가 이런 불행과 어떻게 정정당당하게 겨루는지 우리는 알고 있다.

뿔소똥구리의 습성은 다르다. 식량을 멀리 굴려 가지 않고 그 자리에서 조각조각 뜯어내 저장한다. 그렇게 해서 하나의 굴 안에 낳은 알 모두에게 충분할 만큼 식량을 모을 수 있다. 여러 번 다시 나올 필요가 없으니 어미는 머물러서 감시하는 것이다. 경단은 항상 깨어 있는 어미의 보호를 받아 금이 가지 않는다. 어떤 틈이든 생기기가 무섭게 메워져서 그렇다. 쇠스랑으로 끊임없이 긁어 대는 땅에서는 아무것도 날 수가 없어서 기생식물이 경단을 덮지 못한다. 눈앞에 있는 타원형 경단 몇 타가 감시의 효과를 입증해 준다. 어느 것도 금이 가거나, 균열이 생기거나, 미세한 버섯의 침범을 받지 않아 표면이 완전하다. 하지만 어미의 감시에서 빼내 작은 병이나 양철통으로 옮겨 두면 역시 왕소똥구리의 경단과 같은 운명이 된다. 감시가 없어지면 더하든, 덜하든 심각한 파멸이 온다.

두 사례가 이 문제에 대해 알려 준다. 한 어미의 경단 세 개 중 두 개를 빼앗아 건조가 억제되는 양철통에 넣었다. 일주일이 채 끝나기도 전에 은화식물이 경단을 뒤덮었다. 그 기름진 땅에서는 별것이 다 나오는데 특히 하등 버섯이 좋아했다. 오늘은 가운데가 방추형으로 부풀고 눈물 같은 이슬방울이 나오는 짧은 섬모가 돋아났고 끝에는 새까만 대가리가 달린 결정질의 새싹들이 생겼다. 처음 눈길을 끈 이 미세한 출현물이 무엇인지, 내게는 책과 현미경을 참조해서 확정할 시간적 여유가 없다. 식물학상의 문제점이 별로 중요한 것은 아니다. 그저 검은색의 미세한 점이 있는 흰색 결정질 식물이 어찌나 빽빽하게 났던지, 검푸르죽죽했던 경단 색깔이 사라졌다는 것만 알면 된다.

세 번째 경단을 감시하던 어미에게 경단 두 개를 돌려주고 원통을 씌워서 어두운 곳에 조용히 놓아둔다. 한 시간도 안 되어 다시 찾아가 본다. 기생식물이 마지막 싹까지 잘리고 뿌리가 뽑혀서 완전히 사라졌다. 좀 전에는 그렇게도 빽빽하게 우거졌던 식물의 흔적을 돋보기로도 발견할 수가 없었다. 쇠스랑으로 긁어서 양호한 위생 상태에 필요한 청결함이 돌아온 것이다.

더 큰 시련, 즉 주머니칼로 구슬 꼭대기를 뚫어서 알이 드러나게 했다. 말하자면 자연에서도 일어날 수 있는 틈을 좀 과장해 만든 것이다. 그리고 어미가 참견하지 않으면 불법 침해를 당해 잘못될 위험에 놓인 요람을 어미에게 돌려주었다. 이때도 어둡기만 하면 어미가 재빨리 개입한다. 주머니칼로 들어 올려져 너덜너덜해진 조각들이 끌어당겨 서로 달라붙는다. 크게 모자라지 않는 재료를 옆구리에서 긁어 보충한다. 벌어졌던 틈이 아주 짧은 시간에 어찌나 잘 수리되던지 내가 뚫은 흔적이 조금도 남지 않았다.

더 위험하게 만들어서 다시 해본다. 구슬 네 개에 모두 주머니칼로 공격을 가했다. 부화실을 뚫어서 알은 불완전한 천장의 보호밖에 받지 못하게 되었다. 어미는 놀랄 만큼 부지런하게, 정정당당히 위험에 맞선다. 모든 것이 잠깐 사이에 다시 정돈된다. 아아! 잠도 언제나 한 눈만 감고 자는 이런 감시자가 있으니 왕소똥구리 작품에서 그렇게 자주 생기던 보기 흉한 틈이나 부풀어 오름이 뿔소똥구리에서는 일어날 수 없음을 확신하겠다.

알이 든 경단 네 개, 이것이 짝짓기 철에 땅굴을 파 커다란 빵에서 얻어 낸 전부였다. 산란이 이 숫자로 한정되었다는 뜻일까? 나는 그렇다고 생각한다. 대개는 산란 수가 이보다 적어서 세 개, 두 개, 때로는 한 개밖에 없을 때도 있다고 생각한다. 둥지를 틀 시기에 모래를 가득 채운 화분에 따로따로 놓인 하숙생은 필요한 식량이 지하실로 들어간 다음 다시는 올라오지 않았다. 화분 바닥에 누워 있는 일정 수의 구슬을 감시하던 어미가 다시 제공된 식량을 떼어다 구슬 수를 늘리겠다고 밖으로 나오지는 않았다.

생활할 수 있는 면적이 산란의 한계에 한몫할지도 모른다. 땅굴에 구슬이 서너 개면 더는 들어갈 틈이 없다. 다른 구슬을 놓아둘 자리가 없는데 자리를 뜨지 않는 어미는 취미로도, 의무로도 두 번째 땅굴을 팔 생각을 하지 않는다. 현재 시설에 더 넓은 공간이 있다면 실제적인 어려움은 없을 것이다. 하지만 넓으면 천장이 너무 길어서 무너질 염려가 있다. 내가 참견해서 천장이 무너지지 않는 넓은 공간을 주면 산란 수가 불어날 수 있을까?

그렇다. 수가 거의 곱절까지 불어날 수도 있다. 내 수단은 간단

했다. 표본병 하나에서 어미가 막 빚어낸 마지막 구슬까지 모두
빼앗았다. 둥근 빵도 남은 게 없다. 빵 대신 내 방식대로 만든, 즉
납작한 종이칼(spatule, 얇은 주걱)로 반죽한 뭉치를 주었다. 새로운
종류의 빵 제조공인 나는 곤충과 거의 비슷한 것을 만들었다. 독
자들이여, 나의 빵 제조 기술을 비웃지 마시라. 그 위에 과학이 깨
끗한 입김을 불어 주리라.

뿔소똥구리는 내가 주는 빵을 아주 잘 받아들였다. 그래서 다시
일을 시작하고 산란하여 내게 완전한 알 세 개를 선사했다. 모두 7
개인데 이런 식으로 얻은 것 중에서는 제일 많은 수였다. 다음 빵
도 녀석 마음대로 처분할 수 있는데, 집짓기에 쓰지 않고 직접 먹
어 버렸다. 난소가 바닥난 것 같다. 땅굴이 약탈당하자 공간이 생
겼고 어미가 거기를 이용해서 내가 준 빵으로 거의 곱절의 알을
낳게 한 것이 내가 달성한 수단이다.

자연조건에서는 이와 비슷한 것조차 있을 수 없다. 거기는 주걱
으로 반죽한 새로운 빵을 녀석의 굴속 화덕에 넣어 줄 착한 빵 공
장 조수가 없다. 그래서 시원한 가을이 될 때까지 한곳에 틀어박
혀 있을 뿐, 외출하지 않는 이 곤충의 산란에 한계가 있음이 입증
된다. 기껏해야 서너 마리가 가족을 이룬다. 오래전에 산란 시기
가 끝난 삼복 때 경단 한 개만 감시하는 어미를 파낸 적도 있다.
그 어미는 아마도 식량이 충분치 못해서 모성의 즐거움을 최소한
으로 줄였던 것 같다.

주걱으로 빚은 빵을 쉽게 받아들이니, 이 방법을 이용해서 실험
을 좀더 해보자. 재료가 많이 드는 커다란 빵 대신 어미가 산란 후
감시하는 두세 개의 경단과 모양이나 크기를 같게 흉내 낸 것 하

나를 빚는다. 이 모조품은 아주 잘 만들어져서 자연 경단과 섞어 놓으면 가려내지 못할 것 같은데, 이것을 표본병의 다른 경단 옆에 넣었다. 어미는 둥지에서 방해를 받자 한쪽 구석 적은 모래 밑에 쪼그리고 있는데 이틀 동안 조용히 놔두었다.

그 다음, 어미가 모조품 꼭대기에 올라가서 컵 모양으로 파내는 것을 발견하고 나는 얼마나 놀랐는지 모른다. 오후에는 알을 낳고 컵을 막았다. 나는 위치로만 내 작품과 진짜 작품을 구별할 뿐이다. 곤충이 완성시킨 내 작품은 맨 오른쪽에 있다. 모든 점에서 다른 것과 같았던 그 경단에 알이 없음을 곤충은 어떻게 알았을까? 어떻게 서슴없이 꼭대기를 분화구 모양으로 눌렀을까? 겉보기에는 알이 들어 있다고 볼 수 있었는데도 말이다. 곤충은 완성한 경단에다 다시 분화구를 파지는 않는다. 그러면 사기성 짙은 모조품인 인조 구슬을 어떤 안내자가 파내도 된다고 했을까?

다시 해보고 또 해보았다. 결과는 같았다. 어미는 내 작품과 제작품을 혼동하지 않고 내 것에다 알을 한 개씩 낳았다. 단 한 번, 식욕이 생겼던지, 내 빵을 먹는 것을 보았다. 속에 알이 들었는지 아닌지를 구별함이 여기서도 다시 입증된다. 시장기가 와도 알이 든 경단은 먹지 않았다. 겉보기에는 똑같은데 무슨 점을 쳐서 빈 구슬을 구별하고 공략했을까?

빈 똥구슬은 내가 접수한다.

내 작품에 흠이 있을까? 얇은 주걱으로 충분히 누르지 못해서 구슬을 완전히 단단하게 하지 못했을까?

불완전하게 조작해서 재료에 어떤 결함이 있었을까? 제빵 기술 면에서 내 능력 밖의 까다로운 문제들이다. 둥근 빵을 만드는 기술의 대가에게 도움을 청해 보자. 사육장에서 왕소똥구리가 굴리기 시작한 구슬을 빌려 오는데, 뿔소똥구리 구슬처럼 부피가 작은 것을 고른다. 이 구슬은 둥글지만 알이 든 뿔소똥구리 경단도 곧잘 둥글다.

자 그런데 빵 공장의 왕인 왕소똥구리가 빚어 결점이 없는 질 좋은 빵도 내 빵과 똑같은 운명을 겪는다. 어떤 때는 알이 들어가고 어떤 때는 먹히는데 부주의로 생기는 사고조차 없다.

이렇게 섞인 구슬 중에서 아직 생명이 들어가지 않은 재료는 가르고 이미 요람이 된 것은 존중하며 허용된 것과 금지된 것을 판단하여 구별하기는 인간 정도의 감각능력만으로는 안 될 것 같다. 시각을 내세우는 것은 소용없는 짓이다. 이 곤충은 완전히 깜깜한 곳에서 일한다. 이쪽저쪽 형태와 양상이 같아서 밝은 데서 일했어도 구별이 쉽지는 않을 것이다. 섞어 놓은 다음에는 우리의 정상 시력으로도 못할 것이다.

후각을 내세울 수도 없다. 재료는 언제나 변함없는 양의 배설물이다. 촉감도 내세울 수 없다. 각질의 껍질층 밑에 접촉하는 능력이란 어떤 것일까? 그런데 여기서는 민감한 감성이 필요하다. 게

다가 다리, 특히 발목마디, 촉수, 더듬이, 그 밖의 무엇이든 단단한 것과 무른 것, 거친 것과 매끈한 것, 둥근 것과 모난 것을 구별하는 능력이 있음을 인정하려면 왕소똥구리의 둥근 공이 우리에게 저돌적으로 외쳐 댄다. 재료, 반죽의 정도, 표면의 견고성, 모양 등으로 보아 왕소똥구리의 공은 확실히 뿔소똥구리 것과 똑같았다. 그런데도 녀석은 틀리지 않는다.

이 문제에서 미각을 관련시키는 것은 의미가 없다. 청각이 남아 있으나 끝까지 아니라는 말은 않겠다. 애벌레가 부화하면 어미가 주의를 기울인다. 엄밀히 말해서 애벌레가 방안 벽을 긁는 소리를 듣는다고 할 수 있다. 하지만 지금 방안에는 알밖에 없다. 알은 누구의 것이든 소리가 없다.

어미에게 남아 있는 방법은 도대체 무엇인지, 배신적인 내 행위를 실패시키려 했다고 말하지는 않겠다. ─ 문제는 한층 더 고차원적이다. 이 곤충이 어느 날 실험자의 계략을 피할 수 있는 특별한 재능을 타고난 것도 아니다. ─ 정상적인 자기 업무에서 난제를 방지하려는 어미에게는 어떤 방법이 남아 있을까? 어미가 둥근 공을 만들 때는 초보자였음을 잊지 말자. 둥근 뭉치는 형태 면에서도, 크기 면에서도 알이 들어 있는 경단과 별로 다르지 않았다.

평화는 어디에도, 땅속에서마저도 없다. 따라서 대단한 겁쟁이 어미가 공포의 순간, 머물렀던 둥근 물건에서 떨어져 다른 곳으로 피신했다면 나중에 어떻게 다른 경단과 제 것을 구별해서 다시 찾아내는지, 또한 구슬 꼭대기를 누르고 밀어 올려서 분화구를 닫을 때 알이 으깨지지 않으려면 어떤 방법으로 눌러야 할까? 여기에는 확실한 안내자가 필요하다. 안내자는 도대체 어떤 것일까? 나는 모르겠다.

이미 여러 번 말했지만 여기서 또 반복하련다. 곤충은 자기 업무와 일치된, 그야말로 예민한 감각 적성을 가지고 있는데, 우리에게는 비슷한 것조차 없어서 그런 적성을 추측할 수가 없다. 배냇소경은 빛깔에 대한 개념을 갖지 못했다. 우리는 우리를 둘러싼 헤아릴 수 없는 미지 속의 배냇소경과 같다. 답변할 수 없는 많고도 많은 문제가 제기된다.

8 스페인뿔소똥구리
- 어미의 습성

스페인뿔소똥구리(*Copris hispanus*) 이야기에서는 특히 두 가지 특성인 새끼 양육과 경단 제조 기술의 타고난 재주를 잊지 말아야 한다.

이 종은 난소의 생산능력이 매우 한정적임에도 불구하고 배아를 양산하는 다른 많은 곤충만큼 번성한다. 적은 산란 수를 모성애의 돌보기로 보충해서 그렇다. 다산하는 어미들은 대강 몇 가지조치를 취한 다음 자손을 운명에다 맡겨 버린다. 하나를 보존하려고 1,000을 죽이는 악운에 맡겨지는 수도 허다하다. 어미는 생명의 연회장에 내놓을 모든 유기체를 만들어 내는 공장이다. 그녀의 새끼는 겨우 부화했거나, 부화하기 전에 대부분 잡아먹힌다. 지나치게 많은 경우는 생물계 전체의 이익을 위해 몰살당한다. 이렇게 지나치게 다산하는 어미에게서는 모성애가 알려지지 않았고, 알려질 수도 없다. 삶이 예정된 것들은 그 형태가 다르다.

뿔소똥구리에게는 근본적으로 차별화된 다른 습성이 있다. 알서너 개, 이것이 미래의 전부이다. 이런 알을 기다리는 위험에서 녀석들을 어떻게 포괄적으로 보호해 낼까? 별로 많지 않은 이 알의 생존에도 다수가 무리를 이룬 알과 똑같이 용서 없는 투쟁이 있다. 어미는 그것을 알고 있기에 제 알을 구출하고자 자신을 희생하고, 바깥세상에서의 기쁨을 포기한 것이다. 밤에 먹을거리가 산더미처럼 쌓인 식당으로 날아가 파내기, 즉 분식성 곤충들에게는 가장 즐거운 활동을 포기하고, 땅속의 알 옆에 숨어 있다. 어미는 보육실에서 나오지 않고 감시한다. 기생식물을 쓸어 내 솔질하고, 금 간 곳을 메우고, 갑자기 몰려와 피해를 입히려는 자는 누구든 쫓아 버린다. 그런 자는 진드기(Acare→ *Parasitus fucorum*, 딱정벌레진드기), 호리호리한 반날개(Staphylins: *Staphylinus*), 소형 파리(Diptère: Diptera)의 구더기, 똥풍뎅이, 소똥풍뎅이 따위들이다. 9월에는 어미가 가족을 데리고 땅 위로 올라온다. 하지만 이제 어미가 필요 없어진 자식은 해방되어 제멋대로 산다. 새들도 이보다 더 헌신적인 모성애를 갖지는 않았다.

　두 번째 특성은 이렇다. 산란 시기에는 능란한 구슬 제작자인 뿔소똥구리가 나라는 인간에게 주어진 진리 탐구능력 안에 머물

뿔소똥구리 몸통이 매우 두꺼우면서도 몸길이는 18~28mm로 우리나라의 소똥구리 무리 중 가장 크다. 스페인뿔소똥구리처럼 소나 말똥 밑에 굴을 파고 먹잇감을 끌어내리며, 어미는 알을 낳은 경단을 지킨다. 횡성, 30. VII. '96

러 있어서 불안했던 내게 정리(定理)를 해석할 수 있게 해준다. 자, 여기에 구슬 제조 기술에 필요한 연장을 갖추지 못한 곤충이 있다. 물론 그 기술이 개별적인 행운과는 별개의 문제이다. 녀석은 발견한 그대로 파묻고 먹을 뿐, 식량을 반죽하는 적성이나 습성이 없다. 식량을 신선하게 보존하는 데 필요한 공 모양의 특성도 전혀 모른다. 일상생활에서는 전혀 준비가 없었던 어미가 갑자기 영감으로, 제 새끼에게 물려줄 유산을 공 모양이나 타원형으로 만든다.

어미는 짧고 서툰 다리로 새끼의 양식을 교묘한 공 모양으로 빚는다. 대단히 어려운 일이나 주의를 기울이고 끈기있게 어려움을 극복해 낸다. 이틀, 아주 길어도 사흘 안에 둥근 요람을 완성한다. 땅딸막한 어미가 어떻게 물체의 기하학적 구조를 정확히 조절했을까? 왕소똥구리(*Scarabaeus*)나 소똥구리(*Gymnopleurus*)는 컴퍼스 다리에 끼우듯이 일감을 껴안을 수 있는 긴 다리를 가졌다. 하지만 뿔소똥구리 다리는 껴안을 너비가 못 되니, 녀석에게는 공 모양에 유리한 연장이 없다. 그래서 둥근 것 위에 올라앉아 주의를 기울이는 것으로 부족한 연장을 보충한다. 전체적으로 열심히 만져 보며 조사해서 곡선의 정확성을 판단하는 것이다. 꾸준함은 녀석의 서투름이 거절할 것 같아 보였던 것을 결국 이겨 낸다.

이때 모든 사람의 입에서 하나의 질문이 터져 나온다. 이 곤충의 습관에 왜 그렇게 갑작스런 변화가 일어났을까? 자유롭게 사용할 연장과는 무관한 일에 왜 그렇게 끈질긴 인내력을 발휘할까? 완성하는 데 그토록 많은 시간이 걸리는 타원형은 무엇에 유리할까?

이 질문에 대해 내가 할 수 있는 대답은 하나밖에 없다. 식량을 신선한 상태로 보존하기 위해 공 모양으로 만들 필요가 있다는 점이다. 뿔소똥구리는 6월에 집을 짓고 애벌레는 삼복중에 몇 인치밖에 안 되는 깊이의 땅속에서 자란다는 사실을 다시 한 번 기억해 보자. 한증막 같은 그때는 식량의 증발이 가장 덜 되는 형태로 만들어야 오래도록 먹을 수 있다. 경단 제조 곤충인 왕소똥구리와는 습성과 구조가 매우 다르지만 뿔소똥구리도 애벌레 상태에서는 같은 위험에 놓여 있고, 위험을 피하려고 왕소똥구리의 원리를 채택한 것이다. 훌륭한 지혜가 돋보이던 원리 말이다.

나는 둥근 통조림을 만드는 곤충 5종과 분명 같은 경단을 가졌을 다른 지방의 수많은 경쟁자를 철학적 명상에 맡기련다.※ 그러고 건조의 위험이 있는 식량을 위해 부피는 좀 더 크고 표면은 작은 상자를 생각해 낸 곤충을 살펴보고 어떻게 곤충의 암담한 지능 안에 그토록 논리적인 착상과 그토록 합리적인 예측이 나타날 수 있는지 물어보련다.

사실의 세계로 내려가 보자. 뿔소똥구리의 구슬은 소똥구리(*Gymnopleurus*) 작품보다 덜 우아한 편이나 대개가 거의 뚜렷한 타원형으로 공 모양과 크게 다르지 않다. 소똥구리의 작품은 배 모양 경단과 비슷하거나

※ 아르헨티나 팜파스(Pampas)에서 반짝뿔소똥구리(*Phanaeus splendidulus*)가 만든 물건을 받았다는 이야기를 쓴 지는 이미 오래되었다.(역주: 『파브르 곤충기』 제6권에 나오므로 아직 발표되지 않았다.) 이 행운은 부에노스아이레스(Buenos-Ayres)의 라 살르(La Salle) 중학교 쥐될리앙(Judulien) 수사(修士) 덕분이다. 기독교 학교의 열성적인 곤충학자가 내 추측을 확인시켜 주어 무척 기뻤다. 살아 있는 보석인 이 곤충도 식량이 너무 빨리 마르는 것을 막는 데는 큰 부피에 작은 표면적이 필요함을 정말로 알고 있었다. 스페인뿔소똥구리의 경단보다는 좀 작지만 공 모양과 크게 다르지 않은 타원형이었다. 공기 유통의 중요성 역시 잘 알고 있었다. 위쪽 끝에 있는 알 방은 얇은 층의 가는 섬유질 천장으로 덮여 공기가 매우 잘 스미는 펠트 마개였다. 나머지는 균일하게 빽빽한 반죽으로 되어 있다. 지구상의 이 끝에서 저 끝까지 분식성 곤충의 기술은 같은 원리에 근거를 두었다. 이곳 뿔소똥구리의 기술은 여기서 끝난다.(역주: 즉 다른 기술은 일치하지 않는다는 이야기이다.) 팜파스의 경단 제조가인 반짝뿔소똥구리는 진왕소똥구리처럼 땅굴에 새끼를 한 마리만 낳았다.

적어도 새알을, 특히 그 크기 때문에 참새 알을 연상시킨다. 뿔소똥
구리 작품은 튀어나온 끝 부분이 별로 두드러지지 않아서 야행성
육식 조류인 올빼미, 부엉이, 수리부엉이 따위의 알을 더 닮았다.

경단의 평균 길이는 40mm, 너비는 34mm이다. 표면은 전체적
으로 눌리고 다져져서 단단하고 흙이 조금 묻은 껍데기가 되었다.
튀어나온 끝을 주의해서 찾아보면 올 풀린 짧고 가는 섬유가 곤두
선 달무리 같은 것이 발견된다. 처음의 공 모양이 파이면서 생긴
작은 컵 안에 알을 낳고는 이미 말한 것처럼 구멍 둘레를 차츰 접
근시킨다. 그래서 끝이 튀어나오게 된다. 타원체를 살살 긁어서 재
료를 조금씩 위로 끌어올려 부화실의 천장을 만들어 마감 작업을
한다. 무너져 내리면 알을 파멸시킬 둥근 지붕에서는 누르기 작업
을 아주 줄인다. 그래서 단단한 껍데기가 없고 가는 섬유 조각들이
곤두선 달무리 모양이 남은 것이다. 공기와 열의 침투성이 있는 일
종의 펠트인 달무리 바로 뒤에 알의 작은 독방인 부화실이 있다.

뿔소똥구리 알은 왕소똥구리나 그 밖의 분식성 곤충 알처럼 매
우 크다는 점이 이미 주목을 끌었는데 부화하기 전에 훨씬 커져서
2~3배나 된다. 방안은 녀석에게 영양분이 될 식량에서 발산하는
습기로 가득했다. 새알은 구멍이 많은 석회
질 껍데기를 통해서 가스 교환이 이루어지
는데 이는 재료를 소진하면서 생명이 만들
어지는 호흡 작용이다. 이 작용은 파괴의
원인인 동시에 생명 제조의 원인이기도 하
다. 단단하게 굳은 껍데기 속에서는 내용물
이 늘어나지 않고 되레 줄어든다.

알과 부화실을
보여 주는 단면도

그런데 뿔소똥구리와 분식성 곤충의 알은 진행 방식이 다르다. 생명을 위한 공기의 협력이 항상 존재함에는 의심의 여지가 없다. 그런데 난소가 점점 더 비축하게 될 새 재료가 흘러든다. 방안에서 증발된 것이 매우 연약한 알의 막을 통해 내향삼투(內向滲透)로 스며든다. 그래서 알은 양분이 늘며 부풀어 세 배까지도 커진다. 점진적인 발육을 주의해서 지켜보지 않은 사람은 알을 낳은 어미와 어울리지 않게 터무니없이 커져 버린 마지막 단계의 알을 보고 매우 놀랄 것이다.[1]

부화에 15~20일이 걸려 영양 섭취가 상당히 오랫동안 계속된다. 알이 풍부하게 받아들인 보충 자양분 덕분에 애벌레는 이미 상당히 자란 상태로 태어난다. 여타 많은 곤충의 어린 애벌레처럼 겨우 생명이 붙은 점처럼 허약해 보이는 게 아니라 생의 행복에 겨워 집 안에서 팔딱거리고 등을 부풀리며 구르는, 제법 튼튼한 애벌레로 태어난다.

애벌레는 윤이 나는 흰색인데 두개골은 연노랑 빛이 약간 돈다. 녀석의 몸통 끝에서 흙손이 벌써 현저하게 드러난다. 왕소똥구리가 방안의 틈새를 메울 때 그 용도를 보여 주었던 경사진 평면과 둘레의 테두리 말이다. 그 연장으로 미래의 직업을 알만 하다. 지금은 이렇게 멋진 꼬마야, 너도 배낭처럼 생긴 애벌레가 되어 똥을 싸며, 창자가 제공하는 시멘트를 열심히 다루는 석고장이가 되겠구나. 하지만 나는 그 전에 너로 실험을 해야겠다.

네가 제일 먼저 먹는 것은 무엇이냐? 나는 언제나 네 집 안의 벽에서 반유동체의 푸르스름한 칠, 즉 빵에 엷게 바른 퓌레처럼 번들

---

1 뿔소똥구리뿐만 아니라 풍뎅이 계열의 알은 거의 모두 이렇게 커진다.

번들한 것을 보았다. 갓 태어난 너의 허약한 위장을 위한 특별 요리이더냐? 네 어미가 토해 놓은 맛있는 음식이더냐? 왕소똥구리를 처음 연구할 때는 그렇게 생각했었다. 하지만 금풍뎅이(*Géotrupes: Geotrupes*)를 포함한 여러 분식성 곤충의 방안에서 비슷하게 칠해진 것을 보아 온 지금은 일종의 이슬, 즉 기공이 많은 재료를 통해서 걸러져 나온 정화액을 벽에 모아 놓는 단순한 삼출(滲出)의 결과가 아닐까 하는 생각이다.

어미 뿔소똥구리의 관찰은 어느 종보다도 편하다. 나는 어미가 둥근 구슬로 올라가서 꼭대기에 분화구를 파는 순간을 여러 번 보았는데 토해 내는 것 같은 행위는 전혀 보지 못했다. 방금 오목하게 파인 곳도 나머지 부분과 다르지 않았다. 혹시 적당한 순간을 놓쳤는지는 모르겠다. 더욱이 빛이 들어가게 골판지를 들어 올리면 바로 작업을 중단하니 슬쩍 훔쳐볼 수밖에 없었다. 이런 상황에서는 무한정인 비밀을 놓칠 수도 있다. 이 난관을 교묘하게 피해서, 갓 난 애벌레에게 어미의 위장이 만들어 낸 특별한 종류의 젖이 필요한지 알아보자.

사육장의 왕소똥구리가 좀 전에 만들어서 즐겁게 굴려 가는 구슬을 빼앗았다. 지저분한 흙을 떼어 내려고 한곳의 껍질을 벗겨 낸 다음, 바로 그 자리에 연필의 뭉툭한 쪽을 박았다. 깊이 1cm의 구멍이 만들어졌고 거기에 방금 부화한 뿔소똥구리의 어린 애벌레 한 마리를 넣었다. 갓난이는 아직 아무것도 먹지 않은 상태로 벽 전체가 완전히 균일한 좁은 방안에 놓인 것이다. 따라서 어미가 토해 냈거나 저절로 스며 나온 크림이 전혀 없는 상태였다. 이런 환경 변화에서 어떤 결과가 나올까?

유감스러운 일은 전혀 없었다. 애벌레는 태어난 고향 방에서처럼 건강하게 잘 자랐다. 결국 내가 처음에는 착각에 빠졌던 것이다. 분식성 곤충의 알 방을 항상 덮고 있는 고운 칠은 단지 스며 나온 것이다. 애벌레가 처음으로 먹을 때 그것에서 이익은 있겠지만, 반드시 필요한 것은 아니다. 오늘 실험은 이렇게 입증했다.[2]

실험 대상인 애벌레는 뻥 뚫린 구멍 속에 들어 있다. 이런 상태로 남겨 둘 수는 없다. 어둠과 명상을 좋아하는 어린 애벌레에게 지붕이 없다는 것은 기분 나쁜 일이다. 훤하게 뚫린 지붕을 어떤 방법으로 가려서 해결할까? 아직은 소화시킨 것이 없어서 배낭 안에는 접착제 재료가 없다. 따라서 시멘트를 다루는 흙손도 작동할 수 없다.

하지만 어린 애벌레가 아무리 초보자라도 나름대로 수단이 있다. 녀석은 석고장이 대신 석재로 건축하는 석공이 된다. 방안의 벽에서 다리와 큰턱으로 한 조각씩 떼어 내 구멍 앞에 쌓는다. 방어 공사를 빨리 진행해 모은 조각으로 곧 천장을 막는다. 이 천장은 저항력이 없어서 내 입김만 불어도 무너진다. 하지만 곧 입질이 시작되어 창자가 채워질 것이고, 그러면 필요한 품목을 갖춘 애벌레 열린 틈에 시멘트를 부어서 건조물을 튼튼하게 할 것이다. 잘 접착되면 빈약하던 벽장이 단단한 천장으로 바뀔 것이다.

이 애벌레에게는 평화를 돌려주고 중간 정도 자란 다른 애벌레를 조사해 보자. 주머니칼로 경단의 위쪽을 뚫어서 몇 제곱 밀리미터의 하늘 창을 냈다. 애벌레가 즉시 창에 나타나 불안하게 재난을 알아본다. 방안에서 몸을 돌리더니 뚫린

---

2 요즘 그 물질이 면역성을 가졌는지에 관심을 두는 학자들이 있다. 만일 면역성 물질이라면 어미가 만들어 냈다고 보아야 할 것이다.

곳으로 다시 오는데 이번에는 둘레에 테두리가 진 넓은 흙손을 내보인다. 벌어진 틈에 대고 시멘트를 찔끔찔끔 쏟아 낸다. 하지만 생산품이 너무 묽어서 물 같다. 이런 것은 번지며 흘러내릴 뿐 빨리 굳지 않는다. 다시 쏟아 내고 다음에 또 한 번, 그러고 연거푸 한 번씩 쏟아 붓는다.

하지만 헛수고였다. 석고장이가 다시 시작하지만 소용없고 흐르는 재료를 큰턱과 다리로 긁어모으며 애써 보지만 역시 소용없다. 회반죽은 여전히 너무 묽고 구멍은 막히지 않는다.

안간힘을 다하는 가엾은 벌레야, 네 자매를 본받아 보려무나. 방금 전 어린 애벌레처럼 해보란 말이다. 벽에서 떼어 낸 조각들로 버팀목을 만들어라. 그러면 그 비계 위에서 너의 묽은 접착제가 제대로 이용될 것이다. 크게 자란 벌레는 제 흙손만 믿을 뿐, 그 방법은 생각하지 않는다. 어린것은 약삭빠르게 해치운 울타리를 이 녀석은 뚜렷한 결과도 없이 지쳐 버린다. 아주 어린 녀석이 할 줄 알았던 것을 더 자란 녀석은 알지 못하게 된 것이다.

곤충의 기술은 이렇게 어느 시기에만 쓰이다가 버려지고 완전히 잊혀져 며칠 차이로 재주가 달라진다. 시멘트를 갖지 못한 어린것은 석재의 이용 수단이 있었는데 접착제를 많이 가진 애벌레는 건축을 무시한다. 아니, 그보다도 건축하기를 모르게 되었다. 어릴 때보다 필요한 연장이 더 잘 갖춰졌는데도 그렇다. 허약했던 며칠 전에는 아주 잘 알았던 방법을 이제는 기억하지 못한다. 얇은 두개골 속에 기억력이 있다손 치더라도 정말로 형편없는 기억력이로다! 하지만 시간을 오래 끌면 쏟아 놓은 재료가 증발해서 빠른 수리 방법을 잊어버린 녀석도 마침내 하늘 창을 막는다. 흙손으로 애쓰는 것이 거의 한나절이나 걸렸다.

이번에는 어미가 필사적으로 애쓰는 녀석을 도우러 오는지 시험해 보고 싶었다. 알의 천장을 뚫어 놓았을 때 어미가 부지런히 수리하는 것을 보아 왔다. 어미는 알에게 해주던 일을 이미 자라난 애벌레에게도 해줄까? 허약한 석고장이가 불안해하는 갈라진 경단을 고쳐 줄까?

좀더 확고한 실험을 위해 수리 책임을 진 어미의 것이 아닌 경단을 택했다. 야외에서 구해 왔는데 돌이 많은 땅에 들어 있던 것들이라 모양이 제멋대로 울퉁불퉁했다. 거기서는 넓은 작업장을 이용하기 곤란해 정확한 기하학적 구조를 제작하기 불리했다. 게다가 내가 운반할 때 충돌을 피하려고 경단 사이에 넣은 철분이 함유된 모래로 껍질이 불그스레해졌다. 어쨌든 더러운 것이 별로 없고 넓은 표본병에서 정성스럽게 빚어져 완전하고 깨끗한 타원형과는 상당히 달랐다. 그 중 두 개의 꼭대기에 구멍을 냈더니 애벌레가 즉시 제 방식대로 메우려 하나 성공하지 못한다. 하나는 증거용으로 사육장에 넣었고 다른

하나는 어미가 훌륭한 경단 두 개를 지키고 있는 표본병에 넣었다.

오랜 기다림 없이 반 시간 뒤에 골판지를 열어 보았다. 어미는 새로 들여온 구슬 위에서 바쁘게 움직이는데 어찌나 몰두

했던지 빛이 들어가도 전혀 개의치 않을 정도였다. 덜 긴급한 상황이었다면 못마땅한 빛을 즉시 피해 내려가서 쪼그리고 있을 것이다. 그런데 지금은 피하지 않고 태연하게 일을 계속한다. 내가 보는 앞에서 붉은 껍질을 긁어내고 깨끗한 표면에서 재료를 긁어다 틈 위에 펼쳐서 땜질을 한다. 아주 빠르게 밀봉된 담장이 생겼다. 나는 봉인하는 곤충의 능란한 솜씨에 감탄했다.

그런데 뿔소똥구리가 제 것이 아닌 경단을 수리하는 동안 사육장에 넣어 두었던 경단의 주인은 어떻게 되었을까? 애벌레는 굳지 않는 시멘트를 쓸데없이 자꾸 퍼부으며 성과 없이 애쓴다. 아침나절에 시작한 실험인데 오후에 가서야 겨우, 그것도 아주 서툴게 막았다. 반면에 어미가 주워 온 자식의 재난을 훌륭하게 물리치는 데는 20분도 채 안 걸렸다.[3]

어미는 그보다 더 훌륭한 일을 했다. 제일 시급한 일을 처리해 주어 괴로워하는 애벌레를 구제한 다음 하루 종일, 밤새, 그리고 이튿날까지 땜질했던 경단에 머물렀다. 발목마디로 세심하게 손질하여 달라붙은 흙층을 털어 내고 울퉁불퉁한 것도 없앴다. 거친 곳은 매끈하게 하고 곡선도 제대로 만들어 놓았다. 그래서 처음에는 보기 흉하고 더럽던 것이 표본병에서 빚은 경단과 정확성 면에서 경쟁할 만큼 완전한 타원형이 되었다.

---

[3] 반시간 뒤에 열어 보았다는 앞의 설명을 참고해 보면 너무 과장된 표현이다.

의붓자식에 대한 이런 정성은 참으로 주목거리였다. 실험을 계속해야겠다. 두 번째 경단을 앞에서처럼 표본병에 넣는데, 이번에는 꼭대기 구멍을 먼저보다 훨씬 크게, 1/4cm²가량 뚫었다. 어려움이 추가되는데도 수리 를 해낸다면 공로가 그만큼 커지는 셈이다.

실제로 그 구멍은 막기가 더 어려웠다. 크고 토실토실한 애벌레는 미친 듯이 몸을 흔들어 대며 구멍에다 똥을 쌌다. 어미는 구멍으로 몸을 기울여 녀석을 위로하는 것 같았다. 마치 요람 위로 몸을 숙이고 들여다보는 유모 같다. 하지만 다리로는 아주 열심히 도와준다. 발로 뻥 뚫린 구멍 둘레를 긁어서 막을 재료를 모아 보지만 지금은 절반쯤 말라서 탄력성이 없다. 잘 붙지도 않고 틈을 메우기에는 양도 너무 적다. 상관없다. 애벌레는 여전히 접착제를 쏟아 내고 어미는 긁어모은 것을 섞어서 굳히고 두드리다 보니 구멍이 막혔다.

볼품없는 일을 하는 데 오후 시간 전부가 필요했다. 좋은 교훈이었으며 이제는 좀더 신중해야겠다. 좀더 연한 경단을 골라서 구멍을 뚫을 게 아니라 벽을 조각조각 도려내서 애벌레가 드러나게 해야겠다. 어미는 그 조각을 다시 가져다 맞추고 서로 때우면 된다.

세 번째 경단으로 그렇게 했더니 잠깐 사이에 완전히 수리되어 주머니칼의 흔적이 전혀 남지 않았다. 어미가 좀 쉴 수 있게 상당히 긴 시간 간격을 두고 네 번째, 다섯 번째, 그 다음 경단에도 그렇게 했다. 이제 그릇이 차서 말린 자두를 담은 병처럼 되었을 때 중단했다. 모두 12개였는데 그 중 10개가 주머니칼로 구멍이 뚫렸었고 모두 의붓어미가 수리하여 훌륭한 상태가 되었다.

이 이상한 실험에서 몇 가지 흥미 있는 점을 개관할 수 있다. 표

본병의 용량이 허락했다면 이 실험을 계속할 수도 있었을 것이다. 파괴된 것을 그렇게 많이 수리했는데도 줄어들지 않는 뿔소똥구리의 열성과, 처음이나 마지막이나 똑같은 부지런함은 어미로서의 정성이 바닥나지 않았다는 증거가 된다. 이쯤해두자. 이것으로 충분하고도 남는다.

이제 경단의 배열을 눈여겨보자. 세 개만 있으면 방 바닥을 모두 차지한다. 따라서 다른 것이 생기면 그대로 층층이 쌓이는데 마지막에는 4층짜리 무더기를 이루었다. 전체적으로는 상당히 어수선했으며 매우 좁던 골목은 구불구불한 진짜 미로가 되었다. 그래서 어미가 그 사이로 빠져 다니려면 힘이 든다. 살림살이를 정리한 어미는 아래쪽 무더기 밑의 모래 위에 머문다. 이때 쌓인 무더기의 맨 위에, 즉 3층이나 4층에 새로 깨진 방 하나가 들어간다. 뚜껑을 덮고 몇 분간 참았다가 다시 와 보자.

어미는 깨진 경단 위에 올라가서 땜질을 한다. 아래층에 있으면서 어떻게 다락방에서 일어난 사고를 알았을까? 저 위에서 애벌레 한 마리가 도움을 청한다는 걸 어떻게 알았을까? 토실토실한 아기가 곤경에 빠져 울부짖으면 유모가 달려온다. 그런데 애벌레는 소리를 못 내니 아무 말도 하지 않았다. 필사적인 몸짓에서도 소리는 나지 않는다. 그런데도 지키고 있던 어미는 벙어리의 말을 들은 것이다. 어미는 침묵의 소리를 듣고 보이지 않는 것을 본다. 우리의 본성에 있는 아주 생소하고 몽테뉴(Montaigne)[4]의 말처럼 이성을 혼란스럽게 하는 수수께끼 같은 지각에 대해 나는 갈피를 잡지 못하겠고 누구라도 그럴 것이다. 그냥 지나가자.[5]

나는 곤충 중 재능을 가장 많이 부여받은 벌들이 남의 알을 얼마나 거칠게 다뤘는지를 말했었다. 뿔가위벌(*Osmia*), 진흙가위벌(*Chalicodoma*), 그 밖에 다른 벌도 곧잘 잔인한 짓을 한다. 복수할 때나 산란이 끝나갈 무렵 갑자기 나타나는 착란의 시기에는 이웃집 방안의 알을 집게 같은 큰턱으로 꺼내서 사납게 던져 버린다. 무자비하게 깨뜨리거나 배를 가르기도 하고 심지어는 먹기까지 한다. 착하고 어진 뿔소똥구리와는 얼마나 먼 이야기더냐!

이 분식성 곤충은 가족 간의 연대 의식이 있다고 해야 할까? 주위 온 아이들 돌봐 주기를 실천한 행동을 인정해서 빛나는 영예를 어미에게 주어야 할까? 하지만 그것은 비상식적인 일일 것이다. 남의 새끼를 그렇게 부지런히 도와준 어미는 분명히, 제 새끼를 위해 일하는 것으로 알았을 것이다. 실험 대상인 어미는 자신의 경단이 두 개뿐이었는데 나로 인해 10개를 더 가지게 되었다. 그런데 마른 자두 모양이 천장까지 가득 찬 표본병 속에서 실제 제 가족과 우연히 얻어진 가족을 구별하지 않고 똑같이 보살폈다. 녀석의 지능으로는 가장 간단한 수, 즉 하나와 배수, 적은 것과 많은 것을 구별할 줄 모른다고 해야 할 것이다.

어두워서 그랬을까? 아니다. 정말로 빛이라는 인도자가 없어서 그랬다면 내가 자주

4 16세기 프랑스 사상가. 『파브르 곤충기』 제4권 3장 참조
5 소똥구리 계열 대부분은 애벌레 시대에 발음기관이 작은턱 안쪽에 있으며 실제로 매우 작은 소리를 낸다.

찾아가서 불투명한 골판지를 벗겼을 때, 이상한 것이 많이 쌓였음을 알아볼 기회가 있었다. 게다가 달리 알아볼 방법도 있지 않던가? 자연 상태의 땅굴에서는 세 개, 기껏해야 경단 네 개가 모두 땅바닥에 놓여 있어서 무더기는 한 층뿐이었다. 그런데 보태 준 것까지 합쳐져서 4층으로 쌓였다.

뿔소똥구리 저택에서는 일찍이 위로 올라가는, 즉 그와 비슷한 것을 본 적이 없다. 또한 미로를 통해서 올라갈 때 쌓여 있는 물건과 접촉하며 만져 보았다. 세어 보고 알아낸 것도 없다. 이 곤충으로서는 모든 것이 한배의 새끼들이고 꼭대기에서도 당연히 밑에서와 똑같은 정성으로 보살필 가족이었다. 내 계략은 얻은 10개와 녀석이 실제로 낳은 2개가 어미의 산수에서는 같은 수였다.

나는 이 이상한 계산기를 다윈의 뜻대로 곤충에게도 이성의 희미한 빛이 있다고 주장하는 사람에게 넘겨주련다. 둘 중 하나이다. 즉 희미한 빛이 아무것도 아니든가, 뿔소똥구리가 주워 온 녀석의 불행을 훌륭하게 추리해서 불쌍한 마음을 갖는 곤충계의 벵상 드 폴 성인(St. Vincent de Paul)[6]이든가 둘 중 하나이다. 골라잡아라.

원칙을 살리려고, 어쩌면 비상식 앞에서도 후회하지 않고, 그래서 동정받는 뿔소똥구리가 언젠가는 진화론자의 윤리학 책에 나올지도 모른다. 어디에 그러지 말라는 법이라도 있는가? 같은 이념을 주장하려고 주인을 잃고 슬픔에 빠져 죽어 버리는 다정다감한 마음의 소유자인 구렁이(보아 왕뱀) 이야기를 벌써 끌어넣지 않았던가? 아아! 애정 어린 파충류! 사람을 고릴라로 돌아가게 하려는 생각으로 편집한 교훈적인 이 이야기들, 내가 그런 것들을 만날 때의 잠시 어느 순

---

6 1581~1660년. 프랑스 자선 사업가

154

간, 즐거운 기분이 든다. 이제 그만 하자.

내 친구 뿔소똥구리야, 이제는 너와 나 단둘이서 풍파를 일으키지 않는 일에 대해 말해 보자. 옛날에 네가 누리던 호평의 원인을 말해 주지 않겠느냐? 고대 이집트 사람은 너를 분홍빛 화강암과 반암(斑岩)에 새겨 넣고 찬양했다. 오오, 아름다운 뿔을 가진 나의 벌레야, 이집트 인은 네게도 왕소똥구리와 동등하게 공경했다. 너는 종교적 전통에 따른 곤충학에서 두 번째 자리를 차지했었다.

호루스 아폴로(Horus Apollo)는 뿔을 가진 신성한 소똥구리가 두 종류라고 했다. 머리에 뿔이 한 개뿐인 것과 두 개인 것이란다. 전자는 표본병의 손님으로 있는 바로 너든지, 적어도 너와 아주 비슷한 어떤 종류이다. 만일 이집트 사람이 네가 방금 알려 준 것들을 알았다면, 분명히 너를 왕소똥구리 위에 모셨을 것이다. 왕소똥구리는 집을 버리고 나가서 경단을 만드는 떠돌이이다. 녀석은 가족에게 양식을 한 번 마련해 주고는, 곤경에서 재주껏 벗어나라며 내버려 두니 하는 말이다. 처음 기록되는 너의 놀라운 습성을 전혀 모르면서도 공로를 예측했으니 칭찬받을 자격이 있다.

대가들에 따르면 뿔이 두 개인 후자는 박물학자들이 이름을 이시스뿔소똥구리(C. d' Isis: *Heliocopris gigas*)라고 붙인 곤충일 것이다. 나는 이 곤충을 그림으로밖에 보지 못했다. 하지만 그 모습이 무척 인상적이라 이 늘그막에도 어린 시절처럼 저기 누비아(Nubie)[7]로 가서 어느 낙타 똥 밑을, 태양을, 즉 오시리스(Osiris)[8]가 풍요롭게 하는 자연을, 그리고 숭고한 부화의 신 이시스(Isis)[9]의 상징인 이 곤충을 조사하고자 나일 강변을 뛰어다니길 열망할 지경이다.

7 아프리카 동북 지방
8 자연의 신
9 호루스의 어머니. 나일 강을 상징하는 이집트 여신

아아! 이 바보야! 네 배추나 가꾸고 무씨나 뿌려라. 그래도 네가 더 나빠지지는 않을 것이다. 네 상추에 물이나 주면서 똥을 뒤지는 곤충의 지혜만 알아보겠다면 그때는 우리의 조사가 얼마나 헛된 것인지를 확실히 깨달아라. 야심을 줄여라. 그래서 사실을 기록하는 사람의 임무에 머물러라.

그래야겠다. 왕소똥구리 애벌레와 닮은꼴인 이 애벌레에 대해 여기서는 별로 흥밋거리가 되지 않는 아주 미미한 사항밖에는 특별히 말할 게 없다. 등 가운데 혹이 나온 것도 같고 마지막 배마디가 비스듬하게 매달려서 윗면이 흙손처럼 펼쳐진 것도 같다. 외관상으로는 똥을 빨리 싸며 자신을 보호하는 틈새 막기 기술을 알고 있다. 하지만 왕소똥구리 애벌레보다는 수준이 떨어진다. 애벌레로 머무는 기간은 1~1.5개월이다.

7월 말경 번데기가 나타나는데 처음에는 전체가 노란 호박색이다가 다음에는 머리 윗면, 뿔, 앞가슴, 가슴, 다리는 밝은 빨간색이 되고 딱지날개는 아라비아고무 같은 연한 빛을 띤다. 한 달 뒤인 8월 말에 성충의 모습이 미라의 허물을 벗는다. 그때 미묘한 화학적 변화로 가공된 녀석의 외투는 갓 태어나는 왕소똥구리의 외투처럼 이상하다. 머리, 앞가슴, 가슴, 다리는 밤빛이 도는 붉은색이고 뿔, 이빨, 앞다리의 톱니는 갈색을 띤다. 딱지날개는 약간 노르스름한 흰색이다. 배는 희지만 항절(항문마디)은 가슴보다 선명한 붉은색이다. 왕소똥구리, 소똥구리, 소똥풍뎅이(*Onthophagus*), 금풍뎅이(*Geotrupes*), 꽃무지(*Cetonia*), 그 밖에 여러 곤충도 배의 대부분은 아직 아주 흰색인데 항절의 착색도 이렇게 일찍 나타남을 확인했다. 기다려지는 해답 앞에 오랫동안 서 있게 될 또 하나의 의문이다.

보름쯤 지나자 복장은 새까매졌고 갑옷도 단단해졌다. 곤충이 나올 준비가 되었다. 지금은 9월 말이다. 땅은 처분할 수 없었던 껍데기를 연하게 하여 쉽게 해방시켜 줄 소나기를 몇 차례 맞았다. 나의 포로들아, 때가 되었다. 너희를 좀 괴롭히긴 했어도 풍요 속에 머물게는 했었다. 기구 안에서는 껍질이 단단하게 굳어서 너희 노력으로는 결코 뚫지 못할 작은 상자가 되었다. 내가 너희를 도우러 왔다. 일이 어떻게 진행되는지 자세히 이야기해 보자.

식량 뭉치를 떼어 내 구슬 서너 개를 빚을 만한 커다란 빵이 땅굴에 비축되면 어미는 외출하지 않는다. 하지만 제 자신을 위한 식량은 전혀 마련되지 않았다. 창고로 내려간 무더기는 새끼의 떡이며 순전히 녀석들의 유산이다. 새끼는 골고루 제 몫을 받을 것이다.

자발적인 자기희생이다. 사실상 요리는 거기, 바로 발밑에 있다. 있어도 아주 많고 질도 상품이다. 하지만 애벌레의 몫이므로 어미는 손대기를 삼간다. 제가 먹겠다고 미리 떼어 내면 그만큼 새끼에게 모자랄 것이다. 가족에 대한 책임이 없었던 처음의 탐욕에서 매우 오랫동안 먹지 않고도 지낼 수 있는 절제가 뒤따른 것이다. 알을 품고 있는 암탉은 몇 주 동안 먹기를 잊는데 어미 뿔소똥구리는 1년의 1/3이나 먹지 않는다. 모성의 희생 면에서는 분식성 곤충이 새를 능가한다.

그런데 자신을 이토록 잊어버리는 어미가 땅속에서 무엇을 할까? 이렇게 오랫동안 먹지 않고 지내는 시간을 무슨 살림을 하며 보낼까? 내 기구들이 만족스럽게 답변해 준다. 이미 말했듯이 실험 기구는 두 가지였다. 하나는 얇은 모래 한 켜를 깔고 골판지 원통을 씌워서 어둡게 해놓은 표본병들이고, 또 하나는 흙을 채우고 네모난 유리판을 덮은 화분들이었다.

어두운 표본병에서 골판지를 들어 올렸을 때 어미가 제 항아리의 둥근 지붕 위에 올라앉아 있기도 했고, 땅바닥에서 몸을 절반쯤 세우고 다리로 불룩한 항아리 배를 매끈하게 다듬기도 했다. 아주 드물게는 무더기 가운데서 졸고 있었다.

시간을 어떻게 활용하는지는 분명하다. 제 보물 경단을 감시하고, 그 안에서 무슨 일이 벌어지는지 더듬이로 알아보고, 새끼가 자라는 것에 귀를 기울이고, 결함이 생기면 수리하고, 안의 녀석들이 완전히 자랄 때까지 건조를 늦추려고 표면을 다듬고 또 다듬는다.

이 꼼꼼한 돌보기, 매순간의 돌봄은 가장 경험 없는 관찰자에게도 깊은 인상을 준다. 타원형 항아리, 더 적절히 말해서 육아실의 요람은 곡선이 제대로 유지되고 깨끗해서 훌륭한 상태였다. 여기는 접착제가 똬리처럼 비죽 터져 나온 곳도 없고 금 간 곳도 없으며 비늘처럼 들뜬 곳도 없다. 결국 처음에는 그토록 아름답던 왕소똥구리의 경단이 나중에는 거의 언제나 손상되었던 것처럼, 그런 사고가 전혀 일어나지 않았다.

모형 제작자가 반죽해 만든 가공된 뿔소똥구리 상자가 속까지 말랐을 때는 훌륭하게 재생시킬 수 없을 것이다. 오오! 올빼미 알과 경쟁할 만큼 부피와 모양이 아름다운 짙은 갈색의 경단들! 해방되려고 껍데기를 깨뜨릴 때까지 결함 없이 유지되는 이 완전성은 무더기 밑에서 가끔 졸다가도 정신을 가다듬는, 즉 휴식과 끊임없는 보수로만 얻어지는 것이다.

표본병의 경우는 의심의 여지가 있다. 그 안의 곤충은 넘을 수 없는 울타리 안에 갇혀서 다른 곳으로 가지 못하고 경단 사이에 머물렀다고 할 사람이 있을지도 모르겠다. 동감한다. 하지만 다듬고 끊임없이 살피는 일이 남아 있다. 만일 어미에게 보살핌의 습성이 없었다면 결코 그런 걱정을 하지 않았을 것이다. 자유를 되찾는 것에만 관심을 가져 울타리 안을 무턱대고 불안하게 헤맸을 것이다. 그런데 나는 그와 반대로 그 어미가 매우 침착하게 정신을 가다듬고 있음을 보았다.

골판지를 들어 올려서 갑자기 밝게 했을 때 어미가 불안해한다는 유일한 표시는 경단에서 미끄러져 내려와 무더기 밑에 쪼그리는 것뿐이었다. 내가 조명을 조절하면 곧 안정된다. 지붕 위에 제자리를 다시 잡고 나의 방문으로 중단했던 일을 다시 계속한다.

그뿐만이 아니다. 항상 깜깜한 기구들이 이 증명을 보충해 준다. 어미는 6월에 푸짐한 식량을 가지고 화분의 모래 속에 파묻혔고, 식량은 곧 몇 개의 경단으로 바뀌었다. 어미가 원한다면 언제든지 표면으로 다시 올라올 수 있다. 녀석은 탈출을 막는 넓은 유리판 밑에서 밝은 빛을 얻을 것이고 내가 그를 꾀어내 보려고 가끔씩 갈아주는 요리를 만날 것이다.

자, 그런데 밝은 빛도 장기간 굶주린 뒤에 욕심날 만한 요리도 곤충을 유혹하지 못했다. 우기가 아닐 때는 화분에서 아무런 움직임도 없었고 전혀 표면으로 올라오지도 않았다.

분명 땅속에서도 표본병에서와 똑같은 일이 벌어질 것이다. 그것을 확인하려고 여러 시기에 걸쳐 몇 개의 기구를 조사했다. 감시자가 마음대로 이동할 수 있는 넓은 동굴 속에서도 어미는 언제나 제 경단 곁에 있음을 발견했다. 만일 어미가 휴식을 원한다면 모래를 더 파고 내려가서 아무 데나 제멋대로 쪼그리고 있었을 것이고, 먹고 싶은 욕망이 생겼다면 밖으로 올라와 신선한 요리를 먹었을 것이다. 깊은 지하실에서의 휴식도, 햇빛과 부드러운 빵 조각이 주는 기쁨도 가족을 떠나게 하지는 못했다. 새끼 모두가 제 껍데기를 깨트릴 그때까지 어미는 애벌레가 태어날 방을 버리지 않았다.

10월이 되었다. 마침내 사람과 동물이 그렇게 바라던 비가 와서 흙을 어느 정도 깊이까지 적셔 준다. 대단히 더웠고 먼지를 일으켜 생명을 정지시켰던 여름날이 지나가고 이제는 생명을 다시 불러오는 시원함이 찾아와 한 해의 마지막 즐거움이 돌아왔다. 히이드 숲에서는 장밋빛 방울 같은 꽃이 처음으로 피기 시작하고 광대버섯(Oronge)[10]은 흰 주머니를 터뜨려 흰자위가 반쯤 없어진 노른자 모양으로 나타나며 붉은색의 큼직한 그물버섯(Bolet)은 행인의 발에 밟혀 파랗게 으깨졌고 가을 무릇은 라일락 빛깔의 작은 방추형 꽃 무더기를 들어 올리고 서양소귀나무의 산홋빛 둥근 열매는 말랑말랑해진다.

땅속에도 철 늦은 소생의 메아리가 울린다. 봄 세대의 왕소똥구리와 소똥구리, 소똥풍뎅이와 뿔소똥구리가 습기로 연해진 껍데기를 부지런히 깨뜨리고 좋은 계절의 마지막 즐거움에 한몫 끼려고 땅 위로 올라온다.

내 포로들은 소나기의 도움을 받지 못한다. 삼복더위에 구워진 녀석의 시멘트 상자는 너무 단단해서 깨지지 않는다. 머리방패의 줄이나 다리의 톱니로도 깨뜨리지 못한다. 내가 가서 불쌍한 녀

---

10 『파브르 곤충기』 제10권 20장 '버섯과 곤충'의 내용 중에 나오는 광대버섯은 주로 *Amanita* 속의 종들이 등장한다.

석들을 도와준다. 자연의 비 대신 물의 양을 적당히 조정해서 화분에다 뿌려 주면 된다. 분식성 곤충의 해방에서 물의 효과를 다시 한 번 확인하려고 몇 개의 기구는 삼복더위로 말라 버린 그대로 놓아두었다.

물을 뿌려 준 결과는 곧 나타난다. 며칠 뒤 때로는 이 병, 어느 때는 저 화분에서 적당히 연해진 경단이 갇힌 녀석의 떠밀림에 터져서 산산조각이 난다. 새로 태어난 뿔소똥구리가 나타나 내가 준 식량을 어미와 함께 먹는다.

갇힌 녀석이 등을 크게 부풀리며 다리를 뻣뻣하게 세워 이고 있는 천장을 뚫겠다고 애쓸 때 바깥의 어미가 그것을 공격하며 도와줄까? 매우 가능성 있는 일이다. 지금까지 새끼에게 그토록 정성을 들였고 경단 속에서 일어나는 일에 대해 대단히 주의를 기울이며 감시하던 어미가, 탈출하려고 애쓰는 포로의 소리를 못 들었을 리가 없다.

나의 무례함으로 생긴 틈을 어미가 끈질기게 막는 것을 보았다. 애벌레의 안전을 위해서 주머니칼로 뚫은 경단을 수리하는 것을 실컷 보아 왔다. 수리하고 건축하는 적성을 본능적으로 갖춘 어미에게 어째서 부수는 적성이 없겠는가? 하지만 실제로 보지는 못했으니 무슨 말이든 단정하지는 않으련다. 유리한 상황은 언제나 나를 너무 이르거나 늦게 가 보게 하여 내 시도를 실패시켰다. 또 빛이 들어가면 대개는 녀석이 하던 일을 중단함도 잊지 말자.

모래가 채워진 비밀 속 화분에서도 해방이 다른 방법으로 일어나지는 않을 것이다. 땅속에서 나올 때가 되어야 비로소 녀석들을 지켜볼 수 있다. 갓 해방된 가족이 땅굴 어귀에 가져다준 신선한 요리 냄새에 이끌려서 어미와 함께 나와 유리 뚜껑 밑에서 얼마간 돌아다니다가 식량 무더기를 공격한다.

애벌레는 3마리, 4마리, 아주 많아야 5마리였다. 수컷은 긴 뿔이 있어서 쉽게 알아보지만 암컷은 어미와 구별되지 않는다. 또다른 면도 혼동된다. 조금 전까지 그렇게도 헌신적이던 어미의 태도가 갑자기 돌변하여 해방된 새끼에게 완전히 무관심해졌다. 이제부터는 각기 제집에서, 또 자신을 위하여 살아야 한다. 이제는 서로 남남이다.

인위적 물결로 적셔 주지 않은 기구에서는 비참하게 끝난다. 거의 살구 씨나 복숭아 씨만큼 단단한 껍데기가 끄떡 않고 버틴다. 다리의 톱으로 겨우 가루를 조금 긁어낼 뿐이다. 극복할 수 없는 벽에다 연장을 찍찍 긁어 대는 소리가 내 귀에까지 들려온다. 그러다가 조용해진다. 갇힌 녀석 모두 죽었다. 건기를 지나도 계속된 환경에서는 어미도 죽는다. 뿔소똥구리에게도, 왕소똥구리에게도 돌처럼 단단한 껍질을 연하게 해줄 비가 필요한 것이다.

해방된 가족을 다시 살펴보자. 해방되고 나면 어미가 모른 체하며 걱정도 않는다고 방금 말했다. 지금 무관심하다고 해서 어미의 넉 달 동안의 아낌없는 보살핌을 잊어서는 안 된다.

먹이를 입으로 물어다 새끼에게 먹이고 위생에도 세심하게 신경 쓰며 기르는 꿀벌, 말벌, 개미, 그 밖의 사회성곤충 외에 곤충세계 어디에서 그 같은 희생적인 모성, 양육 정신의 예를 발견하겠는가? 나는 그런 예를 알지 못한다.

만일 무의식 안에 도덕성을 넣는 것이 허락된다면 나는 기꺼이 도덕적이라고 부를 이 고귀한 특성을 뿔소똥구리가 어떻게 얻었을까? 그토록 유명한 벌과 개미의 애정을 훨씬 넘어서는 일을 어떻게 배웠을까? 나는 분명히 능가한다고 했다. 사실상 여왕벌은 배아를 만들어 내는 공장일 뿐이다. 생산력이 놀랄 만큼 큰 공장이 긴 해도 여왕벌은 알을 낳는 것, 단지 그것밖에 하지 않는다. 독신 생활에 몸을 바친 진짜 자비로운 수녀인 일벌이 가족을 기른다.

어미 뿔소똥구리는 가족에게 자신의 빈약한 살림살이보다 더 훌륭하게 해준다. 조수도 없이 혼자서 가족에게 빵 과자를 하나씩 마련해 주고 흙손으로 껍질을 끊임없이 단단하게 하고 새롭게 다듬어 침범할 수 없는 요람으로 만든다. 애정을 발휘하는 동안 어미는 식욕까지 잃는다. 땅굴 속에서 넉 달 동안 한배의 새끼를 지키는데 배아, 애벌레, 번데기, 성충의 모든 생활에 주의를 기울인다. 어미는 온 가족이 해방된 다음에야 비로소 다시 땅 위로 올라와 바깥 생활의 즐거움에 한몫 낄 것이다. 이렇게 하찮은 분식성 곤충에게서 모성 본능의 가장 아름다운 모습 중 하나가 눈부시게 나타났다. 영감은 어미가 원하는 곳에서 부풀어 온다.

9 두 종류의 소똥풍뎅이

분식성 노동조합에 속하는 소똥구리 중 금풍뎅이(*Geotrupes*) 외의 거
물급을 취급하고 나니 한정된 내 연구 범위에는 천민 계급인 소똥
풍뎅이(Onthophages: *Onthophagus*)가 남았다. 집 근처에서는 10여 종
을 구할 수 있을 것이다. 이 꼬마들이 무엇을 알려 줄까?

　대형인 친구들보다 훨씬 열성적인 꼬마들은 지나가던 노새가 남
긴 무더기를 제일 먼저 이용하겠다고 달려온다. 떼로 몰려와서 오
랫동안 머물며 시원하게 그늘이 마련된 그 무더기 밑에서 일한다.
무더기를 발로 뒤집어 보시라. 겉에서는 존재를 보이지 않던 많은
녀석이 우글거리는 것을 보고 깜짝 놀랄 것이다. 가장 큰 종이래야
겨우 콩알만 하다. 훨씬 작은
난쟁이도 있는데 다른 녀석
못지않게 분주하다. 일반
적인 위생 개념에서는 오
물인 그 무더기를 빨리 치
워 버리고 싶어서 큰 녀석

164

들과 똑같이 열심히 부숴 댄다.

허약한 자들이 큰 이익이 되는 일거리 앞에서 막대한 힘을 발휘하려면 합심하는 수밖에 없다. 수가 불어나면 전혀 없는 것처럼 보였다가도 엄청나게 큰 전체가 된다.

새 소식이 전해지자 곧 떼로 몰려오는데 소똥풍뎅이처럼 허약한 또 다른 꼬마

협력자 똥풍뎅이(Aphodies: *Aphodius*)의 도움을 받아 더러운 것을 땅에서 바로 치워 버린다. 이들의 식욕이 그토록 푸짐한 무더기를 소비할 정도로 능력이 있는 것은 아니다. 녀석들에게 필요한 식량은 얼마나 될까? 아주 적은 양이다. 이 미량은 씹은 재료의 작은 조각에서 찾아 삼출(滲出)로 뽑아내야 한다. 그래서 덩어리를 나누고 한없이 또 나누는데, 이렇게 부스러기로 분해된 것을 햇볕이 소독하고, 바람이 한 번 휙 불어서 날려 버린다. 일을 끝까지 잘 처리한 위생 처리 부대는 다른 오물 수거 작업장을 찾아간다. 모든 활동을 중지시키는 강추위의 계절 외에는 이 부대의 일감이 떨어지는 일은 없다.

오물을 다룬다고 해서 외모까지 멋없는 누더기를 걸쳤을 것으로 생각하지는 말자. 곤충은 우리의 행복을 이해하지 못한다. 그들의 세계에서는 땅굴 파는 녀석이 몸에 착 달라붙는 호사스런 옷을 입었고 장의사가 석 줄의 황금색 목도리로 치장했으며 나무꾼

갈고리소똥풍뎅이 실물의 4.25배

이 우단 옷을 걸쳤다. 소똥풍뎅이 역시 제 나름대로 사치를 부린다. 겉옷이 검소한 것은 사실이다. 검정과 갈색이 주를 이루고 광택이 없을 때도, 흑단처럼 반짝일 때도 있다. 하지만 전체적 조화의 바탕에 세부적으로는 멋진 장식이 얼마나 많더냐!

첫째는 담황갈색 딱지날개에 검정 반원 모양 점무늬가 있는 유령소똥풍뎅이(O. lemur), 둘째는 역시 같은 색 딱지날개에 먹빛 반점이 네모난 히브리 문자를 연상시키는 모래밭소똥풍뎅이(O. nuchicornis), 셋째는 흑옥(黑玉)에 비할 만큼 반짝이는 검정 바탕에 붉은 꽃 장식 네 개로 꾸민 넉점꼬마소똥구리(O.→ Caccobius schreberi), 넷째는 짧은 딱지날개 끝에 꺼져 가는 숯불처럼 빛을 반사하는 갈고리소똥풍뎅이(O. fourchu: O. furcatus), 그 밖에도 앞가슴이나 머리가 금속성 청동색으로 반짝이는 많은 종[진소똥풍뎅이(O. vacca), 황딱지소똥풍뎅이(O. coenobita) 등]이 있다.

옷의 아름다움을 끌로 조각해서 완성시켰다. 평행한 홈통이 예쁘게 새겨져 있고 구불구불한 염주 모양, 거칠고 가는 줄, 진주처럼 솟아오른 무늬가 거의 모든 종의 몸뚱이에 많이 퍼져 있다. 그렇다. 녀석들은 정말로 아름답다. 땅딸막한 몸뚱이로 종종걸음을 치지만 꼬맹이 소똥풍뎅이들은 아름답다.

이마 장식은 또 얼마나 신기하더냐! 평화스런 그들, 남에게 해를 끼치지 않는 그들 중 여러 종이 마치 호전적인 듯, 무기의 장착을 좋아해서 머리에 위협적인 뿔을 달고 있다. 우선 특별히 이야기하게 될 두 종을 보자. 아주 새까만 복장을 한 지중해소똥풍뎅이(O.

taureau: *O. taurus*)는 멋지게 구부러지
면서 옆으로 길게 뻗어 나간 뿔 두
개가 있다. 스위스 목장에서 정선된
황소도 이와 비교될 만큼 멋진 곡선

의 뿔을 갖지는 못했다. 몸집이 훨
씬 작은 갈고리소똥풍뎅이에겐 짧은 꼬챙이 세 개가 쇠스랑처럼

지중해소똥풍뎅이 실물의 2.5배

곧게 선 무기가 있다.

이들이 소똥풍뎅이의 짧은 전기를 마련해 줄 주요 실험 곤충 두
종이다. 다른 종이 이야기할 가치가 없는 것은 아니다. 첫째부터
마지막까지 모두가 흥밋거리를 제공할 것이고 어떤 종은 어쩌면
다른 지방에서 알려지지 않은 특수성을 보여 줄지도 모른다. 하지
만 전체를 관찰하는 것은 무리여서 이 많은 종 중 한계를 정할 수
밖에 없었다. 더욱 중대한 조건은 내 선택이 자유롭지 못했다는
점이다. 우연히 얻어진 몇 가지 발견과 사육장에서 얻은 몇몇 성
공에 만족해야 했다.

두 가지 이유로 방금 말한 두 종만 소원을 만족시켜 주었는데
녀석들의 작업 모습을 보자. 그래도 녀석들은 종족 전체 생활양식
의 기본적인 특색을 보여 줄 것이다. 지중해소똥풍뎅이는 몸집이
가장 큰 종에 해당하고 갈고리소똥풍뎅이는 제일 작은 녀석 축에
속해 크기 면에서 양 끝을 차지하므로 더욱 그럴 것이다.

우선 둥지를 보자. 지중해소똥풍뎅이는 기대와 달리 집짓기가
시원찮다. 녀석에겐 햇볕 아래서 즐겁게 굴리는 덩어리도, 지하
작업장에서 공들여 조각하는 타원형 경단도 없다. 그저 오물 부수
는 임무만 해도 할 일이 너무 많아서 오랜 참을성이 필요한 작업

을 하기엔 시간이 모자라는 것 같다. 그래서 꼭 필요한 것을 가장 빨리 얻는 것으로 만족하는 듯하다.

수직으로 파인 원통 모양 구멍의 깊이는 2인치 정도, 지름은 구멍을 파는 녀석의 몸집에 달렸다. 갈고리소똥풍뎅이의 구멍은 연필 지름만 하고 지중해소똥풍뎅이의 구멍은 그것보다 두 배 이상 넓다. 제일 밑에 애벌레의 식량이 모여 벽에 꽉 붙어 다져졌다. 무더기 옆에 빈 공간이 전혀 없는 것으로 보아 식량 비축을 어떻게 했는지 알 만하다. 여기는 독방도 없고 어미가 빵을 반죽하고 빚느라고 움직일 비좁은 공간조차 없다. 따라서 재료는 그저 원통 모양 구멍 밑의 벽 옆쪽으로 몰려서 속이 꽉 차게 꿰매진 골무의 형상이다.

7월 말에 갈고리소똥풍뎅이 둥지 몇 개를 파냈다. 귀엽게 생긴 일꾼에 비해 거칠게 작업한 둥지의 조잡함에 놀라게 된다. 제대로 붙여지지 않아 곤두서서 삐친 여물 부스러기가 더욱 거칠어 보인다. 보기 흉한 모습은 노새가 제공한 재료의 성질 때문이다. 길이는 14mm, 너비는 7mm로 윗면은 약간 오목한데 이는 어미가 몇 번 눌렀다는 증거이다. 아래쪽 끝은 거푸집이 된 구멍 밑창의 모양을 따라 둥글다. 바늘로 촌스러운 건조물을 한 조각씩 벗겨 내 보았다. 식량 뭉치는 밑에 들어 있는데 골무 모양의 아래쪽 2/3를 꽉 채워서 빡빡한 덩어리를 이루고 있었다. 알은 위쪽의 방에 있는데 얇고 오목한 뚜껑으로 덮여 있다.

지중해소똥풍뎅이의 둥지도 갈고리소똥풍뎅이의 작품보다 크다는 것 말고는 다를 게 없었다. 그런데 이 녀석들은 어떻게 작업했는지 알 수가 없다. 집짓기의 깊은 비밀 면에서는 꼬마도 큰 덩

치들처럼 조심성이 많았다. 한 종만 내 호기
심을 대충 만족시켰는데, 일반적인 소똥풍뎅
이가 아니라 유사 종족인 노랑다리소똥풍뎅
이(Oniticelle à pieds jaunes: *Oniticellus flavipes* →
Euoniticellus fulvus)였다.

노랑다리소똥풍뎅이
실물의 2.5배

7월 마지막 주에 노랑다리소똥풍뎅이 한
마리를 잡았는데 타작마당에서 곡식 단을 밟
던 노새가 쉬다가 내놓은 무더기 밑에서였다. 따가운 햇볕이 그야
말로 뜨거운 부화기로 바꾸어 놓은 두꺼운 덮개 밑에 소똥풍뎅이가
많이 있었는데 녀석은 딱 한 마리뿐이었다. 뻥 뚫린 구멍으로 재빨
리 도망쳐서 내 주의를 끌었다. 2인치가량 파내고 숨어 있던 주인
과 녀석의 작품을 꺼냈다. 둥지가 많이 상했으나 그래도 거기서 일
종의 주머니를 찾아낼 수 있었다.

컵에 흙을 다져서 한 켜 깔아 놓고 그 안에 녀석을 넣었다. 왕소
똥구리나 뿔소똥구리가 아주 좋아하는 경단 재료, 즉 탄력성 있는
양의 반죽을 주었다. 산란 시기에 묶여서 어쩔 수 없이 난소의 요
구를 따르는 어미는 내 소원을 아주 친절하게 들어주어 4일 동안
4개의 알을 낳았다. 내가 호기심 때문에 산란 중인 어미를 방해하
지 않았다면 아마도 집짓기가 훨씬 빨랐을 것임을 단순한 뭉치가
설명해 준다.

내가 배려해서 제공한 덩어리 밑 중앙의 제일 부드러운 부분을
뺑 돌아가며 파내 녀석의 계획에 충분한 조각을 통째로 뜯어낸다.
마치 뿔소똥구리가 경단 재료를 둥글고 큰 빵에서 떼어 내는 것과
같은 방식이다. 뜯어낸 조각을 바로 밑에 미리 파 놓은 구멍으로

가져간다.

　작업 윤곽이 잡힐 시간을 고려하여 30분 뒤 컵을 엎어서 녀석이 해놓은 살림살이를 보자.

　작은 조각들이 지금은 구멍의 벽에 대고 눌려서 만들어진 주머니 모양이다. 어미는 나의 방문과 빛이 들어가는 것에 당황하여 주머니 밑에서 꼼짝 않는다. 녀석이 머리방패와 다리로 구멍의 벽에다 재료를 펴고 밀어붙이는 모습을 직접 보기는 매우 어려울 것 같다. 그래서 관찰을 단념하고 물건을 제자리에 돌려놓았다.

　잠시 뒤 어미가 땅굴을 떠나자 두 번째 조사를 했다. 작업은 끝났다. 겉은 높이 15mm, 너비 10mm의 골무 모양이다. 편평한 끝은 땜질로 정성스럽게 맞추어 놓아 자루의 입을 막은 뚜껑 모양이다. 끝이 둥근 자루의 아래쪽 절반은 꽉 차 있는데, 여기가 애벌레의 식량 창고였다. 그 위에 있는 부화실 바닥에 알의 한쪽 끝이 곧게 서서 고정되었다.

　삼복중에 태어나는 노랑다리소똥풍뎅이나 각종 소똥풍뎅이에게는 큰 위험이 있다. 녀석들의 통조림이 들어 있는 자루는 부피가 매우 작고, 증발을 조절하도록 계산된 형태도 아니다. 게다가 깊은 땅속에 있는 것도 아니어서 건조에 참화를 당할 위험이 있다. 빵이 굳어 버리면 애벌레는 절식이 가능한 한도까지밖에 살 수 없다.

　안에서 진행되는 것이 보이도록 옆구리에 구멍을 뚫은 소똥풍뎅이와 노랑다리소똥풍뎅이 자루 몇 개를 원래 구멍 대신 유리관에 넣었다. 유리관을 솜 마개로 막고 연구실의 그늘진 곳에 놓아 두었다. 물이나 습기가 스며들지 않는 유리관이지만 마개가 있으니 증발은 어느 정도 막아 줄 것이다. 그래도 며칠이면 식량과 앙숙인 건조가 충분히 진전된다.

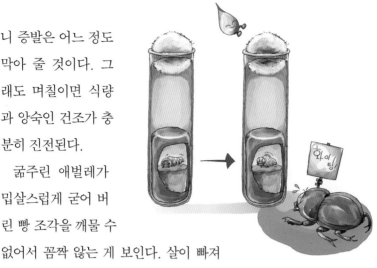

굶주린 애벌레가 밉살스럽게 굳어 버린 빵 조각을 깨물 수 없어서 꼼짝 않는 게 보인다. 살이 빠져 주름이 잡히고 쪼그라들어서 2주 말쯤에는 마치 죽은 것처럼 보인다. 마개를 젖은 솜으로 바꾸어 주었다. 유리관 안에 축축한 공기가 생기고 자루에 차차 물이 스며들어 부풀며 연해진다. 죽어 가던 녀석이 다시 살아난다. 너무도 완벽하게 다시 살아나서 가끔씩 적신 솜으로 갈아 주기만 하면 탈바꿈의 전 과정에 지장이 없을 정도였다.

내 손으로 만든 구름, 즉 젖은 솜이 소나기를 불러와 생명을 되돌리게 했다. 마치 부활과 같다. 정상적인 8월의 더위에서는 비를 내려 줌이 대단히 인색해서 이런 소나기가 거의 없다. 그러면 필연적으로 식량 마르는 것을 어떻게 피할 수 있을까? 우선 어미의 기술로는 어린 애벌레를 건조함으로부터 보호하지 못했다. 그런데 이런 상태에 있는 녀석에게 어떤 신의 가호가 있는 것 같다. 3주 동안 굶은 소똥풍뎅이와 노랑다리소똥풍뎅이 애벌레가 주름 잡힌 작은 뭉치처럼 되었다가 축축한 솜 밑에서 식욕을 다시 얻고 통통해져 기운을 차리는 것을 보았다. 이 인내력에는 나름대로 이익이 있다. 인내력 덕분에 죽음과 비슷한 가사 상태에서 기근을 끝내 줄 — 매우 의심스럽긴 하지만 — 비 몇 방울을 기다릴 수 있는 것이다. 그런 인내력이 애벌레를 구제한다. 하지만 종족 번영의 근거를 절제에 둘 수는 없는 일이니 인내력만으로는 부족하다.

그래서 더 훌륭한 것이 있다. 그것은 어미의 본능이 제공했다. 배 모양이나 타원형 경단을 빚는 곤충은 언제나 가려지지 않는 곳에 땅굴을 파므로 파낸 흙을 쌓아 놓은 둔덕 말고는 다른 보호조치가 없다. 그런데 작은 주머니를 눌러서 만드는 소똥풍뎅이들은 이용한 재료 바로 밑에 굴을 파며, 게다가 말과 노새가 내놓은 무더기 중 가능한 한 큰 것을 상대한다. 그래서 똥으로 축축한 기운이 배어들고 내리쬐는 햇볕과 바람이 막힌 두꺼운 매트 밑 땅속에 들어 있다. 따라서 상당히 오랫동안 시원한 상태가 유지된다.

게다가 위험한 기간이 오래 가지도 않는다. 알은 1주일 안에 애벌레가 되고, 애벌레는 방해가 없으면 12일 정도면 완전히 자란다. 소똥풍뎅이와 노랑다리소똥풍뎅이에게 위험한 기간은 모두 해야 20일 정도이다. 그런 뒤에 다 파먹은 주머니의 벽이 마른들 무슨 상관이더냐! 번데기는 오히려 단단한 상자 속에서 더 잘 지낼 것이다. 9월에 비가 오기 시작해 곤충이 해방될 때 상자는 어렵지 않게 부서질 것이다.

애벌레의 모양과 습성은 왕소똥구리와 그 밖의 분식성 곤충이 보여 준 것과 같다. 건조한 공기가 못 들어오게 방안을 보호하는 적성도, 작은 틈만 생겨도 창자의 시멘트로 틀어막는 열성이나 신속성도, 등 가운데가 곱사등처럼 튀어 오른 배낭이라는 점도 모두 같다.

노랑다리소똥풍뎅이 애벌레는 등혹이 더욱 놀랍다. 이 애벌레의 정확한 그림을 재빨리 그려 보고 싶으십니까? 주름 잡힌 짧은 창자를 그리고 순대의 가운데다 옆으로 부속물 하나를 붙이시오. 세 부분이 거의 같게 그려진 게 애벌레의 모습이며 아랫부분은 배, 윗부분은 혹인데, 아래쪽 배와 계

노랑다리소똥풍뎅이
애벌레 실물크기

속 연결되어서 처음에는 홈 부분에서 머리를 찾게 마련이다. 만화가의 연필이 아무리 터무니없는 구상을 해도 결코 시도되지 않을 만큼 턱없이 큰 혹이다. 그 혹이 가슴과 머리의 위치를 차지하고 있다. 그러면 머리와 가슴은 도대체 어디에 있을까? 괴물 같은 혹덕분에 옆으로 밀려서 그저 무사마귀처럼 옆구리의 부속물을 이룬다. 괴상한 벌레는 무거운 혹 밑에서 직각으로 구부러졌다.

자연이 괴상한 것을 만들 때는 우리의 이해력을 초월한다. 그것을 괴상하다고 해야 할까? 놀라운 것을 보는 데 천재적인 안목이 있는 설화 작가 라블레(Rabelais)[1]도 추측하지 못한 괴상한 코의 원숭이를 나는 그림으로 보았다. 라블레는 '전체가 알록달록하고, 반짝이는 부스럼이 점점 많아지며, 자줏빛 점무늬와 펌프가 있는 증류기 굴뚝' 같은 코를 생각해 낸 사람이다. 우스꽝스러운 털북숭이로 요약된 염소수염, 헝클어진 머리, 구레나룻 따위로 어수선해진 코는 안다. 그렇지만 증류기 굴뚝처럼 생긴 코와 소름 끼치는 얼굴이 원숭이 족속에게는 매우 환영받는 게 분명하다. 정확한 것과 괴상한 것 사이에는 한계가 없다. 모든 것은 평가하는 사

[1] 16세기 초 프랑스의 의학자이자 인문학자. 『파브르 곤충기』 제4권 178쪽 참조

람에게 달렸다.

만일 애벌레가 지나치게 공공연히 나타나면, 녀석들이 노랑다리소똥풍뎅이와 소똥풍뎅이의 눈에는 최고의 아름다움으로 비쳐질 것이 틀림없다. 애벌레는 땅속에 갇혀 있어서 아무에게도 안 보인다. 녀석의 매력은 철학적인 관찰자가 다음처럼 말해 주지 않으면 알려지지 않을 것이다.

행해야 할 임무와 조화를 이루는 것은 무엇이든 좋은 것이다. 식량이 마르지 않게 보호하려는 애벌레에게는 시멘트가 저장된 배낭이 필요하다. 녀석은 살기 위하여 배낭을 짊어지고 태어났다.

따라서 애벌레의 혹은 용서받고 찬양받는 것이다.

배낭의 유용성은 다른 면에서도 나타난다. 자루의 부피는 너무 하찮아서 애벌레가 몽땅 먹어 치울 정도이니 남는 것은 단지 약한 껍질층뿐이다. 이 층은 쓰러져 가는 부스러기라서 그 안에서는 번데기가 안전하지 못할 것이다. 안에 새 울타리를 쳐서 무너져 내리지 않도록 튼튼하게 고쳐야 한다. 이를 위해 노랑다리소똥풍뎅이 애벌레는 제 배낭을 바닥까지 비워서 왕소똥구리나 다른 녀석이 하는 식으로 방안을 고르게 입힌다.

소똥풍뎅이 애벌레는 더 예술적이다. 방울방울 떨어뜨린 접착제로 약간 볼록볼록한 비늘 모자이크를 만들어서 서양삼나무 솔방울의 비늘을 연상시킨다. 다 만들어지고 잘 마른 다음 처음의 자루 누더기가 떨어져 나가면 지중해소똥풍뎅이의 고치(껍데기)는 중간 크기의 개암만 하고 오리나무의 우아한 열매와 비슷한 모양

174

이 된다. 너무 비슷해서 사육장에서
그 이상한 물건을 처음 파냈을 때는
내가 속았을 정도였다. 안 속으려면
그 열매의 내용물이 필요했다. 곱사등
도 나름대로 깜찍스런 장난을 하여 우

진소똥풍뎅이 실물의 2.25배

리에게 똥으로 만든 일종의 멋진 보석 표본을 마련해 준 것이다.

소똥풍뎅이 번데기는 또다시 깜짝 놀랄 것을 준비해 놓았다. 관
찰 대상은 지중해소똥풍뎅이와 갈고리소똥풍뎅이 두 종이다. 하
지만 녀석들의 크기와 모양은 아주 크게 달라서 이제 말하려는 사
실을 이 종류 전체에다 일반화시킬 수가 없다.[2]

번데기 앞가슴의 앞쪽 가장자리 중간에 아주 뚜렷하게 불쑥 솟
은 2mm 정도의 뿔이 있다. 그것은 이 시기의 기관들, 특히 다리,
이마의 뿔, 입틀 각 부분의 막처럼 투명하며 색깔이 없고 단단하
지도 않다. 이 투명한 돌기로 미래의 뿔이 예고되며 젖꼭지 모양
에서 큰턱의 증거가, 칼집 모양에서 딱지날개가 예고된다. 곤충
수집가라면 누구든 내가 놀라는 것을 이해할 것이다. 뿔이 거기,
앞가슴에 달려 있다니! 하지만 어느 소똥풍뎅이도 이런 갑옷을 입
은 경우는 없지 않더냐! 사육장 기록이 그것은 어쨌든 곤충의 것
이라고 단언해도 기록 자체를 믿을 수가 없을 지경이다. 마침내
번데기가 허물을 벗었다. 그 이상야릇한 뿔은 벗어 버린 허물과
함께 말라서 떨어지고 흔적조차 남지 않았다. 조금 전까지만 해도
이상한 무기여서 내가 이해할 수 없었던 두
종의 소똥풍뎅이가 이제는 앞가슴에 뿔이
없다.

2 다음에 이어지는 내용은 공통
적인 특성이라 이 문장을 이해할
수 없다.

무사마귀조차 남기지 않고 사라지는 덧없는 이 기관, 결국은 사라지는 이 임시 뿔은 무엇인가를 곰곰이 생각해 보게 한다. 저 평화스런 분식성 곤충은 대개가 호전적인 갑옷을 좋아한다. 이상한 갑옷에다 미늘창, 창, 갈고리 이빨, 청룡도까지 다 좋아한다. 스페인 뿔소똥구리(C. *hispanus*)의 뿔을 떠올려 보자. 인도의 코뿔소도 코 위에 그런 뿔을 갖지는 못했다. 아래는 굵고 끝은 뾰족하며 활처럼 안으로 굽어서 머리를 쳐들면 경사진 앞가슴의 용골돌기에 닿는다. 괴물의 배를 찌르는 데 쓰는 작살 모양이다. 버티고 서 있는 세 개의 창 묶음으로 적을 꿰뚫을 것처럼 보이는 우두인신(牛頭人身) 괴물 미노타우로스(Minotaure)를 연상시킨다. 이마에 뿔이 돋고 양어깨에는 창을 하나씩 달았으며 앞가슴에는 돼지고기 푸줏간의 구부러진 칼이 생각나는 넓적뿔소똥구리(C. lunaire : C. *lunaris*)도 그렇다.

소똥풍뎅이의 무기는 매우 다양하다. 지중해소똥풍뎅이는 초승달 모양의 황소 뿔을 가졌고 진소똥풍뎅이는 앞가슴의 홈이 칼집 모양인데 짧고 넓은 칼을 더 좋아한다. 또 어떤 녀석(갈고리소똥풍뎅이)은 삼지창을 휘두르고 네 번째(모래밭소똥풍뎅이)는 아래쪽에 지느러미 같은 게 달린 단검이나 기마병의 군도(황딱지소똥풍뎅이)를 지녔다. 가장 덜 무장한 녀석 투구를 가로지르는 머리 장식과 한 쌍의 작은 뿔을 가졌다.

모래밭소똥풍뎅이 실물의 3.25배

이런 무기 장식이 무슨 소용이 있을까? 땅 팔 때 쓰는 괭이, 곡괭이, 쇠스랑, 삽, 지렛대 같은 연장으로 보아야 할까? 절대로 아니다. 작업 도구는 오직 머리방패와 다리, 특히 앞다리뿐이다. 굴을 파거나 식품을 섞는 데 그런 무기를 쓰는 경우는 결코 보지 못했다. 그뿐만 아니라 대부분의 경우 무기의 방향이 연장의 역할과 반대 방향이다. 스페인뿔소똥구리가 앞으로 파나가는데 뒤로 향한 곡괭이로 무엇을 하겠는가? 뿔이 공격 대상의 장애물과 강력히 맞선 게 아니라 등을 돌리고 있다.

우두인신 괴물, 장수금풍뎅이(Minotaure: *Minotaurus*→ *Typhaeus*) 삼지창 방향을 제대로 두었어도 역시 쓰지 못한다. 가위로 그 무기를 잘라 내도 광부로서의 재주는 전혀 잃지 않았다. 잘리지 않은 녀석처럼 땅굴을 쉽게 파냈다.[3] 훨씬 결정적인 이유는 집짓기 임무를 가진 어미에게 있다. 전형적인 일꾼인 어미에겐 그런 뿔이 없거나, 있어도 아주 작게 줄어들었다. 갑옷을 간소화했거나 완전히 벗어 던졌다. 그것이 작업에 도움을 주기는커녕 오히려 장애물이 될 것이다.

그러면 방어 수단으로 보아야 할까? 그것도 아니다. 분식성 곤충을 주로 부양하는 동물인 반추동물들도 대개 이마에 무기를 갖췄다. 우리가 그 먼 동기까지 짐작하는 것은 불가능하나 취미의 유사성은 분명히 있다. 숫양, 황소, 숫염소, 산양(Chamois, 셈), 사슴, 순록, 그 밖의 반추동물은 외뿔이나 가지뿔을 가졌는데 사랑싸움을 위해서나 위협받을 때 보호용으로 쓴다. 하지만 소똥풍뎅이는 그런 싸움을 알지 못한다. 녀석들 사이에는 싸움이 없고 위험을 느끼면 다리를 배 밑으로 오므리고 죽은 체하는 것이 전부이다.

따라서 녀석의 무기는 순전히 장식품으로, 수컷이 멋 부리는 데 쓰는 치장일 뿐이다. 생존경쟁의 법칙에 따라 가장 잘 장식한 녀석에게 영예가 돌아간

---

3 『파브르 곤충기』 제10권에서 뿔을 다른 용도로 씀을 밝힌다.

다. 우리는 코 위에 달린 장검을 이상한 눈으로 보지만 녀석들의 생각은 다르다. 그래서 녀석들은 가장 이상하게 생긴 것을 제일 좋아한다. 우연히 돌출한 작은 돌기는 구혼자들 사이에서 선택의 결정에 아름다움을 보태는 것이 된다. 가장 아름답게 꾸며진 수컷이 어미의 마음을 사로잡아 종족을 퍼뜨리고 후손에게 승리의 원인이 될 뿔이나 무사마귀를 넘겨준다. 이렇게 해서 오늘날의 곤충학자를 감탄시키는 장식이 차차 형성되었고 계속 완성되면서 전해진 것이다.

진화론을 빌리자면 소똥풍뎅이 번데기가 이렇게 답변한다.

내 등에 뿔 하나가 생겼는데 우리 종족이 아주 잘 갖춘 장식의 근원이다. 들소뷔바스소똥풍뎅이(Bubas bison: *Bubas bison*)는 뱃머리 모양의 훌륭한 융기를 만들어 가졌는데 여러 외국 종은 앞가슴을 훌륭한 박차 모양으로 연장시켰다고 증언한다. 그리고 우리네 종족 중 진화할 수 있는 것이 있는데 만일 내가 등혹을 계속 갖겠다면 이 멋진 새 혹이 내 경쟁자들을 뒷줄로 물러서게 할 것이고, 나는 편애를 받아 이 혹의 시조가 될 것이다. 내 종족은 내 시도를 보충하고 개량해서 시대에 뒤떨어진 고물이 사라지는 것을 보게 될 것이다. 왜 내 등의 무사마귀가 퇴색하고 쓸모

없어져야 하겠는가? 왜 수천 년을 내려오며 해마다 반복되는 내 시도가 도무지 약속된 결과를 가져오지 못했을까?

오, 야심에 찬 나의 번데기야, 들어 보아라. 그 이론은 우연히 얻은 것이 아무리 작아도 전해지고, 또 그것이 유익하면 확장된다고 주장한다. 하지만 그 주장에 너무 현혹되지 마라. 나는 추가로 장식을 갖는 게 이익이라는 것은 의심치 않는다. 그렇지만 진화 요인으로서는 시간과 환경의 효력에 대해서는 의심한다. 해도 많이 한다. 먼 옛날에 일시적으로 그 옷을 입고 태어난 너는 뿔의 흔적을 계속, 또한 장래에도 못이 박이도록 가지고 태어날 것이다. 하지만 그것을 고정시키고 단단하게 붙들어서, 네 혼례복을 위한 또 하나의 장식을 얻을 기회는 결코 없다고 생각하는 편이 현명할 것이다.

사람이나 너희나 우리 모두에게는 변하지 않는 원형의 모습이 찍혀 있다. 생활환경의 변화는 우리의 표면을 조금 변화시킨다. 하지만 골격은 절대로 변화시키지 못한다. 긴 세월로 생기는 녹청 (綠靑)이 메달의 표면에 녹을 입혀서 변질시킨다. 하지만 처음부터 있었던 초상과 글씨는 다른 것으로 바꿔 놓을 수 없다. 비천한 상태의 인간 누구에게도 그렇게도 탐나는 새의 날개를 주지 않을 것이다. 번데기 시절의 무사마귀가 그 전조처럼 보였던 화려한 깃털 장식 역시 어른이 된 다음의 네게는 주지 않을 것이다.

지중해소똥풍뎅이와 노랑다리소똥풍뎅이 번데기는 약 20일 만에 성충이 된다. 8월 중에 우리와 친숙해진, 즉 절반은 희고 절반은 붉은 옷을 입은 성충의 형태가 나타난다. 빛깔은 상당히 빨리 정상적으로 바뀐다. 하지만 녀석은 너무 어려울 듯한 껍데기 깨뜨리기를 서두르지 않는다. 상자를 연하게 하여 자신을 도와줄 9월의 첫 소나기를 기다린다.

해방의 비가 온다. 환희에 찬 소똥풍뎅이 소집단이 식당으로 달려 나온다. 이 시기에 사육장이 알려 주는 은밀한 비밀 중 하나가 특히 주목을 끈다. 내게는 여러 독방에서 새로 나온 녀석과 오래된 어미가 함께 있다. 처음 밝은 곳에서 먹기 시작한 새끼와 함께 어미도 민첩하게 요리 둘레로 모여든다. 두 세대가 사육장을 채우고 있는 것이다.

봄에 산란하는 왕소똥구리, 뿔소똥구리, 소똥구리도 모두 모자간의 동시성을 보였다. 우화를 지켜보다가 갓 태어난 새끼들을 특별히 분리시키면 주목거리의 이 동시성이 입증된다.

조상은 후손을 못 보는 것이 곤충계의 법칙이다. 가족의 장래가 보장된 다음의 조상은 죽는다. 그런데 왕소똥구리와 그 경쟁자들은 굉장한 특권으로 자신의 후계자를 본다. 부모와 자식이 같은 연회장에서 함께 먹는다. 연구를 위해 녀석들을 따로 보관해야 하는 사육장에서는 아니지만 적어도 자유로운 야외에서는 그렇다. 어미와 자식이 함께 햇빛을 즐기고 함께 진수성찬 무더기를 파먹는다. 이 환희의 생활은 좋은 날씨가 주어지는 가을 동안 계속된다.

추위가 닥쳐온다. 왕소똥구리, 뿔소똥구리, 소똥풍뎅이, 소똥구리는 파낸 땅굴에 양식을 가지고 들어가 기다린다. 몹시 추운 1월 어느 날, 비바람이 들이치는 곳에 놓아두었던 사육장을 파 보았다. 포로들이 심한 시련을 겪지 않도록 조심조심 파 들어간다. 녀석은 각자 방안에 남아 있는 요리 옆에 웅크리고 있다. 추위로 혼수상태에 빠진 녀석들을 햇볕에 내놓으면 더듬이와 다리를 조금씩 움직이는 것이 할 수 있는 전부이다.

유령소똥풍뎅이
실물의 3배

경솔한 편도나무가 꽃망울을 터뜨릴까 말까 할 무렵인 2월, 잠들었던 몇몇이 벌써 잠을 깬다. 제일 부지런한 두 종의 소똥풍뎅이〔유령소똥풍뎅이, 고산소똥풍뎅이(*O. fracticornis*)[4]〕가 아주 흔한데 벌써 큰길에서 햇볕으로 따뜻해진 소똥을 부순다. 곧 봄의 축제가 벌어지는데 거기는 크고 작은 녀석들, 새로 태어났거나 늙은 녀석 모두가 와서 한몫 낀다. 늙은 것들 전부는 아니지만 적어도 가장 곱게 늙은 몇몇은 놀라운 특권으로 두 번째 결혼을 한다. 녀석들은 1년 간격으로 2세대의 가족을 거느린다. 특히 목대장왕소똥구리(*S. laticollis*)는 3세대까지 거느린다고 증언한다. 사육장에서도 3년 전부터 매년 봄마다 경단을 내게 선물했다. 혹시 더 계속될지도 모르겠다. 소똥구리 족속에는 대단히 오래 사는 족장들이 존재하는 것이다.

---

4 원문에는 현재 존재하지 않는 종명 *fronticornis*로 썼였다. 아마도 유럽과 소아시아의 산악 지방에 널리 분포하는 번역 종명 *fracticornis*의 오기일 것이다.

10 금풍뎅이 - 위생 문제

성충 형태로 1년 주기를 마치고 가족과 함께 봄의 축제에 둘러싸이고 두 번, 세 번 가족을 갖는 일이 곤충 세계에서는 분명히 매우 예외적인 특권이다. 본능의 특권층인 꿀벌은 꿀 항아리가 채워지면 죽고, 본능보다는 오히려 의상에서 귀족인 나비도 자기의 알무더기를 적절한 곳에 붙여 놓고 나면 죽는다. 화려한 갑옷을 입은 딱정벌레(Carabe: *Carabus*)도 후손의 씨앗을 돌무더기 밑에 흩어 놓고 나면 쓰러진다.

어미가 혼자서, 또는 봉사자들과 함께 살아가는 사회성곤충 외의 다른 곤충은 모두 그렇게 죽는다. 이것이 일반적인 법칙이다. 즉 곤충은 태어날 때부터 부모가 없는 고아였다. 그런데 똥이나 뒤지는 하찮은 곤충이 뜻밖의 돌변으로 대단한 곤충들을 한꺼번에 쓰러뜨리는 준엄한 판결을 면한 것이다. 분식성 곤충들은 나이를 잔뜩 먹고 족장이 되는 것이다.

이 수명은 우선, 녀석들의 생활에 유혹당했던 내가 곤충과 친해지려고 딱정벌레를 핀으로 꽂아 표본상자에 줄지어 놓던 시절에 놀랐던 사실을 설명해 준다. 딱정벌레, 꽃무지, 비단벌레, 하늘소, 긴하늘소 등은 한 마리씩 만나게 되고 오랜 기간 탐색해야 한다. 이러저러한 뜻밖의 발견에 또다시 발견하면 열광으로 뺨이 화끈거렸다. 한 아이가 그 진귀한 물건(곤충) 중 하나를 잡으면 초보자인 우리 입에서는 감탄의 목소리가 터져 나오며 행복한 소유자에게 축하를

긴알락꽃하늘소 5~8월에 나와 각종 야생화에 모여들며 노루오줌꽃에서 짝짓기를 하고 있다. 오대산, 31. VII. '96

보냈지만 질투가 약간 곁들여졌다. 그렇지 않을 수가 없다. 생각을 해보시라. 우리 모두가 그런 곤충을 가질 수는 없지 않은가.

검정 우단에 달걀노른자 빛 사다리 무늬의 옷을 입고 죽은 서양 벚나무 속에서 사는 긴하늘소(Saperde scalaire : *Saperda scalaris*)°, 까만 딱지날개 둘레에 자수정 빛 테를 두른 자색 딱정벌레(Carabe purpurescent)[1], 황금빛과 구릿빛이 공작석(孔雀石)의 화려한 초록색과 배합되어 번쩍거리는 금테초록비단벌레 [Bupreste rutilant : *Buprestis→ Ovalisia (Scintillatrix) rutilans*], 이런 것들은 너무 드물어서 우리 모두를 만족시킬 수 없는 커다란 사건이었다.

분식성 곤충의 경우는 참으로 다행이로

1 원문에 쓰인 프랑스 이름은 이곳 말고는 기록되거나 불린 경우가 없다. 한편 『파브르 곤충기』 제7권 1장 첫머리에는 C. pourpré가 등장하는데 이 이름은 *Carabus violaceus*에 해당한다. 전자나 후자 모두 자줏빛의 의미임을 감안할 때, 파브르가 같은 종을 따로 표기한 것 같으며, 따라서 우리말 이름도 서로 같게 하였다.

금테초록비단벌레 대개는 몸의 양 옆이 넓게 붉은 테를 둘렀는데, 사진의 개체는 유난히 앞가슴의 양 면만 선명하게 빨갛다. 유럽에서는 도시 근처의 여러 나무에 기생한다. Viols-en-Laval, Hérault, France, 9. VI. '88, 김진일

다! 아주 열심히 독병[2]을 가득 채워야 한다면 이 딱정벌레는 어떨지 말해 다오. 다른 종류는 많지 않고 아주 드문데 분식성 곤충은 무수히 많다. 특히 작은 녀석이 많다. 소똥 한 덩이 밑에서 소똥풍뎅이(*Onthophagus*)와 똥풍뎅이(*Aphodius*) 수천 마리가 우글거리던 것이 생각난다. 녀석들을 삽으로 퍼낼 수 있을 정도였다.

오늘날도 이렇게 큰 무리가 계속 나타나고 있으니 놀라울 수밖에 없다. 흔한 분식성 곤충 가족은 역시 예전처럼 드문 곤충들과 대조가 된다. 만일 포충망을 다시 둘러메고 나가서 그토록 즐거운 시간을 안겨 주는 조사를 하고픈 생각이 나면 나는 다른 곤충 계열을 발견하기 전에 왕소똥구리(*Scarabaeus*), 뿔소똥구리(*Copris*), 금풍뎅이(*Geotrupes*), 소똥풍뎅이, 그 밖의 분식성 동업자들로 병을 가득 채울 게 분명하다. 5월이 오면 오물 뒤지는 곤충의 수가 압도적으로 많아진다. 들판의 삶을 중단시킬 만큼 정신 차릴 수 없는 더위가 기승을 부리는 7, 8월이면 다른 곤충은 마비되어 땅속에서 꼼짝 않는데 배설물을 이용하는 이 녀석들은 여전히 일하고 있다. 녀석과 동시성 곤충인 매미가 몹시 더운 계절에 함께 활동하는 곤충으로는 거의 유일

2 채집한 곤충을 독가스로 질식시키는 병

184

한 존재이다.

　적어도 우리 지방에 분식성 곤충이 이렇게 흔한 것은 성충의 형태로 오래 살아서 그렇지 않을까? 나는 그렇다고 생각한다. 다른 곤충은 좋은 계절의 즐거움에 뒤를 잇는 한 세대만 부름을 받는데 분식성 곤충은 아들 곁에 아비가, 어미 곁에 딸이 초대된다. 동등한 다산성을 가졌어도 이중으로 대표를 내보내는 셈이다.

　그런데 녀석의 봉사 활동을 생각해 보면 정말 그럴 만한 자격이 있다. 일반(인간) 사회의 위생에서는 썩은 물건이면 무엇이든 가능한 한 빨리 치우기를 요구한다. 파리(Paris) 시는 조만간 그 거대한 도시의 생사가 걸릴 무서운 오물 문제를 아직 해결하지 못했다. 우리는 부패물이 가득한 땅에서 나오는 가스로, 광명의 중심이 어느 날 꺼질 운명에 놓인 것은 아닌지 생각해 보게 된다. 수백만 명의 밀집된 인구가 모든 재산과 재능의 보물로도 얻을 수 없는 것을 아주 작은 마을에서는 크게 노력하지도, 걱정하지도 않고 문제를 해결한다.

　시골의 위생 문제는 그렇게도 잘 보살펴 주는 자연이 비록 적의는 없어도 도시의 안락에는 무관심하다. 자연은 야생에게 두 종류의 위생 관리자를 만들어 놓았다. 이 관리자는 어떤 일에도 싫증 내지 않고 무슨 일이라도 싫어하지 않는다. 한 종류인 파리, 반날개(Silphe: Silphidae), 수시렁이(*Dermestes*), 송장벌레(*Necrophorus*), 풍뎅이붙이(*Hister*) 등은 시체의 분해 작업을 맡았다. 시체 부스러기에 다시 생명이 돌아오도록 제 위장에서 마구 자르고 잘게 썰어서 증류시킨다.

　밭을 갈던 연장에 배가 터진 두더지는 벌써 보랏빛 내장으로 오

칠흙왕눈이반날개 겹눈이 약간 볼록하게 올라왔고, 앞가슴등판의 점각은 양쪽 가장자리에 5개씩 배열된 것이 특징이다. 반날개는 생물 중 종수가 가장 많을 것으로 보며, 대다수가 부식성이다. 오대산, 20. VIII. '96

큰넓적송장벌레 작은 동물의 사체에 모여들어 먹이 활동을 한다. 짝짓기하려는 중이다. 시흥, 10. V. '96

솔길을 더럽히고 지나던 행인이 좋은 일을 한다는 어리석은 생각으로 밟아 뭉갠 독도 없는 뱀 사체가 잔디 위에 누워 있다. 둥지에서 떨어진 새끼 새가 품어 주던 나무 밑에서 참혹하게 납작해졌고 사방 여기저기에 이와 비슷한 수많은 시체가 널려 있는데 아무도 정리해 주지 않는다면 그 독기가 피해를 입힐 것이다. 하지만 걱정하지 말자. 어딘가에 시체가 있다는 소식이 알려지면 즉시 꼬마 장의사들이 달려온다. 녀석들은 시체의 속을 파내 뼈까지 먹어 치우거나 적어도 미라처럼 바싹 말려 버린다. 24시간도 안 되어 두더지, 뱀, 새끼 새는 사라졌고 위생 상태는 만족스러워진다.

두 번째 종류의 위생 관리자도 똑같은 열성으로 일한다. 도시에서 생리 문제를 해소하러 가는 작은 별장(화장실)은 암모니아 냄새를 풍기지만 시골에서는 그렇지 않다. 요만큼 나지막한 담, 울타리,

관목 덤불 따위가 농부가 혼자 피신처로 가고 싶을 때 필요한 전부이다. 이렇게 허물없는 것에서 우리가 무엇을 만날지 충분히 알 수 있다. 장미꽃 장식 같은 지의(地衣), 작은 쿠션 같은 이끼, 돌나물과의 잡초 무더기, 오래된 돌을 꾸며 주는 그 밖의 예쁜 것들에 마음이 끌려서 포도밭을 보호하는 담장 비슷한 것으로 다가가 보시라. 어이쿠! 그토록 예쁘게 꾸며진 덮개 발치에 넓게 펼쳐진 것, 이얼마나 보기 흉하더냐! 그대는 도망친다. 지의류, 이끼, 돌나물과 잡초가 이제는 그대의 마음을 끌지 않는다. 이튿날 다시 와 보니 흉한 것은 사라졌고 깨끗하다. 바로 분식성 곤충들이 지나간 것이다.

불쾌한 만남이 매우 자주 되풀이되는 곳에서 우리의 눈길을 보호해 주는 일이 저 용감한 곤충들에게는 아무것도 아닌 일거리이다. 녀석들에게는 그보다 훌륭한 사명이 있다. 과학이 단언하기를 인류에게 가장 무서운 재해의 요인은 식물계의 맨 끝에 위치하는 미세한 생명체, 즉 곰팡이에 가까운 세균이란다. 전염병이 돌 때 배설물에서 우글거리는 이 무서운 미생물은 숫자를 세기에는 지칠 만큼 많은 수십억 마리에 달한다. 세균은 생명의 첫째 양식인 공기와 물을 오염시키고 우리의 천, 옷, 음식에도 달라붙어 전염병을 퍼뜨린다. 세균에 오염된 것은 모두 불로 태우고 부식제로 소독하고 땅에 묻어야 한다.

세균을 조심하려면 오물이 땅 위에 절대로 남아 있게 놔둬서는 안 된다. 어떤 오물이 해롭지 않은지, 위험한지가 의심스러우면 치우는 게 상책이다. 여기서는 세균이 얼마나 큰 경계 대상인지를 말하기 전에 훨씬 옛날 사람들의 지혜를 보면 잘 이해될 것 같다. 우리보다 전염병에 많이 노출된 동방 민족은 이 문제에 대한 분명한 법칙을 알고 있었다. 모세는 이집트 사람의 지식을 반영해서 백성이 아라비아 사막에서 방황할 때의 행동양식을 이렇게 분명히 체계화시켰다.

뒷간(변소)은 집 밖에 두어야 한다. 뒷간에 갈 때는 꼬챙이를 가져가라. 땅을 파고 뒤를 본 다음 파묻을 때 그 꼬챙이를 써야 한다.*

순박함 속에 중대한 이익이 있는 명령이다. 만일 회교도들이 카바(Kaaba) 신전으로 대순례를 떠날 때 이렇게 또는 이와 비슷하게 조심하면 메카는 해마다 콜레라 발생지가 되지 않을 테고 유럽은 이 재앙을 막고자 홍해 연안에서 보초를 서지 않아도 될 것이다.

프로방스 지방의 농부는 자기 조상 중 하나이며 위생에는 아랑곳하지 않는 아랍 인처럼 위험을 인식하지 못한다. 다행히 모세의 계명을 충실히 지키는 임무는 분식성 곤충이 담당했다. 세균이 번식할 재료를 없애는 것이 녀석의 임무이고 땅속에 묻는 것 또한 그의 일이다. 이스라엘 사람이 급한 일을 보려고 집 밖으로 나갈 때 허리춤에 꿰 차고 가야 했던 꼬챙이보다 훌륭한 채굴 연장을 갖춘 벌레가 달려온다. 녀석은 사람이 떠나자마자 악취 풍기던 것을 그대로 구덩이에 파묻어 이제는 무해한 물질이 된다.

이렇게 매장하는 곤충들의 봉사는 들판의 위생에 대단히 중요하다. 그런데 끊임없는 정화 작업과 근본적으로 관련된 우리는 용감한 곤충들을 거의 무시하는 눈초리로 바라본다. 귀에 거슬리는 통속어 이름으로 녀석들을 들볶는다. 이런 것이 관례인가 보다.

* 신명기 123장 12~13절[역주: 현재 성경에서는 신명기 23장 13~14절]

즉 좋은 일을 해라, 그러면 너는 인정받지 못하고, 평판은 나빠지고, 돌을 맞고, 발뒤꿈치로 뭉개지리라. 인간에게 봉사할 테니 그저 조금만 관용을 베풀어 달라는 두꺼비, 박쥐, 고슴도치, 올빼미, 그 밖의 보조원들도 그렇게 증언하지 않던가.

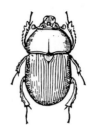

왕금풍뎅이

그런데 햇살 아래 부끄러움도 없이 펼쳐진 오물의 위험에서 사람을 보호하는 곤충 중 우리 풍토에서 가장 눈여겨볼 종류는 금풍뎅이(Géotrupes: Geotrupes)이다. 다른 종류 이상으로 열성적이라기보다는 몸집이 커서·더 많은 일을 하는 것이다. 더욱이 순전히 자신의 식사 때는 주로 우리가 가장 무서워해야 할 재료를 상대한다.[3]

이 일대에는 네 종이 사는데 두 종〔변색금풍뎅이(G. mutator)와 수풀금풍뎅이(G. sylvaticus→ Anoplotrupes stercorosus)〕은 아주 드물어서 연구 대상으로는 부적합하다. 다른 두 종〔똥금풍뎅이(G. stercoraire: G. stercorarius)와 검정금풍뎅이(G. hypocrite: G. hypocrita→ niger→ Sericotrupes niger)〕는 흔한데 녀석들의 윗면은 먹처럼 새카맣지만 아랫면은 색깔이 화려하다. 사람들은 오물 수거 담당자인 녀석들이 그런 보석 같은 색깔을 가진 것에 매우 놀란다. 아랫면이 똥금풍뎅이는 자수정처럼 찬란한 보라색, 검정금풍뎅이는 누런 구릿빛처럼 아주 붉게 빛난다. 녀석들은 내 사육장의 하숙생이다.[4]

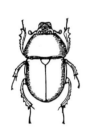

검정금풍뎅이

3 인분을 처리한다는 뜻이다.
4 본문에는 설명이 없는 왕금풍뎅이(G. spiniger)를 그려 놓은 이유를 모르겠다. 이 종은 프랑스 남부 지방에도 많이 분포하며, 아마도 『파브르 곤충기』 제1장(32쪽)에서 설명한 내용과 관련이 있을 것 같다.

우선 매장자로서는 얼마나 훌륭한 일을 할 수 있는지 녀석에게 물어보자. 두 종의 하숙생은 모두 12마리였다. 금풍뎅이가 한 차례의 작업에서 얼마나 많은 양을 땅속에 묻는지 평가할 생각으로 지금까지 너무 많이 제공했던 식량 찌꺼기를 사육장에서 치웠다. 해가 질 무렵, 방금 대문 앞에 노새 한 마리가 떨어뜨려 놓은 무더기는 바구니 하나를 채울 만큼 푸짐했다. 그것을 통째로 12마리의 포로에게 바쳤다.

다음 날 아침에 보니 무더기가 땅속으로 모두 사라졌다. 밖에는 아무것도 없거나 거의 없었다. 근사치를 충분히 평가할 수 있을 것 같다. 12마리가 똑같은 분량의 일을 했다면 각자는 $10cm^3$에 가까운 물자를 창고에 넣은 셈이다. 변변찮은 몸집으로 전리품을 들여놓을 창고를 파야 하는 점까지 고려하면 타이탄(Titan)[5]이나 해낼 만한 양이 하룻밤 사이에 해결되었다.

그렇게 부자가 되었는데 땅속에서 보물을 조용히 보관하고 있을까? 오오! 천만에! 날씨가 기막히게 좋고 조용하며 아늑한 석양이 다가온다. 지금이야말로 금풍뎅이들이 환희의 윙윙 소리를 내면서 날아올라 저 멀리 가축 떼가 방금 지나간 곳으로 찾아갈 때이다. 하숙생들은 지하 동굴을 버리고 땅 위로 올라온다. 녀석들이 내는 희미한 소리가 들리고 철망으로 기어올라 무턱대고 망에 부딪치는 게 보인다. 석양 아래에서 이렇게 활발히 활동하리라는 것은 예상했던 일이다. 전날처럼 풍부하게 거둬 두었던 식량을 또 주었더니 밤사이에 똑같이 사라졌다. 이튿날 그 자리는 다시 깨끗해졌다. 저녁 날씨가 계속 좋아서 언제든 내 마음대로 할 수만 있다면 이 탐욕스러운 축

5 그리스 신화에 등장하는 거인

재자들을 만족시키는 짓이 무한정 계속될 것이다.

금풍뎅이는 아무리 전리품이 풍부해도 해가 질 무렵이면 거기를 떠나 마지막 희미한 빛 속에서 개척하고 기분을 풀 새 작업장을 찾아 나선다. 녀석에겐 이미 얻은 것이 중요한 게 아니라 이제 얻을 물건만이 가치가 있는 것 같다. 그러면 날씨가 좋은 저녁마다 새로 보태진 창고를 어떻게 할까? 금풍뎅이는 분명히 그렇게 푸짐한 식사를 하룻밤 사이에 모두 먹어 치우지는 못할 것이다. 녀석의 땅굴에는 처치 곤란할 정도로 많은 식량이 들어 있다. 이용하지도 못할 재산이 넘쳐 나는 것이다. 그런데도 가득 찬 창고에 만족하지 않고 매일 저녁 수고를 아끼지 않고 더 채우려 한다.

물건을 만나는 대로 여기저기 뚫어 놓은 창고에서 그날 먹다 남은 것 거의 전부가 버려진다. 소비자로서의 식욕보다 많은 양을 요구하는 매장자로서의 본능이 있음을 사육장이 증명한다. 매장으로 땅이 빨리 높아져서 가끔씩 필요한 높이로 끌어내려야만 했다. 거기를 파 보면 건드리지 않은 무더기가 속속들이 가득 차 있다. 흙 속에는 종잡을 수 없을 만큼 많은 재료가 쌓여서 다음의 관찰 장소를 보존하려면 깡그리 치워 버려야 했다.

피치 못할 과다나 과부족으로 정확한 계량이 곤란한 문제에서의 오산을 감안하더라도 내 조사 결과로 매우 확실한 특성이 밝혀졌다. 즉 금풍뎅이는 열성적인 매장자라 자신이 먹는 데 필요한 양보다 훨씬 많은 양을 땅속으로 끌어들인 것이다. 이 일이 크든 작든, 정도의 차이는 있어도 수많은 봉사자에 의해 이루어진다. 따라서 육상의 광범위한 오물 제거에 영향을 줄 것이며, 많은 협력자의 봉사를 받은 일반 위생은 분명히 쾌적할 것이다.

한편 식물이, 그리고 간접적으로 많은 생물이 이 매장과 관련된다. 금풍뎅이가 파묻고 다음 날 버린 것은 결코 버려지는 게 아니다. 지구상의 총결산에서는 버려지는 게 아무것도 없으며 재산목록의 총계는 항상 일정하다. 이 곤충이 파묻은 작은 두엄 덩이는 근처의 벼와 식물을 푸르고 풍요롭게 할 것이다. 이 풀을 지나가던 양이 뜯어먹으며, 이 결과는 사람이 기다리는 양의 넓적다리 고기에게 그만큼 이득이 된다. 분식성 곤충의 솜씨가 포크에 걸린 맛있는 고기 한 점을 우리에게 가져다준 셈이다.

만사를 자신에게 유리하게 해석하는 우리의 나쁜 습관으로 보아도 이것은 대단한 일이다. 곰곰이 생각해 보고 좁은 관점에서 벗어나 보면 훨씬 더 그렇다. 생물들은 서로가 너무도 뒤얽힌 관계라서 직접 또는 간접적으로 한몫의 혜택을 받는 존재를 모두 열거하기란 불가능하다. 나는 햇볕과 비에 바랜 지푸라기로 푹신한

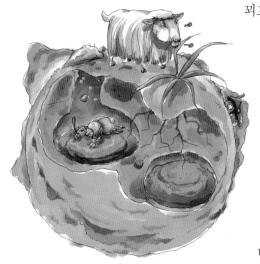

요를 만들어서 둥지에 깔아 놓은 꾀꼬리를, 같은 지푸라기 토막을 기왓장처럼 배열해서 집을 지어 놓은 어느 주머니나방 애벌레를, 벼와 식물의 꽃밥을 갉아먹는 작은 검정풍뎅이를, 잘 익은 씨앗을 애벌레의 요람으로 바꾸어 놓은 꼬마 바구미를, 잎사귀 밑을 점

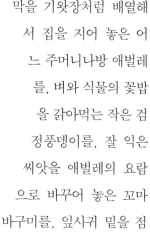

령한 진딧물 족속을, 그리고 단물을 내놓는 진딧물 떼의 뿔관을 핥는 개미를 힐끗 보았다.

이쯤 해두자. 모두 열거하자면 끝이 없을 것이다. 거름을 파묻는 분식성 곤충의 농사꾼 같은 솜씨로 많은 생물이 이익을 얻는데, 우선 식물이 그렇고 다음으로 식물을 이용하는 동물이 그렇다. 세상은 작고도 작다. 마음먹기에 따라서는 더욱 그렇다. 하지만 어느 하나도 무시될 만한 것은 없다. 마치 기하학에서 적분이 영(0)에 가까운 수들로 구성되듯이 생명의 거대한 적분은 아무것도 아닌 듯한 이런 것들로 구성된 것이다.

농업화학은 외양간의 퇴비를 가장 잘 이용하려면 그것을 가능한 한 신선한 상태에서 땅에 묻는 것이 좋다고 한다. 비에 씻기고 공기로 들볶이면 불활성 물질이 되고 땅을 비옥하게 하는 성분이 없어진다. 대단히 유익한 농학의 진리를 금풍뎅이와 그 동료들은 훤히 알고 있다. 녀석들은 언제나 소량의 재료를 상대해 묻는다. 그리고 칼륨 화합물과 질소를 많이 함유하고 인산염이 풍부한 바로 그때 생겨난 생성물을 묻는 데 열성을 보인다. 반면에 오랫동안 공기 중에 노출되어 마르고 햇볕으로 딱딱해진 것은 무시한다. 가치 없는 찌꺼기는 녀석들이 상관할 바가 아니다. 하찮게 메마른 물건은 다른 자들의 몫이다.

이제 우리는 금풍뎅이가 위생학자이며 비료 수집가임을 알았다. 세 번째 관점은 녀석이 예민한 기상학자임을 보여 줄 것이다. 시골에서는 저녁에 금풍뎅이가 크게 무리 지어 땅을 스치다시피 하며 분주히 날아다니면 이튿날 날씨가 좋을 징조라고 믿는다. 시골 사람의 예측이 얼마나 가치가 있을까? 내 사육장이 알려 줄 것이다.

집 짓는 시기인 가을 내내, 하숙생들을 아주 자세히 살펴본다. 전날 하늘의 상태와 다음 날 날씨를 기록한다. 여기는 온도계도 없고 기압계도 없다. 기상 연구소에서 쓰는 학술적 기구가 전혀 없는 나는 그저 내가 받은 개인적 인상의 간략한 자료에 의지할 뿐이다.

금풍뎅이는 해가 진 다음에야 땅굴을 떠난다. 공기가 고요하고 날씨가 따뜻하면 희미한 석양빛 속에서 주간 활동으로 자기를 위해 마련해 놓았을 재료를 찾아 소리를 내며 낮게 날아서 돌아다닌다. 그러다가 적당한 물자를 만나면 둔탁하게 내려앉는데 멋대로 날던 것을 제대로 억제하지 못해서 엎어진다. 그래도 발견한 재료의 밑으로 들어가 밤 시간 대부분을 파묻는 일로 보낸다. 이렇게 해서 하룻밤 사이에 들판의 오물들이 사라진다.

이 정화 작업에 없어서는 안 되는 조건 하나가 있다. 공기가 고요하고 따뜻해야 한다. 비가 오면 금풍뎅이는 움직이지 않는다. 하지만 오랫동안 일을 안 해도 땅속에는 충분한 자원이 보관되어 있다. 춥거나 북풍이 불어도 나오지 않는다. 이럴 때는 사육장의 풍경도 쓸쓸하다. 도리 없이 한가해진 이런 날은 피하고 대기 상태가 외출에 적합하거나 적어도 적합해질 것으로 보이는 저녁때만 살펴보자.

첫째 경우, 날씨가 최적인 저녁때이다. 사육장의 금풍뎅이들이 분주하게 움직이며 야간 사역장으로 달려가고 싶어 안달이다. 다음 날 날씨는 기가 막히게 좋다. 예측은 그렇게 아주 간단하다. 오늘의 좋은 날씨는 좋았던 전날 날씨의 연속이다. 금풍뎅이가 그것을 자세히 알지 못하면 평판을 누릴 자격이 없다. 하지만 결론을 내리기 전에 실험을 계속해 보자.

둘째 경우, 역시 맑은 저녁 날씨. 내 경험상 하늘 상태로 보아서는 내일도 날씨가 좋을 것 같았다. 그런데 금풍뎅이 생각은 달랐다. 녀석들은 나오지 않았다. 둘 중 누구의 생각이 맞았을까? 사람이냐, 아니면 곤충이냐? 금풍뎅이가 그 예민한 인상(印象)으로 소나기를 예감하고 냄새를 맡았다. 실제로 밤에 비가 왔고 낮에도 얼마 동안 계속되었다.

셋째 경우, 하늘이 흐렸다. 남풍이 구름을 모아 비를 몰아오려나? 정말 비가 올 것처럼 보여서 그렇게 생각했었다. 그런데 녀석들은 사육장 안에서 윙윙거리며 날아다닌다. 금풍뎅이의 예측이 맞았고 내가 틀렸다. 비의 위협은 사라졌고 다음 날 해가 찬란하게 떠올랐다.

대기 속에 있는 전기가 특히 녀석에게 영향을 미치는 것 같다. 뇌우의 징후를 보이는 무더운 저녁시간, 금풍뎅이가 여느 때보다 바삐 활동하는 게 보인다. 다음 날은 요란스럽게 천둥이 쳤다.

3개월 동안 계속된 관찰은 이렇게 요약된다. 하늘이 개었든 흐렸든 금풍뎅이는 석양 무렵 분주히 활동하는지의 여부로 좋은 날씨나 뇌우를 알린다. 녀석은 물리학자의 기압계보다 믿음직한 살아 있는 기압계였다. 생명의 섬세한 감수성이 수은주의 노골적인 수치보다 우세했다.

상황이 허락하면 새로운 정보로서의 가치가 충분한 어떤 사실 하나를 예로 들며 금풍뎅이 이야기를 끝내련다. 1894년 11월 12, 13, 14일, 사육장의 금풍뎅이들이 놀라울 정도로 요란스럽게 돌아다닌다. 그렇게 흥분한 것을 여태껏 본 적이 없었고 그 뒤에도 다시는 보지 못했다. 녀석들은 미친 듯이 철망으로 기어오르고 계속 날아오르다 벽에 부딪혀 떨어지곤 했다. 원래 습관과는 아주 딴판으로 늦은 시간까지 계속 불안하게 돌아다녔다. 밖에서 자유로웠던 몇몇까지 우리 대문 앞으로 달려와 소란을 보탠다. 대관절 무슨 일이기에 밖에 있는 녀석들까지 찾아오고 특히 사육장을 그토록 흥분의 도가니로 몰아넣었을까?

이 계절치고는 매우 예외적인 더위가 며칠 동안 계속되더니 남풍이 불면서 곧 비가 올 것 같다. 14일 저녁에는 끝없는 구름 조각이 달 앞을 가리며 달려간다. 장엄한 광경이다. 몇 시간 전부터 금풍뎅이들이 질겁을 하며 소란을 피우고 있었다. 14일에서 15일에 걸친 밤에는 조용해졌다. 바람 한 점 없는 하늘은 온통 회색이다. 불쾌한 비가 수직으로 단조롭게 계속 내린다. 생전 그치지 않을 것 같다. 실제로 18일이 되어서야 겨우 그쳤다.

12일부터 그렇게 불안에 떨었던 금풍뎅이는 이 장마를 예측했던 것일까? 꼭 그런 것 같다. 하지만 비가 오려 할 때는 대개 땅굴을 떠나지 않는다. 그렇다면 녀석들을 그토록 흥분시킨 어떤 이상한 사건이 분명히 있었을 것이다.

수수께끼를 푸는 열쇠는 신문들이 전해 주었다. 12일에 프랑스 북부에서 말도 못할 만큼 강력한 돌풍이 일어났다. 돌풍의 원인인 강렬한 기압 강하가 이 지방에도 영향을 주었는데 금풍뎅이가 예사롭지 않은 불안으로 그 심한 혼란을 알렸던 것이다. 만일 내가 녀석들의 행동을 이해할 줄 알았다면 신문보다 먼저 폭풍을 알렸을 것이다. 이것이 다만 우연의 일치일까? 아니면 원인과 결과의 관계일까? 충분한 자료를 얻지 못하니 이렇게 의문부호로 이야기를 끝내련다.

11 금풍뎅이 - 둥지 짓기

9, 10월에 처음 오는 가을비가 땅을 적셔서 왕소똥구리가 갇힌 상자를 부술 수 있는 계절이 똥금풍뎅이(*G. stercorarius*)와 검정금풍뎅이(*G.→ Sericotrupes niger*)에게는 가족의 둥지를 지을 시기이다. 땅을 아주 잘 판다는 뜻의 광부들 이름(학명)에서 기대했던 것과는 달리 시설은 아주 간단했다. 혹독한 겨울 추위를 막고자 은신처를 팔 때는 정말로 그 이름을 받을 만하다. 구멍의 깊이, 작품의 완전성, 신속성 등에서 녀석들과 견줄 곤충은 없다. 모래가 많아 약간 파기 쉬운 땅에서는 1m 깊이의 둥지를 파낸 적도 있다. 어떤 녀석은 훨씬 깊이 파 들어가서 내 인내력과 연장을 지치게 했다. 정말 숙달된 우물 파기 일꾼이며 비할 데 없는 땅 파기 일꾼이다. 추위가 닥치면 얼음이 얼 염려가 없는 층까지 파고 내려갈 것이다.

하지만 가족용 둥지를 뚫는 경우는 사정이 다르다. 좋은 계절은 짧은데 각 애벌레에게 그런 저택을 마련해 줘야 한다면 시간이 모자랄 것이다. 겨울이 다가오는데 한가하게 시추공 뚫는 데 한없이 시간을 쓴다면 그보다 무익한 일은 없을 것이다. 아직 활동력이 멈추지 않은데다 당장은 특별히 할 일도 없고 그래서 은신처도 좀 더 안전해지겠으나 산란기에는 시간이 빨리 흘러서 이런 수고스런 기획이 불가능하다. 남은 5주 동안 상당히 많은 가족이 머물 둥지와 식량을 마련해야 하는데 그러자면 구멍만 끈질기게 파고들 수는 없다.

게다가 지표면의 많은 위험에도 대비해 놓아야 할 것이다. 가족을 정착시킨 다음, 성충은 자신의 보호를 위해 아주 깊은 곳에 겨울 숙소를 마련해야 하고 봄이 오면 왕소똥구리(Scarabaeus)처럼 제 자식들이 있는 사회 안으로 다시 올라올 것이다. 하지만 알이나 애벌레는 부모의 기술로 보호되어 혹한에도 그렇게 많은 노력이 드는 피난처가 필요치는 않다.

산란 철이 달라도 애벌레용으로 판 금풍뎅이 땅굴은 뿔소똥구리(Copris)나 왕소똥구리의 땅굴보다 별로 깊지 않았다. 깊이에 제한이 없는 야외에서도 내가 확인한 것은 30cm가량이 전부였다. 흙 두께가 제한된 사육장의 측정치는 믿을 수 없지만 곤충 마음대로 팔 수 있는 흙층에서의 상태도 그 정도였다. 더욱이 사육 상자에서도 바닥까지 뚫지 않는 경우를 여러 번 확인했다. 요구되는 깊이가 대단치 않다는 또 다른 증거였다.

자유로운 야외에서나 잡혀 있는 내 기구에서나 땅굴은 항상 이용될 똥무더기 밑에 파였다. 굴의 위치는 노새가 내놓은 큰 부피의 무더기에 가려져서 외부로는 전혀 알려지지 않았다. 굴의 지름은 병목 굵기인데 흙 속에 장애물이 없을 때는 수직으로 곧게 내려간다. 하지만 돌이나 나무뿌리 같은 장애물로 방향을 바꿔야 하는 거친 땅에서는 팔꿈치 모양으로 구부러졌거나 불규칙하게 구불거렸다. 흙의 깊이가 충분치 못한 사육장에서는 처음에 수직으로 내려가다가 바닥의 널빤지를 만나면 수평으로 꺾어서 계속 파나간다. 결국 굴 파기에는 정확한 규칙이 없고 땅의 조건에 따라 모양이 결정된다.

굴 끝에는 뿔소똥구리, 왕소똥구리, 소똥구리(*Gymnopleurus*)가 배 모양이나 타원형 경단을 예술적으로 빚는 작업장처럼 넓은 방 따위도 없고 그저 굵기가 계속 똑같은 막다른 골목만 있을 뿐이다. 저항력이 고르지 않은 환경에서는 피할 수 없이 생긴 마디와 곡선 외에 진짜 시추공이나 구불구불한 창자 모양인 것이 금풍뎅이의 땅굴이다.

촌스러운 집의 내용물은 원기둥 아랫부분까지 채워져 기둥과 똑같은 모양이 된 일종의 소시지요, 순대이다. 똥금풍뎅이의 작품은 길이 20cm, 너비 4cm가량이며 검정금풍뎅이의 경우는 각각이 약간씩 작다.

두 경우 모두 소시지가 때로는 구부러지고 때로는 약간 튀어나와서 대부분 불규칙한 모양이다. 항상 직선과 수직선을 좋아하는 곤충이지만 돌이 많은 땅에서는 제 기술의 규칙대로 팔 수가 없어서 겉모습에 그런 결함들을

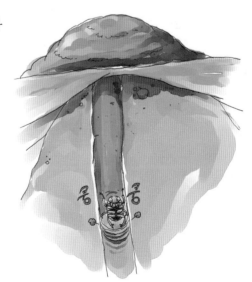

보이는 것이다. 거푸집에서 만들어진 물건은 고르지 않은 거푸집 모양을 그대로 충실하게 반영하는 법이다. 소시지의 아래쪽 끝은 땅굴 바닥 자체처럼 둥글고 위쪽 끝은 가운데가 좀더 세게 다져져서 약간 오목하다.

커다란 뭉치들이 여러 층으로 나뉘었는데 구부러져서 쌓인 각 층이 시계접시를 연상시킨다. 개개의 층은 분명히 재료 한 아름에 해당할 것이다. 굴 밖의 큰 덩어리에서 한 아름씩 내려다 각 켜에 얹고 세게 눌렀는데 가장자리는 누르기가 불편해서 높게 남은 것이다. 그래서 전체적으로는 오목렌즈 모양이 되었다. 덜 다져진 둘레에는 일종의 껍데기가 생기는데 땅굴 벽에 닿아 흙이 묻어서 그런 것이다. 결국 이런 구조에서 만들어진 방식을 알 수 있다. 소시지 재료가 차례차례 들여보내지고, 들어간 족족 눌린 층을 이룬 것이다. 결국 녀석의 소시지도 우리네 소시지처럼 원통 틀에 넣어서 만들어졌으며 곤충이 밟기 쉬운 가운데 부분이 더 눌린 것이다. 앞으로 직접 관찰해서 이 추론이 확인될 것이고 완성된 물건을 검사하면서 예측하지 못했던 흥밋거리 자료도 보충될 것이다.

금풍뎅이는 언제나 순대 재료를 수집할 무더기 밑에 굴을 파는데 이것이 얼마나 좋은 착상인지 눈여겨보자. 한 아름씩 들여다 눌러 놓은 재료의 아름 수가 상당히 많다. 층 하나의 두께를 근사치인 4mm로 보면 어림잡아 50번을 오르내려야 한다는 계산이 나온다. 만일 조금 떨어진 곳에서 매번 재료를 구해야 한다면 시간이 너무 많이 걸리고 피곤해서 일을 감당할 수 없었을 것이다. 금풍뎅이의 기술에 왕소똥구리를 본받은 긴 여행이 공존할 수 없다. 빈틈없는 금풍뎅이는 무더기 밑에 자리 잡는다. 굴에서 올라오기만 하면 바로 문 앞에 원하는 크기의 소시지를 발밑에 무한정으로 만들어 놓기에 충분한 재료가 있다.

물론 녀석의 작업장에 식량이 수북하게 공급되는 것이 전제이다. 금풍뎅이가 새끼를 위해 일할 때는 이 전제에 주의하여 식량 공급자로 말과 노새를 택할 뿐, 너무 절제된 양의 배설물은 결코 택하지 않는다. 여기서는 식료품의 질이 문제가 아니라 양이 문제이다. 양 똥이 풍부한 사육장에서는 실제로 이것을 더 좋아한다고도 입증된다. 자연에서는 양이 주지 못하는 분량을 내가 거두고 또 거둬서 합쳐 다량으로 제공한 것이다. 들에서는 결코 얻을 수 없는 엄청난 보물 밑에서 포로들이 열심히 일하여 이 횡재를 얼마나 높이 평가하는지가 증명된다. 녀석들은 내가 어떻게 처분해야 할지 모를 만큼 많은 소시지를 만들었다. 겨울에 애벌레의 행동을 지켜보려고 신선한 흙을 채운 대형 화분에 층층이 쌓아 놓았다. 또 하나씩 유리 시험관에 넣기도 양철통에 쌓아 놓기도 했다. 캐비닛의 선반도 사육조로 가득 찼다. 수집품은 한 벌의 통조림을 연상시켰다.

재료가 바뀌었어도 구조에는 변화가 없었다. 입자가 더 곱고 탄력성이 커서 표면이 더 고르고 안쪽은 균질일 뿐이다.

부화실은 언제나 둥근 아래쪽 끝에 있는데 보통 크기의 개암 한 개가 들어갈 정도의 공동(空洞)이다. 부화실 벽은 배아의 호흡에 필요한 공기가 쉽게 스며들 정도로 얇다. 안쪽은 뿔소똥구리의 타원형이나 왕소똥구리의 배 모양 경단 속이 그랬던 것처럼 반유동적이며 푸르스름한 덩어리 삼출액의 겉칠로 반짝인다.

둥근 방안에 흰색의 길쭉한 타원형 알이 놓여 있는데 둘레의 벽과는 전혀 붙지 않았다. 곤충의 크기에 비해 알이 무척 커서 똥금 풍뎅이 알은 길이 7~8mm, 가장 넓은 곳의 너비는 4mm이며 검정금풍뎅이는 각각 조금씩 작다.

아래쪽 끝의 소시지 속 깊숙이 마련된 방은 내가 읽었던 금풍뎅이의 둥지 틀기와는 전혀 들어맞지 않았다. 나는 책이 없어서 직접은 참고하지 못했는데 고령의 독일 저자 프리슈(Frisch)의 말을 인용했다는 뮐상(Mulsant)은 둥지에 대해 이렇게 말한다.

어미는 아주 흔하게 수직 땅굴 밑에서 한쪽 흙이 뚫린 일종의 집이나 타원형 고치를 만든다. 이 고치의 안쪽 벽에다 흰색 알을 붙여 놓았는데 크기는 밀알만 하다.

흔히 흙으로 만들어진 위쪽의 기둥 모양 요리로 갈 수 있게 한쪽이 뚫린 고치란 도대체 무슨 말인가? 짐작조차 할 수가 없다. 고치, 특히 흙으로 만든 고치나 뚫린 구멍은 없다. 양분을 제공하는 원기둥 아래쪽 끝에서 사방이 막힌 독방을 원 없이 자주, 실컷 보았을 뿐, 다른 모양은 전혀 없었다. 설명된 구조와 비슷한 것조차 없었다.

이 상상의 건축물에 대한 책임은 두 사람 중 누구에게 있을까? 독일의 곤충학자가 피상적인 관찰로 과오를 범했을까? 리옹(Lyon)[1]의 곤충학자(뮐상)가 저자의 글을 잘못 해석했을까? 원문이 없으니 오류의 장본인을 알 수가 없다. 수염들의 마디에는 그토록 꼼꼼하고 어떤 명칭의 선취권에 대해서는 그
토록 까다로운 대가들이 곤충 생활을 가장   **1** 프랑스 중동부 지방의 대도시

잘 나타내는 습성과 솜씨 문제에는 거의 무관심했다. 이 얼마나 슬픈 일인가? 학명 명명자들의 곤충학이 굉장한 진보를 하고도 우리를 이렇게 곤란 속으로 몰아넣는다. 습성과 솜씨만이 우리의 홍밋거리이며 묵상감인 다른 방법의 곤충학, 즉 생물학자의 곤충학은 가장 평범한 종류에 대한 이야기조차 없을 만큼 소홀히 다루어졌다. 그나마도 약간 이야기된 것은 착실한 재검토가 요구될 만큼 무시당했다.

소시지 이야기를 다시 해보자. 형태는 뿔소똥구리와 왕소똥구리가 보여 준 것과는 반대였다. 소똥구리는 물자의 양적인 면에서는 매우 절약하지만 집을 짓는 데는 정성을 많이 들여서 작품이 건조해지는 것을 막기에 가장 적합한 형태로 만들었다. 또 소량인 가족의 식량을 타원형이나 목이 달린 둥근 덩어리로 만들어서 신선하게 보존할 줄도 알았다. 그런데 금풍뎅이는 그런 방법을 모른다. 좀더 습성이 촌스러운 녀석들은 지나치게 풍부한 것만을 행복으로 보았다. 굴속에 식량이 넘칠 정도면 될 뿐, 모양 따위에는 별로 관심이 없다.

금풍뎅이는 건조를 피하기는커녕 되레 건조해지길 바란 것 같다. 실제로 녀석의 순대를 보라. 너무도 길고 거칠게 모아 놓은 뭉치였다. 빡빡해서 물의 침투를 막을 껍데기도 없고 원기둥 표면의 넓은 면적 전체가 흙과 접촉되었다. 그야말로 빠른 건조가 요구하는 조건을 제대로 갖춘 셈이다. 표면적이 작다는 왕소똥구리와 다른 소똥구리들의 문제와는 반대였다. 그러면 식량의 외형에 대한 내 통찰, 즉 논리적 근거에 따른 내 통찰은 어떤 것일까? 우연히 합리적인 결과에 도달한 맹목적인 기하학 구조에 내가 속은 것일까?

그렇게 주장하는 사람에게 사실들이 주는 답변은 이렇다. 공 모양 제작자들은 땅이 극도로 마르는 한창 여름의 더위 속에서 집을 짓는데, 원기둥 제작자들은 빗물이 땅으로 스며드는 가을에 짓는다. 전자는 빵이 너무 굳어 버리는 위험에서 가족을 보호해야 하나 후자는 건조해져서 생기는 기근의 불행을 모른다. 시원한 땅속에 넣어 둔 자들은 적당히 연한 빵을 무한정 유지한다. 식량은 형태가 아니라 축축한 케이스로 보존된다. 이 계절의 습도는 여름과 정반대여서 삼복중에 주의할 필요가 없다. 이때는 이것으로 충분하다.

더 깊이 연구해 보자. 그러면 가을에는 공 모양보다 원기둥이 더 좋음을 알게 될 것이다. 10월, 11월이면 비가 자주, 끈질기게 온다. 하지만 하루만 해가 나도 땅속의 물기는 별로 깊지 않은 금풍뎅이 집까지 충분히 내려간다. 쾌청한 날씨의 기쁨을 잃지 않는 것은 중대한 일이다. 애벌레는 그것을 어떻게 이용할까?

애벌레가 충분히 먹을 만큼 풍부한 식량이 제공된 커다란 공 속에 있다고 가정해 보자. 증발이 덜 되는 형태에다 햇볕에 마른 흙과 덜 접촉해서 소나기 한 번으로 습기가 차면 물기가 오랫동안 보존될 것이다. 땅의 표층이 24시간 만에 아무리 정상처럼 말라도 공 모양은 물이 빠진 흙과 충분하게 접촉되지 않아서 과다한 수분을 그대로 보존할 것이다. 너무 축축하고 너무 두꺼운 집에서는 식량에 곰팡이가 필 것이고 바깥의 온기와 공기가 잘 들어오지 못해서 겨울의 시련을 맞는 애벌레는 성숙에 지장이 있을 것이다. 초겨울의 햇볕 쬐기에 불리해져서 활력을 주어야 할 따뜻한 공기의 혜택을 제대로 받지 못할 것이다.

너무 건조해지는 데서 자신을 보호해야 하는 7월에는 장점이던 것이 너무 습함을 피해야 하는 10월에는 단점이 된다. 그래서 공 모양이 원기둥으로 대체된 것이다. 아주 길어진 새로운 형태로 경 단 제조 곤충들에게 소중했던 조건과는 정반대인 조건이 실현된 다. 부피는 같더라도 표면적은 극도로 펼쳐져야 한다. 이런 역전 에 동기가 있을까? 아마도 있을 것이며 내게는 그것이 어렴풋이 보이는 것 같다.

건조를 염려할 필요가 없어진 지금의 식량 뭉치는 표면적이 넓 어서 과도한 수분이 아주 빨리 빠져나가지 않을까? 넓게 펼쳐져서 사실 비가 오면 물기가 빨리 스며들 위험은 있다. 하지만 날씨가 다시 좋아지면 곧 탈수된 흙과 넓게 접촉되어 과도한 물기가 빨리 빠져나가기도 한다.

순대가 만들어지는 과정을 알아보고 이야기를 끝내자. 야외에 서 하는 작업을 직접 관찰하는 것이 불가능하진 않겠지만 너무 힘 들 것 같다. 그런데 사육장에서는 약간의 인내력과 교묘한 수단만 있으면 확실히 성공한다. 인공 땅 뒤쪽을 막았던 널빤지를 뜯어낸 다. 흙이 그 수직면을 드러내는데 굴을 만날 때까지 칼로 조금씩 긁어낸다. 작업을 잘못해서 무너뜨리지 않도록 조심해 가며 진행 하면 녀석들이 작업 중일 때 갑자기 덮칠 수 있다. 물론 빛이 갑자 기 들어가서 움직이지 않고 일하던 자세로 화석처럼 굳어 버리기 도 한다. 이렇게 작업이 갑자기 중단되어도 그때의 작업장과 재료 의 배치, 일꾼의 자리와 자세는 아주 잘 재구성해 볼 수 있다.

무엇보다도 먼저 어떤 사실 하나가 주의를 끄는데 그것은 중대 한 이점이 있으며 곤충학이 내게 보여 준 아주 예외적인 첫번째

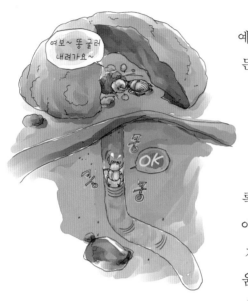

예였다. 드러난 땅굴에는 어디든 항상 암수 한 쌍의 두 협력자가 들어 있었다. 나는 어미에게 협력하는 수컷을 발견한 것이다. 둘은 살림살이를 분담했다. 내 기록에 다음과 같은 그림이 보이는데 움직임이 중단된 당사자들의 자세에 따라 그림을 움직여 보기는 쉬운 일이다.

수컷은 굴의 아래쪽 약 1인치 지점에 만들어진 소시지 위, 각 층이 더 다져져서 오목해진 가운데에 쪼그리고 있다. 내가 주거침입을 하기 전에 녀석은 거기서 무엇을 하고 있었을까? 수컷이 충분히 답변하고 있다. 그 자리에 가져다 놓은 마지막 켜를 힘찬 다리로, 특히 뒷다리로 누르는 중이었다. 암컷은 거의 땅굴 어귀인 위층에 있었는데 굴 밖에서 방금 떼어 낸 재료 한 아름을 다리 사이에 잔뜩 끼고 있었다. 나의 불법 침입에 놀랐지만 그것을 놓치지는 않았다. 저 위 허공에 매달려서 몸을 구부려 강경증(強硬症) 환자처럼 뻣뻣한 자세로 껴안고 있다. 도중에 중단된 일이 짐작된다. 바우키스(Baucis)는 튼튼한 남편 필레몬(Philémon)에게 힘들게 쌓고 계속 누르도록 재료를 내려다 주고 있었다.[2] 그녀는 원기둥 제조 업무를 수컷에게 넘겨주고 자신은 재료를 보급하는 평범한 일꾼 역할에 만족하고 있었다. 알을 낳고 세심하

2 그리스 신화에 등장하는 마음 씨 착한 노부부

게 대비하는 비밀스러운 일은 어미만 알고 있다.

　이렇게 갑작스런 장면들에서 나는 작업 전체의 여러 단계 광경을 묘사할 수 있었다. 짧고 넓은 자루 모양의 소시지는 굴 밑바닥 채우기부터 시작된다. 암수 한 쌍이 완전히 열린 자루 가운데서 부서진 재료와 함께 발견되기도 하는데 아마도 애벌레가 처음 먹는 최상급 요리를 입 닿는 곳에서 찾을 수 있도록 눌러서 뭉쳐 놓기 전에 불순물을 없애려는 것 같다. 함께 초벽을 바르고 점점 두껍게 발라 부화실 공간에 필요한 지름이 될 때까지 계속한다.

　산란할 때가 왔다. 수컷은 조심스럽게 옆으로 물러나 알이 머물 방을 막는 데 필요한 재료를 준비한다. 막기 작업은 자루 둘레를 서로 가까이 갖다 대고 붙여서 뚜껑을 꼭 닫아 둥근천장을 이루게 하는 것이다. 힘보다는 능란한 솜씨를 요구하는 까다로운 작업이며 어미 혼자서 책임진다. 이제 필레몬은 단순한 조수일 뿐, 거칠게 눌렀다가 무너뜨릴지도 모르는 천장에는 올라가지 못하고 그저 회반죽만 건네준다.

　지붕은 곧 두껍게 강화되어 압력을 받아도 걱정할 필요가 없어진다. 그때 마구 밟아 다지는 일이 시작되는데 수컷에게 우선권이 주어진 힘든 일이다. 똥금풍뎅이의 경우는 몸집과 힘에서 암수의 차이가 현저하다. 여기서는 정말로 거의 예외 없이 필레몬이 강한 남성에 속한다. 녀석에게는 늠름함과 근력이 있다. 수컷을 잡아서 손바닥으로 죄어 보시라. 피부가 좀 민감한 사람은 잘 견뎌 내지 못할 것이라고 장담한다. 톱니가 그대의 피부를 거칠게 긁어 대고 경련이 일어난 것처럼 뻣뻣하게 뻗은 다리로 긁어 대며 버티기 곤란한 구석, 즉 손가락 사이로 쑤시고 들어간다. 견딜 수가 없다.

녀석을 놓아주어야 한다.

살림할 때 수컷은 수압기(水壓機) 역할을 한다. 커다란 깍지 무더기가 거추장스러워서 부피를 줄이려면 우리는 압착기의 힘에 맡긴다. 녀석들도 마찬가지였다. 순대의 섬유질 재료를 눌러서 부피를 줄인다. 흔히 수컷이 원기둥 꼭대기에 있는 것이 보이는데, 거기는 깊은 바구니처럼 파였다. 어미가 끌어내린 짐을 이 바구니에다 받는데 수컷은 수확한 포도를 큰 통에서 밟아 으깨는 포도주 일꾼처럼 강경증 환자 자세 같은 팔받으로 재료를 밀고 섞어서 다진다. 작업이 어찌나 잘 진행되던지 처음에는 거칠고 부피가 큰 누더기 모양 같던 재료가 이제는 다듬어진 것과 한 덩이가 되어 빡빡한 층을 이루었다.

그렇지만 가끔 오목한 곳에서 발견되는 어미도 제 권리를 포기하지는 않았다. 어쩌면 아래쪽 진행을 점검하러 왔는지도 모르겠다. 까다로운 양육에 더 적합한 어미가 고쳐야 할 오류를 더 잘 파악할 것이다. 어쩌면 누르기에 지친 수컷과 교대하러 왔는지도 모른다. 암컷도 자세가 빳빳하고 기운차서 용감한 수컷과 교대할 만한 힘이 있다.

하지만 암컷의 자리는 대개 땅굴의 꼭대기였다. 지금 막 한 아름 떼어 내서 안고 있는 녀석의 모습이 꼭대기에서 발견되지만 때로는 아래쪽 작업을 준비하려고 여러 번 가져온 무더기와 함께 있는 경우도 발견된다. 암컷은 필요에 따라 재료를 조금씩 떼어 내 수컷이 꽂아야 할 곳으로 내려 보낸다.

임시 창고에서 밑의 우묵한 곳까지는 긴 공간이 펼쳐졌는데 그 아랫부분에는 일의 진행상 또 다른 자료가 제공된다. 그 벽에는 가장 탄력성 있는 재료에서 뽑아낸 유약을 잔뜩 발라 놓았는데 이 점은 나름대로 가치가 있다. 녀석들은 먹일 소시지를 한 켜씩 다지기 전에 거칠고 물이 쉽게 스며드는 거푸집 벽의 틈새를 먼저 메운다는 사실을 보여 주었다. 우기에 스며드는 물에서 애벌레를 보호하려고 굴을 미리 접착제로 붙여 놓았다. 꽉 끼인 물건의 표면을 단단하게 누를 수 없어서 넓은 작업장에서 일하는 곤충들이 모르는 계략을 채택한 것이다. 즉 흙벽의 시멘트로 초벽을 했다. 이렇게 해서 우기에 익사하는 것을 최대한 피하게 할 것이다.

방수 처리는 원기둥이 늘어남에 따라 드문드문 실행된다. 어미는 물자 보급 창고가 꽉 차서 시간 여유가 있을 때 이 일에 전념하는 것 같았다. 수컷이 밟고 뭉치는 동안 암컷은 1인치 정도 위쪽에서 초벌 작업을 했다.

암수 한 쌍이 힘을 합쳐 일한 결과 마침내 규정에 맞는 길이의 원기둥이 생긴다. 위쪽 굴의 대부분은 비어 있고 시멘트로 초벌 되지도 않았다. 이렇게 아무것도 없는 빈 공간에 대해 금풍뎅이가 걱정한다는 표시는 없다. 왕소똥구리와 뿔소똥구리는 지하실에서 파낸 흙 부스러기의 일부를 현관 앞쪽에 버려서 방책을 세워 놓는다. 그런데 소시지를 누르는 곤충은 그런 조심성을 모르는 것 같다. 내가 본 모든 땅굴은 위쪽이 비어 있었다. 거기에 가져다 놓고 다졌던 부스러기의 흔적은 없고 다만 떼어 낸 무더기에서 떨어진 찌꺼기나 허물어진 벽에서 흘러내린 흙 부스러기가 있었을 뿐이다.

이런 무관심의 동기는 아마도 둥지 위의 두꺼운 지붕에 있을지도 모른다. 금풍뎅이는 대개 말이나 노새가 푸짐하게 제공한 무더기 밑에 주거지를 정했음을 기억하자. 그렇게 두꺼운 가리개 밑에서 문을 닫을 필요가 있을까? 일기불순의 비바람은 그 울타리가 막아 준다. 한편 지붕이 내려앉고 흙이 무너지면 뚫렸던 구멍은 파낸 녀석들과 무관하게 메워진다.

조금 전에 내 펜은 필레몬과 바우키스라는 이름을 썼다. 암수 한 쌍의 금풍뎅이가 어떤 면에서는 실제로 신화에 나오는 평화로운 부부를 연상시킨다. 곤충 세계에서 수컷이란 어떤 존재인가? 짝짓기가 끝나면 무능력자이며 해야 할 임무가 없는 존재이다. 쓸모없는 존재이며 모두 피하거나 때로는 끔찍하게 처치되기도 하는 존재이다. 이 문제와 관련된 매우 비극적인 상황은 황라사마귀(*Mantis religiosa*)가 알려 줄 것이다.

그런데 여기서는 아주 희한한 예외로 게으름뱅이가 바지런한 이가 되고 일시적 사랑의 상대가 충실한 반려자가 되며 가족을 걱정하지 않던 녀석이 점잖은 가장이 되었다. 잠시의 만남이 장기간의 협동으로 변해 두 마리가 이루는 생활, 둘의 살림살이가 꾸며진 것이다. 첫 시도를 분식성 곤충으로부터 찾아야 하는 훌륭한 혁신이다. 곤충보다 아래(하등동물)로 내려가 보시라. 이런 경우는 전혀 없다. 좀더 높이 올라가 보시라. 오랫동안 아무도 없다. 가장 높은 단계로 올라가야 찾아진다.

개울의 꼬마 물고기인 큰가시고기(Épinocle: *Gasterosteus aculeatus*) 수컷은 녹조류와 수초로 토시 같은 둥지를 건축할 줄 아는데 암컷이 거기 와서 알을 낳을 것이다. 하지만 이 수컷은 일을 나누어서 할 줄은 모른다. 가족 돌보기는 수컷에게만 책임이 돌아가고 어미는 별로 상관하지 않는다. 아무래도 좋다. 한 걸음은 나아간 셈이다. 물고기 세계에서는, 즉 가정적 애정에는 완전히 무관심하며 곤란한 양육 문제는 놀랄 정도의 엄청난 다산으로 대체하는 세계에서는 매우 크고 특히 주목할 만한 한 걸음이다. 단순히 배아를 담아 두는 자루에 지나지 않는 어미는 부모로서 솜씨가 부족해 생긴 공백을 엄청난 수로 메운다.[3]

어떤 두꺼비는 아비로서의 의무를 시도해 본다. 그 뒤로 부부생활의 열렬한 신봉자인 새에 이르기까지는 이런 아비가 없다. 새는 모든 정신적 아름다움과 함께 둘이 협동하며 생활하는 모습을 보여 준다. 암수 한 쌍은 가족의 번영을 계약하고 똑같이 열렬한 두 마리의 협력자가 된다. 아비도 어미와 똑같이 둥지 짓기, 먹이 찾기, 한입 나누어 주기, 어린것들이 처음 날아오르는 시도를 감시하기 등의 업무에 한몫을 담당한다.

동물계에서 가장 상위인 포유류에서는 이 훌륭한 예가 계속되지만 거기에다 무엇을 더 보태지는 못한다. 오히려 간소화되는 경우가 흔하다. 인간이 남아 있다. 인간이 고귀할 수 있는 가장 중요한 자격 요건 중에서 절대로 빠질 수 없는 것이 가족에 대한 압도적인 보살핌이다. 하기야 어떤 사람은 가정을 돌보지 않아 부끄럽게도 두꺼비 밑으로 퇴보한다.

새와 경쟁하는 금풍뎅이의 둥지 틀기는 암수 두 협력자의 공동 업무이다. 아비는 기초를 쌓고 다져서 뭉쳐 놓는다. 어미는 초벽을 바르고 새 재료를 구해서 수컷의 발밑에 내려놓는다. 암수 한 쌍의 노력이 합쳐진 둥지는 식량 창고이기도 하다. 여기에서 매일매일 한입씩 나누어 주는 것은 아니다. 그래도 식량문제는 해결되었다. 암수 두 마리의 협력으로 호화로운 소시지가 만들어진 것이

3 파브르는 알을 짊어지고 다니며 관리하는 아비 '물장군'이나 새끼들을 얼마간 기르는 어미 집게벌레 의 예를 몰랐던 것 같다.

다. 부모는 자신들의 의무를 훌륭히 해내 새끼에게 가장 풍성한 축에 끼는 식량 창고를 넘겨준 것이다.

암수 한 쌍이 계속 유지되는 곤충, 후손의 안락을 위해 힘과 재주를 합치는 한 쌍, 이것은 분명히 굉장한 진보이고 어쩌면 동물계의 가장 큰 진보일 것이다. 고립 생활을 하던 녀석들에게서 어느 날 갑자기 천재적인 분식성 곤충이 생각해 낸 부부생활이 나타났다. 그런데 이 훌륭한 획득이 이 종류에서 저 종류로, 또 모든 동업자에게 널리 퍼지지 않고 소수의 전유물로 존재하다니 어찌된 일일까? 왕소똥구리와 뿔소똥구리 어미도 혼자서 일할 게 아니라 수컷 협력자를 하나 갖는다면 시간을 절약하고 피로가 줄어 무엇인가 얻지 않을까? 작업이 더 빨라지고 종의 번영에서 무시할 수 없는 조건, 즉 좀더 많은 가족을 가질 수 있을 것 같은데 말이다.

금풍뎅이는 어떻게 해서 집짓기와 식량 창고 채우기 노동에 암수가 협력할 생각을 하게 되었을까? 애정 문제에는 아랑곳하지 않는 곤충의 부성이 모성과 경쟁한다는 것은 너무나 중대하고 드문 사건이어서 그 원인을 찾아보고 싶은 욕구가 일어날 지경이다. 빈약한 우리의 조사 능력으로 이런 소원을 이룰 수 있다면 말이다. 우선 한 가지 생각이 떠오른다. 수컷의 보다 큰 몸집과 근면성 사이에 어떤 관련이 있지는 않을까? 어미보다 더 많은 힘과 튼튼한 체력을 가지고 태어난 평소의 게으름뱅이가 열성적인 조력자가 되었고, 일에 대한 사랑도 써먹어야 할 힘이 넘치는 데서 왔다.

조심하자. 이런 해석은 성립되지 않는다. 검정금풍뎅이의 암수는 몸집 크기가 별로 다르지 않다. 어미가 더 큰 경우도 흔하다. 그래도 수컷은 암컷을 도와준다. 녀석들도 몸집 차이가 큰 이웃인 똥금풍뎅이만큼이나 열심히 굴을 파고 거칠게 밟아서 뭉치는 자들이다.

이보다 훨씬 결정적인 이유가 있다. 면제품을 짜거나 송진을 반죽하는 꿀벌과(科)의 가위벌붙이(*Anthidium*)는 암컷보다 훨씬 몸집이 큰 수컷이 완전히 빈둥거릴 뿐이다. 힘세고 팔다리가 튼튼한 녀석에게 일을 한몫 거들라고! 어림도 없지! 완전히 지치는 것은 허약한 어미나 할 일일 뿐, 튼튼한 녀석은 라벤더나 개곽향 꽃에서 즐기는 게 일이로다!

결국 금풍뎅이는 육체적 우위로 근면하고 가족의 안팎을 위해 헌신하는 가장이 된 것은 아니다. 내가 조사한 결과는 여기가 끝이다. 문제를 더 파고드는 것은 헛된 시도일 것이다. 적성의 기원은 우리가 알 수 없는 문제로다. 왜 여기는 이런 소질을, 저기는 저런 소질을 타고났을까? 그것을 누가 알까? 언젠가는 알게 되리라는 기대를 가져 볼 수는 있을까?

한 가지 관점은 분명하게 나타난다. 본능은 구조에 딸리지 않았다는 점이다. 금풍뎅이는 아득한 옛날부터 알려졌고 곤충학자는 녀석의 아주 미소한 부분까지 빈틈없는 돋보기로 샅샅이 조사했다. 그런데 암수가 함께 살림하는 놀라운 특권을 짐작한 사람은 아직 아무도 없었다. 지리학자가 단조롭게 넓은 바다의 수평면에 떠 있는 섬의 명세서를 아직 작성하지 않아서 여기저기 흩어진 섬의 위치를 예측할 수 없을 때 갑자기 소규모의 외딴 섬들의 언덕이 불쑥 나타나듯이 생명의 넓은 바다에 이와 같은 본능의 봉우리가 솟아올랐다.

12 금풍뎅이 - 애벌레

금풍뎅이($Geotrupes$)는 산란 시기가 늦어지는 정도에 따라 알의 부화가 1~2주일의 차이를 보이는데 대개는 10월 전반부에 부화한다. 애벌레의 성장 속도는 대단히 빠르며 형태는 다른 소똥구리 애벌레와 완전히 달라서 즉시 알아볼 수 있다. 그래서 우리는 뜻밖의 풍성한 신세계에 와 있게 된다. 좁은 방에 들어 있을 수밖에 없는 애벌레는 갈고리처럼 이중으로 접혔고 순대는 점점 파 먹혀서 안쪽이 넓어진다.

왕소똥구리($Scarabaeus$), 뿔소똥구리($Copris$), 기타의 다른 소똥구리 애벌레도 행동 면에서는 같지만 녀석들을 흉물로 만들어 놓은 등혹이 금풍뎅이 애벌레에게는 없다. 녀석의 등은 그냥 둥글게 구부러졌다. 접착제 창고인 배낭이 없는 것은 습성이 전혀 다름을 말해 준다. 실제로 금풍뎅이 애벌레에겐 벌어진 틈새를 틀어막는 기술이 없다. 녀석이 차지한 소시지 어디에 구멍을 내도 즉시 몸을 돌려 시멘트가 잔뜩 얹힌 흙손으로 문질러서 수리하는 것을 보지 못했다. 공기가 들어가도 괴로워하는 모습을 별로 보이지 않는다.

아니, 그보다도 녀석의 방어 수단에는 예정되어 있지 않은 일이다.

실제로 녀석의 거처를 보시라. 건물에 금이 갈 수 없는데 땜질할 미장이 기술이 필요할까? 땅굴 원기둥 속에 꽉 끼워진 소시지는 그 틀이 받쳐 주어 풍화작용을 면하게 되어 있다. 왕소똥구리 경단은 사방이 활짝 열린 넓은 지하실에 있어서 부풀거나, 갈라지거나, 비늘처럼 떨어져 나가는 일이 흔하다. 하지만 금풍뎅이 소시지는 집 안에 꽉 끼워져서 그런 변형이 없다. 혹시 갈라진 틈이 생겼더라도 전혀 위험한 사고는 아닐 것이며 가을에서 겨울에 걸친 시기는 땅이 항상 시원해서 다른 경단 제작자들이 그렇게도 무서워하는 건조를 염려할 필요도 없다. 따라서 별로 일어날 가능성도 없고 거의 영향도 없을 위험에 대비할 재주가 없는 것이다. 흙손에 시멘트를 대주는 창자도 없고 꼴불견인 창고용 혹도 없다. 우리가 처음 연구할 때 보았던 끝없는 똥싸개 애벌레는 사라지고 대신 보통 애벌레가 나타난 것이다.

금풍뎅이 애벌레는 굉장한 대식가이며 게다가 외부와는 아무 연락도 없는 독방에 갇혀 있으니 우리가 말하는 청결을 철저히 모르는 것도 당연하다. 그렇다고 해서 오물투성이가 되어 기분 나쁠 정도로 더럽다는 뜻으로 알아듣지는 마라. 그러면 생각을 대단히 잘못하는 것이 된다. 윤이 나는 녀석의 피부보다 더 깨끗하고 반들거리는 것도 없다. 오물을 먹는 애벌레들이 무슨 화장술로, 또 어떤 처치 기술의 은덕으로 그토록 깨끗하게 몸을 유지하는지 의아한 생각이 든다. 애벌레가 머문 곳 밖에서는 녀석들의 더러운 생활을 짐작하지 못한다.

모든 점을 생각해 보니 벌레가 거기서 얻는 이익의 특성이 우리에게는 결점일지라도 녀석의 청결에는 문제가 되지 않는 이유는 다른 곳에 있다. 우리네 생각만 나타내는 언어는 곧잘 올바른 방향에서 벗어나 현실의 사물 표현에 충실하지 못하다. 우리 관점 대신 애벌레의 관점을 가져오고 사람 대신 분식성 곤충이 되어 보시라. 그러면 귀에 거슬리는 용어들이 벌써 사라진다.

식욕이 대단히 왕성한 애벌레와 외부와는 무관하다. 소화된 찌꺼기를 어떻게 할까? 그것이 난처하기는커녕 되레 거기서 이익을 얻는다. 물론 혼자 껍질에 갇혀서 사는 다른 애벌레들도 그랬었다. 녀석들은 찌꺼기를 이용해서 제 방의 틈새를 메우거나 부드러운 플란넬을 대고 누볐다. 찌꺼기를 펴서 푹신한 침대를 만들면 연한 피부에 귀중한 물건이 된다. 또 그것들을 쌓아서 긴 겨울잠을 보호해 줄 매끈한 다락방, 즉 물이 스며들지 않는 곳에 침대 자리를 마련한다. 앞에서 말했듯이 우리가 분식성 곤충이 되어 보면 우리 용어가 완전히 바뀌어서 보기 싫고 기분 나쁘던 것이 아주 유익하고 값진 것이 된다. 소똥풍뎅이(*Onthophagus*), 뿔소똥구리, 왕소똥구리, 그리고 소똥구리가 우리를 이런 재간에 익숙하게 했다.

소시지가 놓인 상태는 수직이거나 거의 수직이다. 애벌레의 부화실은 아래쪽 끝에 있으며 녀석이 자라면서 위쪽의 먹이를 먹는다. 하지만 상당히 두껍게 둘러쳐진 벽은 건드리지 않는다. 넓게 된 공간은 마음대로 이용할 수 있다. 겨울을 대비할 필요가 없는 왕소똥구리 애벌레는 식량을 풍부하게 배급받지 못했다. 초라하게 배급된 작은 경단은 얇은 벽만 남기고 모두 먹힌다. 물론 벽이 얇아도 덩어리를 배설물로 두껍게 만들어서 튼튼하다.

금풍뎅이 애벌레는 처지가 완전히 달라서 엄청나게 큰 소시지를 물려받았다. 그것은 왕소똥구리 애벌레 경단보다 12배가량 큰 식량 뭉치이다. 애벌레의 배가 아무리 크고 식욕이 왕성해도 그것을 모두 먹지는 못할 것이다. 하지만 지금은 식량 하나만 문제가 아니라 겨울잠이라는 중대한 문제가 남아 있다. 부모는 겨울의 혹독한 추위를 예측하고

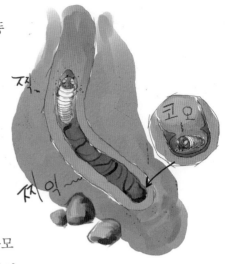

새끼들이 대비할 수 있는 것까지 엄청나게 물려주어 큰 소시지가 추위를 막아 주는 둥지도 되는 것이다.

　사실상 애벌레는 제 머리 위를 갉아먹으며 자신이 겨우 지나갈 정도의 통로가 파인다. 결국 가운데 부분만 먹어서 아주 두꺼운 벽은 그대로 남는 것이다. 집이 파이는 대로 벽에는 창자의 배설물이 발리며 누벼진다. 초과한 것은 뒤쪽에 쌓여서 방벽이 된다. 좋은 계절에는 애벌레가 지하도를 위아래로 오르내리다가 어디엔가 머무는데, 나날이 줄어드는 먹이에 이빨을 갖다 대는 일밖에 할 수가 없다. 이렇게 5~6주 동안 실컷 먹고 나면 추위가 닥쳐오고 추위와 더불어 겨울잠도 잔다. 이때는 애벌레가 소화하여 곱게 반죽된 집 밑의 무더기에 엉덩이를 돌려서 반들반들한 타원형 다락방을 판다. 구부러진 침대의 감실(龕室)이 된 은신처에서 겨울잠 준비를 끝낸 애벌레는 안심하며 잘 수 있다. 부모는 별로 깊지 않은 땅속이라 추위가 닥쳐 결빙이 되는 곳에 자식을 방치했을망

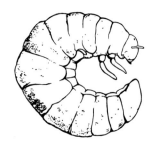

똥금풍뎅이 애벌레

정 식량을 지나치게 많이 비축해 줄 줄은 알았다. 그래서 추운 계절에는 엄청나게 남는 식량에서 훌륭한 집이 얻어지는 것이다.

12월에는 거의 다 자랐거나 완전히 성장했다. 혹독했던 기후가 이제 적당해지면 번데기가 되겠으나 조심성을 가진 애벌레는 미묘한 탈바꿈을 늦추는 것이 좋겠다고 판단한다. 애벌레는 건강해서 새 생활의 초기 단계인 연한 번데기보다 훨씬 추위를 잘 이겨 낼 것이다. 그래서 애벌레는 참고 마비되어 기다린다. 녀석을 조사해 보려고 다락방에서 꺼냈다.

애벌레는 등 쪽이 볼록하고 배는 거의 편평하며 갈고리처럼 구부러진 반원통 모양이다. 전에 보았던 분식성 곤충 애벌레들의 등혹은 전혀 없다. 엉덩이 끝의 흙손도 없다. 틈새를 보수하는 미장이 기술이 없으니 시멘트 창고도, 그것을 바르는 연장도 필요 없는 것이다.

매끈한 흰색 피부의 뒤쪽 절반은 창자의 검은색 내용물로 칙칙해 보인다. 아주 길거나 매우 짧은 털이 등 마디의 중간에 드문드문 나 있다. 분명 방안에서 엉덩이만 움직여 자리를 옮길 때 이 털을 이용할 것이다. 담황색 머리는 보통 크기이며 강한 큰턱은 끝이 갈색을 띤다.

별로 흥밋거리가 못 되는 자질구레한 것은 놔두고 벌레의 주요한 특징인 다리를 보자. 좁은 방안, 특히 한곳에만 머무는 애벌레치고는 앞쪽 두 쌍의 다리가 무척 길다. 구조도 정상적이며 그것들의 힘으로 벌레가 순대 안쪽을 오르내릴 수 있겠다. 하지만 세 번째 쌍은 다른 예에서 보지 못한, 알 수 없는 이상한 모양의 다리였다.

뒷다리는 발생 도중 멎어 버려 불완전한, 즉 나면서부터 쓸 수 없는 불구이다. 잘려서 생명이 떠난 찌꺼기라고 할 수 있겠다. 길이는 앞다리의 겨우 1/3 정도였다. 게다가 정상적인 다리처럼 아래를 향한 게 아니라 등 쪽을 향해 위로 비틀려서 오그라들었고 항상 뻣뻣하게 이상한 자세를 취하고 있다. 그래도 다른 다리처럼 각 부분을 알아볼 수는 있다. 하지만 모든 부분이 매우 축소되었고 무기력했다. 요컨대 금풍뎅이 애벌레의 특색을 혼동하지 않게 표현하려면 두 단어로 충분하다. 바로 '위축된 뒷다리'이다.

이 특징은 너무도 분명하고, 너무나 인상 깊고, 너무나 예외적이라 통찰력이 아주 없는 사람이라도 착각할 수 없을 것이다. 이 애벌레는 불구의 몸으로 태어나는데 그 불구가 눈에 확 띄어서 틀림없이 주의를 끌게 마련이다. 저자(著者)들은 그것에 대해 뭐라고 말했을까? 내가 알기에는 아무 말도 안 했다. 몇 권 안 되는 내 주변의 책에는 이 점에 대한 이야기가 없다. 물론 뭘상은 똥금풍뎅이 애벌레를 설명했다. 하지만 그 이상한 구조에 대해서는 언급이 없다. 꼼꼼하게 기재하다가 괴상한 기관을 못 보고 지나쳤을까? 입술, 촉수, 더듬이 따위의 마디 수, 털 등 모든 것이 자세히 검사되었는데 이상하게 축소되었고 움직이지 않는 다리에 대해서는 말이 없다. 모래 한 알이 산을 숨겨 준 격인데 나는 이해하기를 단념했다.

성충의 뒷다리는 가운데다리보다 길고 힘도 더 세다. 그래서 힘으로는 앞다리와 경쟁할 정도라는 점에 유의하자. 어쨌든 애벌레의 위축된 뒷다리는 성충의 튼튼한 압착기가 되고 잘려서 움직이지 않던 다리가 압착공의 튼튼한 연장으로 변신한 것이다.

소똥을 이용하는 곤충들에게서 벌써 세 번이나 확인된 비정상이 어디에서 오는 것인지 누가 말해 줄까? 어릴 때는 모든 다리가 성했던 왕소똥구리가 성충이 되면 앞발가락이 잘리고, 번데기 상태에서는 가슴에 뿔이 돋았던 소똥풍뎅이가 마지막 장식 때는 아무 이득도 없는 그것이 사라지게 내버려 두며, 처음에 절름발이이던 금풍뎅이는 쓸모없이 잘렸던 다리가 지렛대 중 제일 좋은 지렛대를 만들어 준다. 마지막 경우에만 발전했고 다른 녀석들은 퇴보했다. 왜 불구이던 녀석이 완전해지고 완전하던 녀석이 불구가 될까?

우리는 항성을 화학적으로 분석하고 우주를 형성하는 성운(星雲)을 뜻하지 않게 발견한다. 그런데 왜 불쌍한 불구자 애벌레가 태어나는지는 결코 모를까? 자, 생명의 신비를 탐색하는 잠수부들아, 아주 깊은 심연으로 훨씬 더 내려가서, 하다못해 금풍뎅이와 왕소똥구리 문제에 대한 해답이라는 진주만이라도 가져다 다오.

둥지 아래쪽에 침실을 마련해 놓고 그 안에 들어 있는 애벌레가 혹독한 겨울 추위 때는 어떻게 하고 있을까? 1895년 1, 2월의 아주 드문 강추위가 이 점을 알려 준다. 언제나 바깥의 같은 자리에 놓여 있는 사육장들은 여러 번 영하 10℃ 안팎까지 온도가 내려가는 걸 겪었다. 이렇게 시베리아 같은 기후가 닥쳐왔을 때 추위에 전혀 보호되지 않은 사육장 안에서 어떤 일이 벌어지는지 확인해 보고 싶은 마음이 생겼다.

그런데 그럴 수가 없었다. 전에 왔던 비에 속속들이 젖은 흙층이 빽빽한 덩어리가 되어 마치 돌을 깨듯이 곡괭이와 끌로 한 조각씩 떼어 내야만 했다. 곡괭이의 충격으로 모든 것이 위태로워질 테니 난폭하게 파낼 수 없는 일이다. 게다가 생명체가 얼음덩이 속에 있다면 너무 갑작스러운 온도의 변화로 위험해질 것이다. 땅이 저절로 녹기를 기다리는 것이 옳았고 기다림은 매우 느려졌다.

3월 초에 사육장을 다시 찾아가 보았다. 이번에는 얼음이 모두 없어졌다. 땅은 부드러워서 파내기 쉬웠다. 그런데 성충이 된 금풍뎅이가 모두 죽었고 10월에 거두어서 안전하게 보관했던 것과 거의 비슷한 양의 소시지만 다량으로 한 무더기 남아 있었다. 하나의 예외도 없이 모두 죽었다. 추워서 그랬을까? 늙어서였을까?

이 시기보다 조금 늦은 4, 5월, 새 세대는 모두 애벌레 상태이거나 기껏해야 번데기 상태일 무렵 오물 청소부 업무에 종사하고 있는 성충 금풍뎅이를 자주 만났다. 녀석들은 왕소똥구리, 뿔소똥구리, 그 밖의 소똥구리가 그랬듯이 제 후손을 알며 후손들과 함께 일할 정도로 충분히 오래 산다. 조숙한 금풍뎅이는 고참이다. 녀석은 충분히 땅속으로 깊이 파고 들어갈 수 있었기에 혹독한 겨울 추위를 모면했다. 몇 개의 널빤지 속에 갇혀 있던 내 금풍뎅이들은 충분히 깊이 파고들 수 없어서 죽은 것이다. 자신을 보호하는데 1m 깊이의 땅속이 필요했는데 녀석들에게는 한 뼘 정도의 땅밖에 주어지지 않았다. 따라서 나이를 먹어서라기보다는 추워서 죽은 것이다.

성충에게는 치명적인 저온이 애벌레는 고스란히 놔두었다. 10월에 팠을 때 제자리에 그대로 남겨진 몇 개의 소시지에는 상태가 훌륭한 애벌레가 들어 있었다. 보호용 둥지가 완전한 역할을 해내서 성충에게는 치명적인 대재난에서 새끼는 보호된 것이다.

11월에 만들어진 원기둥 안에는 훨씬 놀라운 것이 들어 있었다. 아래쪽 끝의 부화실에 아주 통통하게 살찌고 반들반들해서, 마치 그날 태어난 것처럼 겉모습이 훌륭한 알이 들어 있었다. 이것이 아직 생명이 있을까? 겨울의 대부분을 얼음덩이 속에서 지냈는데 그게 가능할까? 나는 감히 그렇다고 생각하지는 못하겠다. 게다가 소시지도 모양새가 좋지 않았다. 발효가 되어 갈색으로 변했고 곰 팡이가 슬었으니 받아들일 식량감으로 보이지 않았다.

어쨌든 알을 확인하고 비참한 소시지를 작은 병으로 옮겼다. 조심성이란 훌륭한 것이다. 그토록 혹독한 환경에서 겨울을 보낸 배아의 신선한 겉모습은 거짓이 아니었다. 얼마 후 부화했고 5월 초에는 늦된 애벌레들이 가을에 부화한 형들과 거의 비슷하게 자랐다.

이 관찰로 몇 가지 흥미 있는 사실이 밝혀졌다.

우선 9월에 시작되는 금풍뎅이의 산란은 상당히 늦은 11월 중순까지 계속된다는 점이다. 초겨울이 시작되는 이때의 지열은 알을 품어 주기에는 불충분하다. 그래서 제 형처럼 빨리 부화할 수 없게 태어난 알은 따뜻한 봄이 오기를 기다린다. 4월의 따뜻한 날 며칠이면 중단되었던 녀석의 생명력을 충분히 깨울 수 있다. 그때는 정상적으로 성장하는데 너무도 빨리 변해서 늦둥이의 몸집은 번데기가 처음 나타나는 5월의 형들과 같거나 거의 같을 정도가 된다. 5~6개월 동안 발생이 중단되었음에도 불구하고 그런 것이다.

두 번째는 금풍뎅이 알은 혹독한 추위의 시련을 무사히 견뎌 낸다는 점이다. 내가 미장이의 끌로 공격을 시도했을 때 언 덩어리의 안쪽 온도가 어땠었는지는 모르겠다. 밖에 있는 온도계가 때로는 영하 10℃ 내외를 가리켰다. 극심한 추위가 상당히 오래 계속되었으니, 상자 속 흙도 그 정도로 차가워졌다고 생각할 수 있다. 금풍뎅이 순대는 꽁꽁 얼어서 돌덩이처럼 되었음에도 불구하고 알들은 그 속에 박혀 있었다.

아마도 섬유질로 이루어진 순대의 불량한 열전도율이 큰 몫을 담당하기는 했을 것이다. 애벌레나 알이 직접 만났다면 치명적이었을 강추위의 공격을 똥 울타리가 어느 정도 보호해 주었을 것이다. 어쨌든 이런 환경에서 처음에는 축축했던 말똥 원기둥이 돌처럼 단단해졌을 것이 틀림없고 애벌레가 만든 굴속이나 부화실 안의 온도가 땅속처럼 0℃ 이하로 내려갔을 것에는 의심의 여지가 없다.

그때는 애벌레나 알이 어떻게 되었을까? 정말 얼었을까? 모든 점으로 보아 그랬을 것 같다. 연약한 것 중에서도 가장 연약한 배아와 애벌레 알갱이에 들어 있는 생명의 도화선이 굳어서 작은 돌처럼 되었다가 다시 생명력을 얻자면, 즉 얼었다가 녹은 다음 다시 성장을 계속한다는 사실을 인정하자면 어느 정도를 초월하는 수준이 필요하다. 그래도 상황들은 그렇게 입증하고 있다. 금풍뎅이 소시지는 어떤 물질도 갖지 못했을 만큼 열전도의 불투과성이 큰 것으로 가정하고 그렇게도 강하고 오랫동안 지속된 냉동 상태에서 녀석들을 충분히 막아 준 차단막으로 보아야 할 것이다. 거기에 온도계가 없었던 게 얼마나 유감스러운 일이더냐! 어쨌든 전체가 냉동되었는지는 의심스러워도 한 가지 특성만은 확실하다. 금풍뎅이 애벌레와 알은 자신의 보호용 둥지에서 아주 저온에도 죽지 않고 견뎌 냈다는 점이다.

이왕 월동 이야기가 나왔으니 곤충이 추위를 견뎌 내는 문제에 대해 몇 마디 더 해보자. 몇 해 전, 부식토에서 배벌(*Scolie*)의 고치를 찾다가 유럽점박이꽃무지(*Protaetia aeruginosa*) 굼벵이를 많이 채집했었다. 녀석을 화분에 넣고 썩은 식물성 물질 몇 줌을 등이 겨우 가려질 정도로 얇게 하여 함께 넣어 두었다. 그러고는 다른 연구에 몰두해서 화분을 바깥 정원 한 구석에 놓아둔 채 잊어버렸다. 혹독한 추위가 닥쳐와 땅이 꽁꽁 얼었고 눈이 왔다. 문득 그런 날씨에 보호되지 않은 꽃무지 생각이 났다. 화분의 내용물인 흙, 낙엽, 얼음, 눈 등이 쭈글쭈글하게 오그라든 애벌레와 한데 뒤엉켜 덩어리가 되어 굳어 있었다. 애벌레 모습이 마치 편도(扁桃)에 해당하는 일종의 누가(almond cake) 과자[1] 같았다. 그런 추위를 맞았으니 애벌레는 틀림없이 죽었을 것이다. 그런데 아니었다. 언 것이 녹자 얼었던 녀석들이 다시 살아나 아무 일도 없었던 것처럼 우글거렸다.

성충의 인내력은 애벌레만 못하다. 제련이 진척된 녀석의 기관은 강성을 잃었다. 1895년 겨울에 피해를 입은 사육장이 그에 대한 뚜렷한 예를 제공했다. 왕소똥구리, 뿔소똥구리, 소똥풍뎅이, 황야소똥구리(Pilulaire: *Gymnopleurus flagellatus*)

---

1 비결정체 상태의 설탕으로 만든 캔디의 일종. 땅콩이나 잘게 썬 과일, 열매 등을 섞어 만들기도 한다.

224

점박이꽃무지 애벌레는 부엽토를 먹고 자라며, 성충은 대낮에 비상 활동이 매우 활발하다. 떡갈나무류의 나뭇진에 잘 모이며 달콤한 과일을 매우 즐겨 핥아먹는다.
포천, 12. VI. '92

등 아주 다양한 분식성 곤충을 거기에 많이 모아 놓았었다. 그리고 어떤 종류는 신참과 고참을 함께 갖다 두었다.

금풍뎅이는 돌덩이처럼 굳어 버린 흙층에서 한 마리의 예외도 없이 모두 죽었다. 유럽장수금풍뎅이(*Minotaurus*→ *Typhaeus*) 역시 모두 죽었다. 하지만 이 두 종은 북쪽으로 더욱 전진했고 추운 풍토를 겁내지 않는다. 반대로 남쪽에 사는 종인 진왕소똥구리(*Scarabaeus sacer*), 스페인뿔소똥구리(*C. hispanus*), 황야소똥구리 따위는 고참이나 신참 모두가 감히 내가 바라던 것보다 훨씬 겨울을 잘 견뎌 냈다. 물론 많이 죽어서 죽은 녀석이 대다수를 차지한 것은 사실이다. 하지만 얼어서 뻣뻣해졌다가 햇살을 받자 종종걸음을 쳐 나를 놀래킨 녀석들, 즉 그렇게 살아남은 녀석들도 있었다. 4월에 냉동에서 벗어난 녀석이 다시 일을 시작한다. 추위에서 해방되어 겨울 숙영지를 아주 깊은 곳에 마련할 필요 없음을 보여 준 셈이다. 어느 아늑한 구석에 변변찮은 흙 차단막만 있어도 충분하다. 금풍뎅이보다 땅 파는 솜씨는 형편없어도 일시적 추위에

저항하는 힘은 더 많이 타고난 것이다.[2]

본론 밖으로 주의를 돌렸었는데 무서운 해충을 처치하려는 농업에게 추위는 믿을 것이 못 됨을 지적하면서 여담을 끝내련다. 아주 깊은 땅속까지 얼리며 오래 끈 강추위는 땅속 깊이 파고들지 못하는 여러 곤충을 박멸시킬 수 있다. 하지만 살아남는 녀석도 많다. 더욱이 애벌레 여러 종류와 알은 가장 혹독한 추위라고 여겼던 기후에서도 별 탈이 없었다.

4월의 화창한 봄날, 원기둥 아래층의 임시 독방에 틀어박혔던 두 종의 금풍뎅이 애벌레는 무기력증을 끝낸다. 활동이 다시 시작되는 동시에 식욕도 약간 되살아난다. 가을의 호화판 식량에서 아직도 풍부하게 남은 것을 먹는다. 하지만 지금은 억세게 먹어 대는 탐식이 아니라 두 잠 사이, 즉 겨울잠과 더 깊은 탈바꿈의 잠 사이에 먹는 단순한 새참일 뿐이다. 방안의 벽은 멋대로 공격당한다. 틈이 벌어지고 벽의 일부가 무너져 집은 곧 알아볼 수 없는 폐가가 되어 버린다.

그래도 처음에 만든 순대의 아랫부분에는 손가락 몇 마디 길이의 벽이 온전하게 남아 있다. 마지막 작업을 위해 남겨 둔 거기에는 애벌레의 배설물이 두껍게 쌓여 있다. 이 무더기 가운데의 안쪽에 정성스럽게 닦여서 파인 다락방이 있다. 위쪽은 헐린 부스러기로 뚜껑이 만들어지는데 겨울의 침대 방 위에 있던 단순한 감실처럼이 아니라 튼튼하게 만들어진다. 곁에는 작은 매듭이 많아서 꽃무지가 부식토로 제 몸을 감싸는 껍질을 만들어 놓은 것과 상당히 비슷한 모양이 된다. 이 뚜껑은 순대의 나머지 부분과 합쳐지는데 만일 윗부분이

2 사실 여부가 매우 의심스럽다.

잘리지 않았다면 수염풍뎅이(Hanneton)의 껍데기가 연상되는 거처를 만들어 놓는다. 물론 그 윗부분에는 대개 무너진 원기둥의 잔해가 얼마큼 세워져 있다.

이제 애벌레가 탈바꿈하려고 틀어박히는데 창자 속의 모든 찌꺼기는 다 빠져나갔고 꼼짝 않는다. 며칠 후면 배의 마지막 마디 등 면에 물집 하나가 생긴다. 그것이 부풀어 오르며 퍼져서 가슴까지 올라간다. 허물벗기가 시작된 것이다. 빛깔 없는 액체가 확장되면서 일종의 우윳빛 구름 모양을 어렴풋이 보이는데 그것은 새로운 기관의 희미한 흔적들이다.

가슴 앞쪽이 찢어지고 껍질이 천천히 뒤로 밀려난다. 드디어 절반은 투명하고 절반은 불투명한 하얀색 번데기가 나타난다. 내가 첫번째 번데기를 얻은 것은 5월 초였다.

4~5주 후 성충이 나오는데 딱지날개와 배만 흰색이고 나머지 부분은 색깔이 벌써 정상이다. 색깔의 변화는 빨리 끝난다. 그래서 6월이 끝나기 전에 완전히 성숙한 금풍뎅이가 석양 무렵 땅속에서 올라온다. 그리고 지체 없이 날아올라 오물 청소부의 임무를 수행하러 간다. 애벌레로 겨울을 넘긴 늦둥이는 제 형들이 해방될 때 아직도 하얀 번데기 상태였다가 9월이 가까워서야 고치를 부수고 들판의 위생 처리에 협력하러 간다.

13 매미와 개미의 우화

명성은 특히 전설과 더불어 이루어진다. 설화는 동물에서도 사람에서처럼 역사가 우선한다. 특히 곤충이 이렇게든, 저렇게든 우리의 주의를 끌었을 때는 그만큼 대중적인 이야깃거리를 얻은 것인데 그 이야기가 진실한지 아닌지에 대해서는 별 관심이 없다.

에 또, 예를 들어 누군가 매미란 이름조차 모를 사람이 있을까? 곤충 세계에서 매미만큼 높은 명성을 어디서 또 찾을 수 있을까? 미래에 대한 생각은 없이 노래만 정열적으로 부르는 그의 명성은 우리 기억력 훈련에 첫 주제로 헌신했다. 배우기 쉬운 짧은 구절로, 북풍이 몰아닥칠 때는 가진 것이 없는 매미가 이웃인 개미에게 달려가 굶주림을 호소하는 것으로 소개된다. 식량을 꾸는 환영받지 못할 주문을 하러 간 매미는 적절한 대답을 듣게 되는데 그 답변이 이 곤충을 유명하게 만든 이유였다. 개미의 야비한 놀림, 즉

당신은 노래를 불렀지요! 그래서 나는 대단히 즐거웠답니다.

아주 좋습니다. 그럼 이제 춤이나 추시지요.

이 짧은 문구 두 줄은 이 곤충이 묘기로 공
적을 인정받기보다는 오명을 얻는 데 더 많
이 작용했다. 이것이 어린이의 정신 속에 쐐
기처럼 깊숙이 박힌 다음 결코 빠져나오지
않는다.

올리브 나무가 자라는 농촌에 틀어박혀 사
는 사람은 대개 매미의 노래를 모른다. 하지
만 어른이나 아이 모두가 개미에게 당한 매

유럽깽깽매미

미의 실망은 알고 있다. 도대체 이 명성은 어디서 온 것이더냐! 도
덕에도, 박물학에도 위배되는, 그리고 가치도 매우 의심스러운 이
이야기, 장점이라면 짧다는 것밖에 없는 터무니없는 이야기, 엄지
동자(Petit Poucet)[1]의 장화나 빨간 두건(Chapron Rouge)의 빵 과자
이야기같이 시간이 흘러도 절대적으로 지배할 명성의 바탕은 이
런 것이다.

어린이는 특히 보존을 매우 잘한다. 어린이의 기억 속에 맡겨지
면 쓰임새와 관습은 불멸의 것이 된다. 어린이가 처음으로 떠듬떠
듬 외우기 시작한 것이 매미의 불행 이야기였으니 매미가 유명하
게 된 것은 어린이에 의해서였다. 이 우화의 짜임새를 이루는 지
독한 난센스가 어린이를 통해서 보존될 것이다. 겨울에는 매미가
없어진다. 하지만 이야기 속에서는 추위가 닥쳐왔는데도 매미가
여전히 굶주림에 고통 받는 것으로 되어 있다. 그리고 여전히 연
약한 빨대(액체를 빠는 주둥이)에는 맞지 않는
양식인 낟알 몇 개를 구걸할 것이고, 절대로
안 먹는 그가 파리나 작은 벌레를 조금만 달

1 프랑스의 시인이며 동화 작가
인 페로(Perrault)의 동화에 등
장하는 난쟁이

라고 간청할 것이다.

이 이상한 오류의 책임은 누구에게 있을까? 많은 사람의 말로는 세련되고 날카로운 관찰로 우리를 매료시켰다는 라 퐁텐(La Fontaine)[2]의 우화가 여기서는 착상을 잘못했다. 처음에는 다른 소재인 여우, 늑대, 고양이, 숫염소, 까마귀, 쥐, 족제비, 그 밖에 많은 짐승을 깊게 알고 녀석들의 활동을 세밀한 부분까지 참으로 재미있고 정확하게 이야기 해주었다. 그 동물들은 그 고장의 인물이었고 이웃이었고 밥도 같이 먹는 사람으로 표현되었다. 그러나 바보토끼(Jeannot Lapin)[3]가 뛰노는 곳에서는 매미가 외지 손님이었다.[4] 라 퐁텐은 매미를 한 번도 본 일이 없고 노래도 듣지 못했다. 그의 생각에 유명한 가수 곤충은 틀림없이 베짱이(Sauterelle)였다.

만화책만큼 예민한 장난기가 담긴 필치로 그림을 그리는 그랑빌(Grandville)[5]도 똑같이 혼동했다. 그의 그림에서는 개미가 부지런한 주부의 옷차림을 하고 있다. 식량을 꾸러 온 매미가 커다란 밀 부대들이 쌓여 있는 문지방 옆에서 발, 아니 손을 내밀자 개미는 무시하는 태도로 등을 돌리고 있다. 주인공은 커다란 모자를 비스듬히 걸쳐 쓰고 기타를 옆구리에 끼고 북풍으로 스커트가 장딴지에 착 달라붙었는데 영락없는 베짱이의 모습이다. 그랑빌 역시 라 퐁텐처럼 진짜 매미는 상상하지 못했다. 오히려 일반적 오류를 훌륭하게 표현한 것이다.

한편 변변찮은 이 이야기는 라 퐁텐이 다

2 Jean de La Fontaine. 1621~1695년. 프랑스 시인, 우화 작가

3 1903년에 발행된 Beatrix Potter의 이야기 중 하나. Pierre Lapin이 용감한 사촌 Jeannot Lapin과 함께 Mcgregor 씨의 밭으로 양파를 훔치러 갔다는 이야기

4 바보토끼는 Paris 사람을 뜻하며 그곳에는 매미가 살지 않는다는 이야기

5 본명 Jean Ignace Isidore Gerard. 1803~1847년. 프랑스의 풍자 화가

른 작가의 우화를 되풀이한 것에 불과하다. 개미에게 그토록 박대
를 받는 매미의 전설은 이기주의만큼이나, 즉 이 세상처럼 오래된
것이다. 에스파르트 섬유(Sparterie)로 짠 바구니에 무화과와 올리
브를 잔뜩 담고 학교에 가던 아테네 어린이들도 이 전설을 외워야
하는 과목처럼 중얼거렸다. 아이들은 이렇게 말했다.

　겨울에는 개미가 젖은 식료품을 햇볕에 말립니다. 갑자기 굶주린 매미
가 찾아와서 간청합니다. 낟알 몇 개를 요구합니다.
　인색하게 재산을 모은 개미가 대답합니다.
　너희들은 여름에 노래를 불렀으니 겨울에는 춤이나 추어라.

　좀 무미건조하지만 건전한 의식과는 완전히 반대였던 이 노래
가 바로 라 퐁텐의 주제였다.

어쨌든 이 우화는 아주 훌륭한 올리브 나무와 매미의 고장인 그리스에서 여기까지 온 것이다. 전해 내려오는 것처럼 정말 이솝이 그 저자였을까? 의심스럽다. 하지만 중요한 것은 그게 아니다. 이야기한 사람은 그리스 사람들인데 매미와 한 고장에 살았으니 틀림없이 녀석을 잘 알 것이다. 우리 마을에도 겨울에는 매미가 절대로 없음을 모를 만큼 머리가 꽉 막힌 농부는 없다. 땅을 파는 사람이면 누구나 추위가 가까워 올 때 올리브 나무를 북돋아 주다가 삽 밑에서 매우 자주 만나는 이 곤충의 처음 상태, 즉 애벌레를 알고 있다.[6] 여름에는 이 애벌레가 둥근 구멍을 파고 나오는 모습을 오솔길 옆에서 수없이 많이 보아 와서 알고 있다. 또 녀석이 잔가지에 붙어서 등을 갈라 굳은 양가죽보다 마른 껍질을 벗어 던지는 것이나 풀처럼 초록색이던 매미가 금세 갈색으로 바뀌는 모습도 알고 있다.

아티카(Attique, 아테네 사람들)의 농부도 어리석지 않다. 아무리 관찰할 줄 모르는 눈이라도 놓칠 수 없는 상황이니 잘 보았을 것이고, 내 이웃의 촌사람들이 잘 안다면 그들도 알았을 것이다. 이 우화를 지어낸 사람이 누구였든, 학식이 높아 이런 일에 정통할 만큼 아주 좋은 상황에 있었을 것이다. 그렇다면 이야기의 잘못은 어디서 왔을까?

그리스의 우화 작가는 옆에서 심벌즈를 울려 대는 진짜 매미를 조사하지 않고 책에 있는 매미 이야기를 했으니 라 퐁텐보다 용서받기 힘들 것이다. 사실에는 관심 두지 않고 전해 내려오는 이야기를 따랐다. 라 퐁텐도 더 전에 있었던 이야기를 반복한 것이다. 인

6 국내에서는 굼벵이로 많이 불리는데 굼벵이는 사실상 풍뎅이류의 애벌레이다.

232

도 사람이 갈대 붓으로 써 놓은 이야기를 정확히 알 수는 없지만 선견지명 없는 생활이 가져올 위험을 보여 주려고 대두시킨 작은 동물 세계의 광경은 매미와 개미의 대화보다 더 실제에 가까웠을 것이라 생각된다. 짐승을 매우 사랑하는 인도 사람들이 착각을 하지는 않았을 것이다. 모든 점으로 미루어 보아 최초의 우화 속 주역은 매미가 아닐 것 같다. 어쩌면 채택된 글과 적당히 맞아떨어지는 습성을 가진 짐승이거나 다른 곤충이었을 것이다.

오랜 세월 동안 인더스 강 유역의 현자들을 반성시키고 어린이들을 즐겁게 한 다음 그리스에 소개되고, 어쩌면 절약에 대한 가장(家長)의 첫번째 충고만큼이나 오래되고, 이 사람에서 저 사람의 기억으로 충실하게 전해진 옛날 이야기의 세밀한 부분은 왜곡된 것이 분명하다. 세월이 흐르면서 모든 전설이 시간과 장소의 상황에 맞춰짐과 같은 것이다.

인도 사람이 말한 곤충을 보지 못한 그리스의 농부가 어림잡아서 매미를 개입시켰다. 마치 지금 시대의 아테네인 파리에서 매미가 베짱이로 대체된 것과 같다. 엎질러진 물이다. 이제는 이 오류가 소멸되지 않을 어린이의 기억에 남아 명백한 진리보다 우세해졌다.

우화에 중상을 입은 가수를 복권시켜 보자. 나는 녀석들이 귀찮은 이웃임을 즉각 인정한다. 여름만 되면 커다란 플라타너스 두 그루의 녹음에 이끌려 온 수백 마리가 문 앞에 자리 잡는다. 거기서 해돋이부터 일몰까지 목쉰 교향악으로 귀청을 마구 때린다. 이렇게 귀가 멍해지는 합주를 들으면 생각할 수가 없다. 생각은 현기증이 나서 고정되지 못하고 빙글빙글 돌기만 한다. 만일 이른 아침 시간을 이용하지 못했다면 그날은 망친 셈이다.

아아! 신들린 곤충, 내가 조용해 주길 바라는 우리 집의 재앙이로다. 아테네 사람들은 노래를 실컷 즐기려고 너를 충롱(蟲籠)에 넣고 길렀단다. 소화시키려고 조금 졸 때 한 마리쯤이라면 또 모르겠다. 하지만 정신을 가다듬고 있는데 한꺼번에 수백 마리가 귀에 대고 요란스럽게 북을 치는 것은 진짜 형벌이로구나! 네가 먼저 차지한 자리라는 권리를 핑계로 내세운다. 내가 오기 전에는 나무 두 그루가 몽땅 너희들 차지였었다. 오히려 내가 그 그늘 밑으로 뛰어든 침입자이다. 그래 맞다. 그렇기는 해도 너희 내력을 쓰는 사람의 입장을 생각해서 네 심벌즈에 소음장치를 달고 아르페지오(Arpéges) 연주를 조절해 다오.

진실은 우화 작가의 이야기가 비상식적으로 지어졌다며 내친다. 매미와 개미 사이에 어쩌다 생긴 관계가 있음은 분명하다. 하지만 우리가 들은 이야기와 그 관계는 정반대였다. 자기 살림에 남의 도움이 전혀 필요 없는 매미가 아니라 먹을 수 있으면 무엇이든 욕심 부려 독차지하고 자기네 식량 창고를 채우는 착취자, 즉 개미에게서 온 관계였다. 매미가 개미집 문전에서 배고파 죽겠다고 호소하며 본전과 이자를 착실히 갚겠다고 약속한 일은 한 번도 없었다. 오히려 정반대로 개미가 기근에 쫓겨서 가수에게 애원한다. 내가 지금 무슨 말을 하는가? 애원하다니! 이 약탈자의 습성에는 빌려간 것을 갚는 일이 없다. 매미를 착취하고 뻔뻔스럽게 강탈한다. 아직 알려지지 않은 이상한 사실, 즉 강탈에 대해 설명해 보자.

7월 오후의 숨 막히는 시간, 갈증에 지쳐 부실해진 곤충 무리가

시들어 버린 꽃에서 목을 축여 보려 헤매고 다닐 때 매미는 전반적인 이 가뭄을 비웃는다. 바늘처럼 가는 송곳, 즉 주둥이로 바닥나지 않는 지하수 창고에 구멍을 뚫는다. 어떤 나뭇가지에 자리 잡고 계속 노래를 부르면서 햇볕에 익은 수액으로 부풀어 팽팽하며 반들반들해진 나무껍질을 뚫는다. 물구멍에 주둥이를 깊숙이 박고는 시럽과 노래에 완전히 매료된다. 꼼짝 않고 온 정신을 집중하며 맛있게 마셔 댄다.

　개미를 얼마간 지켜보자. 어쩌면 예기치 않은 불행을 목격할지도 모른다. 실제로 갈증으로 배회하는 곤충이 많은데 녀석들이 우물가로 스며 나오는 것을 발견한다. 처음에는 넘치는 액체를 약간 조심해 가며 핥아먹는다. 하지만 곧 구멍 둘레로 말벌, 파리, 사슴벌레, 조롱박벌, 대모벌, 꽃무지, 그리고 특히 개미들이 몰려온다.

　아주 꼬마인 녀석들은 샘에 다가가려고 매미의 배 밑으로 기어든다. 마음 약한 매미는 다리를 뻗고 몸을 들어 올려 성가신 녀석들이 자유롭게 지나가도록 한다. 좀더 큰 녀석들은 성급하게 발을 구르며 빨리 한 모금 핥아먹고 물러갔다가 근처의 나뭇가지를 한 바퀴 돈 다음 다시 온다. 이때는 더 대담해진다. 조금 전에는 조심하던 녀석들이 갑자기 탐욕스러워져 우물을 파서 샘솟게 한 매미를 쫓아내려는 거친 침략자가 된다.

가장 끈질기게 강도 짓을 하는 녀석은 바로 개미이다. 매미의 다리를 잘근잘근 물어뜯는 녀석도 보이고 날개 끝을 잡아당기며 등으로 기어오르고 더듬이를 긁어 대는 녀석도 보인다. 과감한 녀석은 내 눈앞에서 감히 매미 주둥이를 뽑아내려고 애를 쓰기도 한다.

난쟁이들에게 이렇게 괴롭힘을 당해 더는 참을 수 없게 되자 덩치 큰 매미는 끝내 우물을 버린다. 강도들에게 오줌을 한 번 찍 갈기고 도망간다. 더없는 경멸의 표시지만 개미에게 무슨 상관이겠더냐! 녀석들은 목적을 달성했으니 말이다. 이제는 개미가 샘의 주인이 되었다. 하지만 시럽을 솟아나게 하던 펌프의 작동이 멈추자 샘은 금세 말라 보잘것없어졌다. 하지만 맛이 아주 좋고 기회가 생기면 또다시 같은 방식으로 얻게 될 한 모금이 적어도 그동안에는 이득이었다.

일본왕개미 먹잇감을 찾아 사방을 돌아다니다가 죽었거나 사냥한 곤충을 토막 내서 집으로 운반한다. 시흥, 25. VIII. '94

소요산매미 주로 들이나 야산에 살 뿐 도시 근처에서는 볼 수 없다. 울음소리도 그렇게 시끄럽지는 않다. 강원 영월 쌍용, 13. VII. '96

보는 바와 같이 사실들은 우화가 생각해 낸 역할을 송두리째 뒤집어 놓았다. 성가시고 염치없이 구걸하며 강탈도 서슴지 않는 자는 개미였고 고통 받는 자들에게 기꺼이 나누어 주는 재주꾼은 매미였다. 또 하나의 사실로 역할의 뒤집힘은 더욱 확실해질 것이다. 이 가수는 5~6주의 긴 시간 동안 환희를 맛본 다음 생활에 지쳐 나무에서 떨어진다. 시체는 햇볕에 마르고 지나치는 사람들의 발에 밟혀 으깨진다. 그러고는 항상 노획품을 찾아 돌아다니는 악당들을 만난다. 녀석들은 푸짐한 시체를 잘게 자르고, 해부하고, 가위질해서 부스러기를 만드는데 이 토막은 개미의 곳간을 더 부풀려 줄 것이다. 녀석들이 아직 먼지 속에서 날개를 파닥거리며 죽어 가는 매미를 각 뜰 때 함부로 잡아당기고 능지처참하는 장면을 보는 것도 드물지 않다. 개미 떼가 달라붙어 새까맣게 되었다. 이 잔인한 특성을 보고 나니 두 곤충 사이의 진짜 관계가 증명된 셈이다.

고대 그리스와 로마에서는 매미를 매우 존중했다. 그리스의 베랑제(Béranger)[7]인 아나크레온(Anacréon)[8]은 유달리 매미를 과장하여 찬미한 단편 시를 바친다. 그는 이렇게 말했다.

  너는 거의 신들과 비슷하구나.

이렇게 신격화한 이유에는 세 가지 특권이 있었는데 대단히 훌륭한 것들은 아니다. 즉 흙에서 태어났고, 고통을 깨닫지 못하고, 피가 없는 살을 가졌다는 것이다. 이런 잘못된 생각들로 시인을

[7] 19세기 초 프랑스 가수
[8] 기원전 6세기 말 그리스의 서정 시인

비난하지는 말자. 그때는 대개가 그렇게 믿었고 관찰해서 탐색하는 눈이 뜨이는 먼 훗날까지 계속 그렇게 전해져 내려왔다. 게다가 운율과 조화가 중요한 짧은 시에서는 그런 특권을 자세하게 보지 못한다.

이 시대까지 와서도 매미와 친숙한 프로방스의 시인들 역시 아나크레온처럼 이 곤충을 상징적으로 찬양할 때 진실을 크게 염두에 두지 않는다. 열성적인 관찰자이며 꼼꼼한 사실주의자인 내 친구 하나가 비난을 면하게 해준다. 그는 다음과 같은 프로방스 말 미발표 작품을 내가 빼다 쓰는 것을 허락했다. 거기서는 매미와 개미의 관계가 과학적으로 완전히 정확하게 강조되었다. 박물학자인 내 분야와는 무관한 우아한 꽃, 시적인 영상, 윤리적 통찰에 대한 책임은 그에게 있다. 하지만 그의 이야기가 여름에 내 정원의 라일락에서 본 것과 일치하는 진실임을 확인했다. 그의 작품을 프랑스 어로 번역해 보지만 프로방스 말이 항상 프랑스 말에도 있는 것은 아니라서 어림잡은 번역이 많을 것이다.

매미와 개미[9]

I

아이고 하느님, 이렇게 뜨거운 날씨에! 매미에게는
좋은 날씨,
　그는 기뻐서 어쩔 줄 몰라 하며
　소나기처럼 쏟아져 내리는 불볕을 즐
기는구나. 곡식에도 좋은 날씨.

황금빛 물결 속에서 농부는
허리를 구부리고 가슴을 풀어헤치고 열심히 일하는데
노래는 별로 안 부르는구나.
그의 목구멍에서, 갈증이 노래의 목을 조이는구나.

네게는 축복받은 날씨로구나. 그러니 귀여운 매미야
용기를 내거라.
네 작은 심벌즈를 잇달아 울리고,
울음판이 터지도록 배를 움직여라.
그러는 동안 사람은 낫질을 하니,
낫은 끊임없이 흔들리며 찾아가서
그 강철 빛을 갈색 이삭 위에서 반짝이는구나.

돌에 쓸 물을 가득 담고 풀로 마개를 한,
수통은 허리에 매달려 있다.
돌이 나무로 지은 집 안에 있다면,
끊임없이 물에 적셔 시원하지만,
사람은 때로 골수까지 끓게 하는 저 내리쬐는 불볕에
숨을 헐떡이는구나.

너 매미야, 너는 목마름을 달랠 방법이 있지.
나뭇가지의 물이 많은 껍질 속에,
네 바늘 주둥이가 깊이 들어가서 우물을 파는구나.
작은 구멍으로 시럽이 올라온다.

너는 달콤하게 흐르는 샘물에 주둥이를 꽂고,

스며 나오는 물을 한 모금 맛있게 마시는구나.

하지만 언제나 조용하지가 않구나, 오오! 아니고 말고. 도둑들이,

가깝거나, 이웃에 살거나, 유랑자들이,

네가 우물을 파는 것을 보았느니라. 그들은 목마른 자들, 그들이 애처롭게 달려와서,

저희들 잔에 한 방울을 얻는다.

나의 귀여운 매미야, 빈 배낭을 찬 그놈들을 경계하거라,

처음에는 비굴하던 놈들이, 곧 뻔뻔한 불량배가 되느니라. 그들은 별것 아닌 한 모금을 청한다. 하지만 네가 주는 찌꺼기에는

만족하지 않아 고개를 바짝 쳐들고는

모두를 다 달란다. 그들은 모두 가질 것이다. 발톱을 쇠스랑처럼 세우고

네 날개 끝을 간지럽히고,

네 넓은 등마루도 오르내리고, 네 주둥이와 뿔과 발톱을 붙잡는다.

그놈들은 여기, 저기를 잡아당긴다. 너는 참을 수가 없게 되어,

찍! 찍! 오줌 줄기를

모여 있는 놈들에 깔기고 나뭇가지를 떠난다.

너는 건달들에게서 아주 멀리 가 버린다

그들은 네 우물을 빼앗고, 웃고, 기뻐하며,

꿀이 끈적끈적한 입술을 핥는다.

그런데 지침도 없이 마셔 댄 그 떠돌이들 중,

제일 끈질긴 놈은 개미이다.

파리, 말벌, 쌍살벌, 뿔 달린 풍뎅이,

가지가지 사기꾼들,

뜨거운 햇볕에 끌려 네 우물에 온 게으름뱅이들은,

개미처럼 너를 떠나게 할 만큼 고집을 갖지는 않았다.

네 발톱을 누르려고, 네 얼굴을 간질이려고,

달려들려고 네 코를 비틀고,

너의 배 밑으로 기어드는 데 개미만 한 녀석은 정말

없다.

그 망나니는 네 다리를 사다리 삼아

대담하게 네 날개 위에 올라가서,

뻔뻔스럽게 돌아다니며, 올라가고, 또 내려오곤 한다.

II

이제 여기에 믿을 수 없는 것이 있다.

옛날 사람들은 이렇게 말했지,

어느 겨울날, 너는 배가 몹시 고팠다. 머리를 숙이고
몰래 숨어서, 땅속에 있는,
그의 커다란 창고로, 개미를 찾아갔더란다.

햇볕에 말린 것으로 부자가 된 개미는,
지하 창고에 숨기기 전에,
밤새 내린 이슬로 곰팡이가 핀 밀을 말린 것이란다.
밀이 모두 준비되면, 자루에 담았단다.
그때 네가 눈에 눈물을 글썽거리며 나타났단다.

너는 이렇게 말했단다. "너무 춥다. 찬바람이
이 구석 저 구석으로 몰아붙인다.
배고파 죽어 가는 나를. 너의 산더미 같은 식량에서
내 배낭에 좀 담아 가게 해주렴.
멜론이 익는 철에, 틀림없이 갚아 주마."

"곡식을 조금만 꾸어 다오." 하지만 소용없다,
그놈이 네 말을 들어줄 거라 생각하면,
너는 착각이다. 커다란 자루에, 너는 정말 아무것도 얻
어 가지 못할 것이다.
"먼 줄에서 기다려서 통이나 긁어 보렴.
여름엔 노래를 불렀으니, 겨울에는 배고파서 죽어
보렴!"

옛날 우화가 말하기를
돈주머니의 끈을 졸라매는, 치사한 사람들을
우리가 본받도록 권하려고
그들의 돈주머니……극심한 복통이
저 어리석은 자들의 창자를 괴롭히거라!

나는 이렇게 말한 우화 작가에게 분노한다,
겨울에는 전혀 먹지 않는 너더러
파리, 벌레, 곡식을 구걸하러 간다고,
밀이라! 네가 밀로 무엇을 하겠느냐!
너는 달콤한 너의 꿀샘이 있다, 네가 그 이상 바라는
것은 아무것도 없다.

겨울이 네게 무슨 상관이더냐! 네 가족은
땅속에 숨어서 잠에 빠졌고,
너도 잠에서 깨어나지 못하고 있는데
네 시체는 넝마 조각이 되어 버리는구나.
샅샅이 뒤져 대는 개미가, 어느 날 그것을 본다.

말라서 야위어 버린 네 몸을
못된 그 녀석이 잘라서
네 가슴을 파내고, 너를 토막 내서,
소금에 절여 두려고 창고에 넣는다,
눈이 오는 겨울에, 식량이 된단다.

III

진짜 이야기는 이렇단다.

우화의 이야기와는 아주 먼 것이란다.

제기랄! 그대들은 이것에 대해 어떻게 생각하느뇨!

오오, 돈 꾸러미를 모으는 자들아,

갈퀴 손가락에, 뚱뚱한 배

너희 금고로 세상을 지배하는 자들이여.

너희는 이런 소문이 떠돌게 한다. 천민은,

유능한 자가 무슨 일을 하더냐

얼간이는 고생을 좀 해야 한다.

입을 다물란 말이다. 머루에다

매미가 껍질을 뚫었을 때

네놈들은 그가 마실 것을 빼앗고, 그 다음 죽으면 갉아

먹지 않았더냐.

표현력이 강한 내 친구는 프로방스 지방 사투리로 이렇게 표현
해서, 우화 작가에게 중상을 입은 매미를 복권시킨다.

14 매미 – 땅속 탈출

레오뮈르(Réaumur)는 매미에 관해 쓸모없는 말을 했는데 만일 제자가 스승이 몰랐던 점을 생각지 않고 그 말을 다시 한다면 의미가 없을 것이다. 저명한 그분은 연구 재료를 우리 지방에서 구했는데 역마차로 가져온 표준 주정(酒精, 36도)에 담근 것이었다. 반대로 나는 매미와 함께 산다. 7월이면 매미가 울타리 안 문지방까지 점령해 버린다. 외딴 오두막은 녀석들과 나, 둘의 공동소유이다. 안에서는 내가 주인이지만 바깥은 당당하게 남용하며 귀를 멍하게 만드는 매미가 주인이다. 나는 이렇게 가까이 이웃해서 자주 상봉하는 덕분에 레오뮈르가 생각할 수 없었던 미세한 부분까지 접할 수 있었다.

하지 무렵이면 첫번째 매미가 나타난다. 행인들의 발에 무수히 밟혀 단단해졌고 햇볕에 타서 시커메진 오솔길 지표면에 엄지손가락이 들어갈 정도의 둥근 구멍들이 가지런히 뚫린다. 매미 애벌레가 지상에서 다시 한 번 탈바꿈하려고 깊은 땅속에서 올라올 때 빠져나온 구멍들이다. 농사를 지으려고 갈아엎은 땅이 아니면 어

디서든 그런 구멍이 보이는데 보통 가장 따뜻하고 가장 마른 곳, 특히 길가에 많다. 애벌레가 땅속에서 나올 때는 가장 단단한 지점을 좋아한다. 녀석은 필요하다면 응회암이나 햇볕에 구워진 진흙이라도 뚫고 나올 만큼 강력한 연장을 갖췄다.

이렇게 뚫린 구멍은 남향인 담벼락에 반사되어 작은 열대지방으로 변한 정원의 길 위에 많다. 6월 말, 나는 최근에 뚫려서 버려진 구멍들을 조사했다. 흙이 너무나 빡빡해서 공략하려면 곡괭이가 필요할 정도였다.

구멍은 둥글고 지름은 2.5cm가량이다. 그 둘레에는 파낸 흙이 전혀 없다. 두더지의 흙 둔덕처럼 밖으로 밀려 나온 모양이 없는 것이다. 이는 한결같은 사실이다. 억세게 땅을 파는 곤충인 금풍뎅이(*Geotrupes*)의 땅굴과는 달리 매미의 구멍 둘레에는 흙무더기가 쌓이는 일이 결코 없다. 이 차이는 진행 방향으로 알 수 있다. 분식성 곤충은 밖에서 안으로 파 들어간다. 구멍 어귀부터 파기 시작해서 파낸 흙을 다시 올려 와 땅 위에 쌓아 놓는다. 하지만 매미 애벌레는 안에서 밖으로 나와 마지막에 출구가 열린다. 이 출구는 작업이 끝나야만 마음대로 드나들 수 있으며 다락방 역할은 할 수가 없다. 금풍뎅이는 들어가면서 집 어귀에 흙 둔덕을 쌓고 매미 애벌레는 문지방이 없어서 아무것도 쌓지 못하며 나온다.

40cm가량 내려가는 매미의 통로는 원통 모양이지만 땅속 사정에 따라 약간 구부러지기도 한다. 하지만 언제나 가장 짧은 거리인 수직에 가까워서 통로 전체가 휑하니 뚫려 있다. 그렇게 뚫린 것에서 짐작되듯이 흙 부스러기는 아무리 찾아도 보이지 않으니 찾아볼 필요도 없다. 통로는 막다른 골목의 조금 넓은 방에서 끝났는데 벽은 한결같고 구멍과 이어진 어떤 지하도나 달리 연결된 흔적도 없다.

길이와 지름으로 계산해 보면 파낸 부피가 200cm³가량인데 그 흙은 어떻게 되었을까? 구멍은 대단히 말라서 아주 쉽게 부서지는 곳에 뚫렸고 그 밑 땅속 방의 벽은 푸석푸석해서 특별히 파내기 작업이 없어도 쉽게 무너져 내릴 정도였다. 그런데 통로의 표면이 끈적이는 액체의 점토질 흙으로 발려서 초벽이 되어 있음을 발견한 나는 상당히 놀랐다. 그렇다고 해서 반들거리는 초벽은 아니며 그저 거친 벽에 칠 한 벌이 입혀진 상태였다. 즉 무너져 내리기 쉬운 재료에 유착 액이 스며들어 제자리에 고정된 것이다.

애벌레 발밑에는 아무것도 없고 위가 막힌 통로는 오르는 것을 어렵게 한다. 하지만 무너진 흙이 흘러내림을 방지시킨 터널에서 허물어지는 표면을 오르내리며 아래의 은신처부터 지표면 근처까지 오갈 수 있다. 광부가 갱도의 벽을 말뚝과 가로대로 떠받치고 지하 철로를 건설하는 사람이 시멘트를 입혀서 터널을 유지하는 것처럼 매미 애벌레도 통로를 빈틈없이 시멘트로 굳혀서 오랫동안 쓸 수 있도록 항상 휑하게 뚫어 놓았다.

애벌레가 근처의 나뭇가지로 올라가서 탈바꿈하려고 땅 밖으로 나오는 순간 내게 들키면 즉시 조심스럽게 후퇴한다. 어떤 방해도 없이 굴 밑까지 다시 내려가는 것이 보이는데 이는 녀석이 영원히 떠날 순간까지 굴이 허물어진 흙 부스러기로 채워지지 않는다는 증거가 된다.

이 통로는 빨리 나가고 싶은 초조한 마음에서 급히 뚫은 임시 오막살이가 아니라 애벌레가 오랫동안 머물러야 하는 거처이며 진짜 저택임을 벽에 칠한 것이 말해 준다. 파자마자 나와서 곧 버릴 구멍이라면 그런 대비는 필요 없는 짓일 것이다. 통로에는 바깥 날씨가 어떤지 알아보는 일종의 기상관측소가 있는 게 분명하다. 적당히 성숙해서 탈출 시기가 된 애벌레는 한 팔 길이도 넘는 깊이의 땅속에서 기상 조건을 판단할 수가 없다. 녀석이 머문 땅속에는 기후 변화가 너무 느리게 전달된다. 그래서 일생에서 가장 중요한 행위인 탈바꿈을 하려고 햇빛으로 나가야 하는 애벌레의 요구 사항에 정확한 정보를 주지 못할 것이다.

애벌레는 몇 주일, 어쩌면 몇 달이라도 참을성 있게 그 공간에서 기다린다. 수직 굴뚝은 단단하게 만들어 두었고 바깥과의 격리는 손가락 두께의 얇은 흙층이 해준다. 밑바닥도 남긴 것 없이 아주 깨끗하게 청소해 두었다. 거기가 녀석의 은신처이며 이사를 권하는 정보가 입수될 때까지 쉬면서 기다리는 집이다. 적어도 쾌청한 날씨가 예상되는 날, 녀석은 위로 올라가 뚜껑인 얇은 흙층을 통해 바깥 형편을 청진하고 공기의 온도와 습도를 알아본다.

바라는 날씨가 오지 않든가 연약한 허물을 벗을 때 치명적인 중대 사건, 즉 북풍이 소나기를 휘몰아칠 위험이 있으면 조심스럽게 통로 밑으로 내려가서 다시 기다린다. 반대로 대기의 상태가 유리하면 발톱으로 몇 번 쳐서 천장을 뜯고 구멍에서 탈출한다.

모든 게 이렇게 증명하는 것 같다. 즉 매미의 지하 통로는 애벌레가 가끔씩 바깥 기후를 알아보려고 지면 가까이 올라오거나 좀 더 안전하게 머물려고 깊은 곳에서 오래 기다리는 방이요, 기상관측소라는 것이다. 쉴 곳이 아래쪽에 있어야 하고 끊임없이 오르내릴 때 틀림없이 무너질 벽을 단단하게 고정시켜야 하므로 칠이 필요하다.

쉽게 설명되지 않는 문제는 파낸 흙이 완전히 사라졌다는 점이다. 구멍 하나에서 나오는 $200cm^3$의 흙이 어떻게 되었을까? 파낸 흙은 밖에도, 안에도 없다. 또 좁고 재처럼 푸슬푸슬한 구멍 벽에 바른 점성 액체는 어떻게 얻어진 것일까?

나무를 갉아먹는 하늘소나 비단벌레 애벌레의 예를 들어 보면 첫째 질문에 대한 답변이 나올 것 같다. 녀석들은 줄기 속에서 전진할 때 뚫릴 길의 재료를 먹어 치우면서 굴을 파 나간다. 큰턱에 한 조각씩 떨어져 나온 재료는 소화된다. 그 재료는 곤충의 몸속을 끝까지 통과하면서 변변찮은 영양소는 남겨 주고 뒤쪽에 쌓이는 찌꺼기는 애벌레가 다시는 지나갈 필요가 없는 길을 막아 버린다. 큰턱이든, 위장이든 극도로 잘게 나누어서 소화된 물질은 멀쩡한 나무보다 훨씬 잘 다져진다. 그래서 굴 앞쪽에 빈 공간의 방이 생겨 애벌레의 거실이 된다. 거실은 길이가 매우 한정되어서 갇힌 애벌레가 조작하기에 겨우 충분한 정도이다.

매미의 애벌레도 이와 비슷하게 자신의 통로를 파는 게 아닐까? 물론 파낸 부스러기가 몸속을 통과하지는 않는다. 흙은 아무리 부드러운 부식토라도 결코 매미의 식량이 될 수는 없다. 하지만 결국은 일이 그렇게 진척되어서 파인 흙이 뒤로 던져지지 않을까?

매미는 4년 동안 땅속에 머문다. 이렇게 긴 시간을 방금 본 탈출 준비 장소(구멍)에서 보내는 것은 물론 아니다. 애벌레는 이 나무, 저 나무뿌리로 돌아다니며 주둥이를 꽂는 떠돌이인 만큼 다른 곳, 분명 상당히 먼 데서 그리로 온 것이다. 너무 추운 겨울에 지층 상부를 피하거나 더 좋은 약수터에 자리 잡으려고 이동할 때는 제 곡괭이의 갈고리로 긁어낸 흙을 뒤로 밀어 던지며 길을 낸다. 이런 방식은 분명하다.

이 떠돌이 애벌레 둘레에도 하늘소나 비단벌레 애벌레처럼 움직임에 필요한 약간의 공간만 있으면 된다. 축축하게 묽은 흙은 쉽게 압축되며 매미 애벌레의 소화 찌꺼기는 점성 액체 같은 것이다. 쉽게 다져진 흙은 압축되어 빈자리를 남긴다.

건조 상태가 계속되어 압축이 전혀 안 될 만큼 건조한 땅에 구멍을 팔 경우는 다른 어려움이 있다. 현재 통로를 파기 시작한 애벌레가 앞에서 파낸 재료를 뒤로 던져서, 지금은 그 재료가 사라졌음을 현재 상태에서는 직접적이든, 간접적이든 증명해 주는 것이 없다. 하지만 상당히 가능성은 있어 보이는데 구멍의 용적과 그 많은 흙을 담아 둘 자리를 얻기가 무척 어렵겠다는 점을 고려하면 다시 의심이 생긴다. 그래서 이렇게 말해 본다.

파낸 흙을 밀어내려면 넓은 공간이 필요한데 공간은 흙을 옮겨야 생길 것이다. 결국 새 자리를 마련하려면 파낸 흙을 넣어 둘 또 다른 자리가 먼저 마련되어야 하는 전제가 따른다.

가루 같은 재료를 뒤로 밀어내서 다지는 것만으로는 그렇게 넓

매미 종령 애벌레 매미의 종령 애벌레를 번데기로 부르는 사람이 있는데, 이 곤충은 불완전변태를 하므로 번데기 시대가 없다. 한편 프랑스에서는 번데기를 'Nymphe'라고 하는데 이 용어를 불완전변태 곤충의 애벌레에게도 사용하여 혼동을 주는 수도 있다.
금강유원지, 25. V. '93

은 공간을 확보하는 것을 충분히 설명할 수 없고 그저 순환논법만 계속될 뿐이다. 매미는 틀림없이 방해가 되는 흙을 처치할 특별한 방법이 있을 것이다. 녀석의 비밀을 훔쳐내 보자.

땅에서 나오는 순간의 애벌레를 조사해 보자. 몸에는 거의 언제나 진흙이 묻어 있는데 진흙은 아직도 축축하든가 말랐다. 땅파기 연장인 앞다리의 뾰족한 끝에는 진흙 알맹이가 박혀 있고 다리는 진흙 토시를 착용했으며 등에도 진흙이 묻어 있다. 마치 방금 개흙을 파낸 하수구 청소부 같다. 아주 마른땅에서 나왔는데도 그렇게 더럽혀진 것이 더욱 놀랍다. 먼지를 뒤집어 쓴 녀석을 볼 것으로 예상했었는데 진흙으로 더러워졌다.

계속 한 걸음 더 나가 보니 구멍 문제가 풀린다. 애벌레가 나오는 지하도에서 작업 중일 때 파내 보았다. 땅을 파다 보면 가끔씩 이런 우연의 행운을 만난다. 하지만 땅 위에는 어떤 안내자가 없으니 그런 행운을 찾고자 쏘다녀

매미의 종령 애벌레

도 소용없다. 그런 다행은 땅을 파는 도중에 있다. 방해물이 없는 1인치 정도의 통로와 그 밑의 휴게소, 지금 당장은 이것들이 일해 놓은 것의 전부였다. 일꾼의 상태는 어떨까? 그럼 한 번 봅시다.

이 애벌레는 탈출한 다음의 애벌레보다 빛깔이 훨씬 엷다. 특히 그렇게도 큰 눈이 희끄무레하고 탁해서 십중팔구는 보지 못할 것 같다. 땅속에서 시력이 무슨 소용인가? 반대로 이미 탈출한 애벌레의 눈은 새까맣고 반짝여서 보는 데 적합한 듯하다. 햇빛에 나타난 미래의 매미가 허물을 벗을 때는 가끔 탈출구와 상당히 멀리 떨어진 곳에서 매달릴 나뭇가지를 찾아야 한다. 그때는 분명히 잘 보이는 눈이 유리하다. 해방을 준비하는 동안 이렇게 시력이 성숙한다는 사실만 보아도 애벌레가 나오는 통로를 급히 서둘러서 즉흥적으로 뚫는 게 아니라 오랫동안 작업한다는 것을 충분히 알 수 있다.

또한 앞을 보지 못하는 엷은 빛깔의 애벌레가 탈출한 녀석의 몸집보다 크다. 녀석은 액체로 부푼 수종(水腫)에 걸린 것이다. 손가락으로 잡으면 투명한 액체를 뒤로 내보내 몸 전체가 젖는다. 창자에서 나온 이 액체가 비뇨기의 분비작용에 의한 생성물일까? 수액만 섭취한 창자의 단순한 노폐물일까? 나는 결정하지 않겠으며 다만 용어의 편의상 오줌이라고 부르겠다.

자 그런데, 이 오줌이 수수께끼를 푸는 열쇠이다. 애벌레가 파 나오면서 생기는 가루를 벽에 붙여 배로 누르고 적셔서 반죽한다. 탄력성이 생긴 마른 가루는 진흙이 되어 거친 흙의 틈새로 스며

들고 아주 잘 풀어진 것은 더
깊이 스며들어 거기도 다져
지며 압축된다. 이렇게 해서
빈틈이 생기고 부스러기가
전혀 없이 훤하게 뚫린 통로
가 생긴다. 부스러기가 없는
것은 통과한 곳보다 치밀하
고 좀더 같은 성질의 흙가루
회반죽이 쓰여서이다.

찌~
익

자~ 다시
일하자.

결국 애벌레는 진흙 속에서 일한
셈이며, 그래서 아주 마른땅에서 나오
는 진흙투성이 녀석을 보았을 때 몹시 놀
랐던 것이다. 성충은 비록 광부로서의 모든 고역을 면했어도 오줌
주머니까지 완전히 버리지는 않았다. 이제는 방어 수단으로 보유
한다. 녀석을 너무 가까이서 관찰하면 성가신 사람에게 오줌을 한
번 찍 깔기고 날아간다. 매미는 메마른 체질에도 불구하고 애벌레
와 성충 두 형태에 모두 노련한 살수기(撒水機)들이다.

애벌레가 아무리 수종에 걸렸더라도 앞으로 뚫을 긴 땅줄기 통
로를 모두 적셔서 쉽게 압축되는 진흙으로 만들 충분한 액체를 가
질 수는 없다. 저장 탱크가 바닥날 것이고 새로 저장 물자를 보충
해야 할 것이다. 어디서, 어떻게? 내게는 그것이 어렴풋이 보이는
것 같다.

발굴이 요구하는 세심한 주의를 모두 기울여 가며 길이 전체를
조사하다 보면 몇 개의 굴 밑에서 방의 맨 끝 벽 속에 연필 굵기나

지푸라기 굵기의 살아 있는 뿌리가 박혀 있는 게 보인다. 그 뿌리가 보이는 부분은 범위가 좁아서 겨우 몇 밀리미터밖에 안 되며 나머지는 둘레의 흙에 묻혀 있다. 이 수액 샘은 우연히 만난 것일까? 애벌레가 특별히 찾은 것일까? 적어도 발굴이 잘 진행될 때는 이런 뿌리가 계속 발견되어 나는 후자 쪽 해석으로 기울어진다.

그렇다. 매미는 미래의 통로가 될 방을 처음 팔 때 작고 싱싱한 뿌리의 바로 옆을 찾아서 그 뿌리의 일부를 드러나게 하는데 돌출시키지는 않고 벽에다 연장시킨 것이다. 살아 있는 이 벽 부분이 필요할 때마다 오줌보를 채워 주는 샘이라 생각된다. 마른 먼지를 진흙으로 바꾸는 작업을 하다 저장 탱크가 바닥나면 광부가 방으로 내려가 벽에 박혀 있는 큰 통에다 주둥이를 박고 잔뜩 들이마신다. 탱크가 차면 다시 올라와서 작업을 계속한다. 갈고리 발톱으로 더 잘 뜯어내려고 단단한 부스러기를 적셔서 진흙으로 만들고 다져서 둘레에다 붙여 자유로운 통로를 얻는다. 일이 이렇게 진행될 게 틀림없다. 여기서는 직접 관찰할 수 없어서 논리와 상황으로 입증할 뿐이다.

만일 뿌리의 물통도 없는데 오줌보의 저장 탱크까지 바닥나면 어떻게 될까? 해답은 실험이 줄 것이다. 땅에서 탈출한 애벌레 한 마리를 잡아서 시험관 밑에 넣고 그 위에 마른 흙을 채우고 조금 다졌다. 흙기둥 높이는 15cm. 애벌레는 성질이 같은 흙이지만 저항력은 훨씬 크며 길이도 세 배나 긴 굴을 지나왔다. 이제 짧은 흙가루 줄기 밑에 묻혔는데 다시 표면으로 올라올 수 있을까? 힘만 충분하다면 방법은 확실할 것이다. 단단한 땅을 뚫고 나온 녀석에게 별로 단단하지 않은 그까짓 장애물이 무슨 문제겠더냐?

그래도 의심된다. 애벌레는 아직도 외부와의 사이에 가로막힌 장애물을 없애느라고 비축해 둔 마지막 한 방울까지 모두 소진했다. 겉은 말랐는데 살아 있는 뿌리가 없어서 그것을 채울 방법이 없다. 사실상 흙 밑에 파묻힌 녀석은 사흘 동안 애써 보지만 1인치도 올라오지 못했다. 움직이는 재료들은 결합제가 없어서 제자리에 남아 있지 못하고 치우는 즉시 무너져 내렸다. 뚜렷한 성과가 없이 다시 계속해야 하는 작업이다. 녀석은 나흘 만에 죽었다.

물통이 가득 찼다면 결과가 완전히 다르다. 탈출을 시작한 애벌레로 같은 실험을 했다. 녀석은 체액으로 잔뜩 부풀었고 그것이 스며 나와 몸을 적신다. 일이 쉽다. 재료가 거의 저항하지 않는다. 광부의 주머니에서 제공되는 약간의 축축한 기운이면 가루가 진흙으로 변해서 엉겨 버린다. 그리고 통로가 뚫린다. 물론 통로가 아주 불규칙하고 오름이 진척되면 뒤쪽이 거의 메워진다. 액체를 보충할 수 없음을 알아차린 벌레가 관습과 다른 환경에서 소량이나마 절약하여 가능한 한 빨리 나오는 데 반드시 필요한 것밖에 쓰지 않았나 보다. 어찌나 잘 절약했던지 약 10일이 지나서 지표면까지 올라왔다.

15 매미 - 탈바꿈

벗어난 탈출공은 뻥 뚫린 채 버려져서 마치 굵은 나사송곳으로 뚫은 구멍 같다. 애벌레는 한동안 공중에 매달릴 때 이용할 관목, 백리향 덤불, 벼과 식물의 그루터기, 작은 나뭇가지 따위의 받침대를 찾아 근처를 돌아다닌다. 마침내 찾았다. 그리 기어 올라가 머리를 위로 향하고 앞다리 갈고리를 그곳에 고정시켜 오므리고는 다시는 놓지 않는다. 다른 다리들은 잔가지의 배치에 따라 가능하면 매달리는 데 한몫하고 그렇지 못하면 갈고리 두 개로도 충분하다. 다음은 매달린 다리가 흔들리지 않는 받침이 되도록 뻣뻣해지고 약간의 휴식이 뒤따른다.

제일 먼저 가운데가슴이 등의 정중선을 따라 갈라진다. 이 틈이 양옆으로 천천히 벌어지면서 연한 녹색이 드러난다. 거의 동시에 앞가슴도 터진다. 세로로 찢어진 것이 위로는 머리 뒤까지, 아래는 뒷가슴에까지 이르며 더 멀리 퍼지지는 않는다. 둘러싸였던 두 개골이 갈라지며 눈을 가로지르자 빨간 홑눈(단안, 單眼)이 드러난다. 이렇게 터져서 드러난 녹색 부분, 특히 가운데가슴 윗면이 탈장(헤르니아)된 것처럼 부풀어 오른다. 그리고 느린 고동이 일어나는데 피가 몰려오면 부풀어서 높아졌다가 몰려가면 낮아진다. 처음에는 작동이 보이지 않았던 이 헤르니아가 저항력이 약한 두 줄의 십자가 모양을 따라 갑옷을 터뜨린 단초였다.

허물벗기가 빠르게 진행된다. 이제 머리가 자유로워졌다. 칼집에서 주둥이와 앞다리들이 천천히 빠져나온다. 배는 위를 향하고 몸통은 수평으로 놓인다. 넓게 벌어진 껍질 속에서 마지막에 빠져나오는 뒷다리가 보인다. 날개들이 체액으로 부푼다. 아직은 구겨진 상태라서 뭉툭 잘린 다리가 활처럼 구부러진 모습이다. 이 첫 번째 탈바꿈 과정은 10분이면 족하다.

이제는 좀더 오래 걸리는 두 번째 탈바꿈이다. 곤충은 아직도 껍질 속에 남아 있는 배 끝 외에는 전체가 자유로워졌다. 허물은 나뭇가지에 계속 단단하게 붙어 있다. 빨리 말라서 뻣뻣해진 허물이 처음에 취했던 자세를 그대로 유지하여 곧 이어질 탈바꿈의 받침이 된다.

아직 허물에 잡혀 배 끝이 빠지지 않은 매미는 머리를 아래로 향하며 몸통을 뒤로 젖혀 수직이 된다. 이제는 노란빛이 도는 녹색이다. 아직까지 굵게 잘린 다리처럼 압축되어 있던 날개들이 일어나며 주름이 펴진다. 그 속에 체액이 꽉 차는 바람에 활짝 펼쳐진다. 느리고 까다로운 이 과정이 끝나면 허리의 힘으로 몸을 다시 일으켜 세우는데 거의 느끼지 못할 만큼 느리게 움직여서 머리를 위로 향한 정상 자세가 된다. 앞다리가 빈 허물을 잡고 드디어 칼집에서 배 끝을 빼낸다. 빠짐이 모두 끝났다. 해방되는 데 모두 30분이 걸렸다.

유지매미의 허물벗기 속리산, 21. VIII. '96

1. 해가 지면 땅을 뚫고 나와 허물벗기를 할 장소로 찾아간다.

2. 나뭇잎에서 날개돋이를 시작하여 등이 갈라진 모습이다.

3. 몸이 절반 정도 나왔다.

4. 허물을 빠져나온 매미가 정자세로 매달려 날개를 편다.

5. 날개를 말린다.

6. 날개가 마르자 몸에는 흑갈색 바탕의 검은 점무늬가 나타난다.

자, 이제 곤충은 자신의 가면에서 완전히 빠져나왔다. 하지만 조금 뒤의 상태와는 그 얼마나 다르더냐! 날개는 투명해도 아직은 축축하고 무거우며 날개맥들은 연한 녹색이다. 앞가슴과 가운데가슴에 겨우 갈색 무늬가 보이고 다른 부분은 모두 연한 녹색인데 군데군데 희끄무레한 부분도 있다. 이 가냘픈 곤충이 단단해지고 빛깔도 제대로 나오려면 오랫동안 공기와 더위 속에 머무를 필요가 있다. 눈에 띄는 변화 없이 2시간 정도가 지났다. 앞다리 발톱으로 허물에 매달린 매미는 아직도 녹색으로 연약하며 바람이 조금만 불어도 흔들린다. 마침내 갈색으로 변하는 현상이 나타나 진해지며 빨리 완성된다. 이 과정은 30분이면 충분했다. 내 눈앞에서 아침 9시에 나뭇가지로 올라간 매미가 12시 30분에 날아올랐다.

허물은 찢어진 틈 말고는 온전한 모습으로 아주 단단히 달라붙어서 늦가을의 불순한 일기까지도 떨어뜨리지 못한다. 여러 달 동안, 겨울에도 애벌레가 탈바꿈하는 순간에 취했던 자세와 똑같은 자세로 가지나 덤불에 매달려 있는 낡은 허물들을 매우 자주 보게 된다. 양피지를 연상시키는 질긴 성질의 오래 가는 유해(遺骸)가 된 것이다.

매미가 껍질에서 나올 때의 체조를 잠시 다시 살펴보자. 우선 껍질 속에 마지막까지 남아 있는 배 끝으로 매달린 매미는 머리를 아래로 향하고 수직으로 몸을 젖힌다. 헤르니아가 미는 압력으로 머리와 가슴의 갑옷이 터져 바깥으로 나왔는데 몸을 거꾸로 젖힘으로써 잡혀 있던 날개와 다리들도 해방될 수 있었다. 이제는 녀석을 거꾸로 해주던 받침, 즉 배 끝을 해방시킬 순간이 왔다. 그래서 허리로 힘들게 노력해 몸을 다시 일으키고 머리를 위로 향한

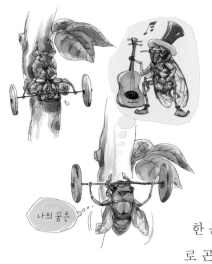

다. 앞다리 발톱은 허물을 다시 붙잡아서 배 끝이 빠져 나오는 데 새 받침점이 되어 준다.

결국 자세를 유지하는 방법은 두 가지였다. 먼저 배 끝, 다음은 앞 발톱이다. 주요한 운동도 두 가지였는데 우선 아래로 곤두박질, 다음은 정상 자세로 돌아옴이다. 이런 체조에 따라 애벌레는 나뭇가지에 고정되어 머리를 뒤로 젖히고 그 밑에 위치할 공간이 필요하다. 만일 내 계략으로 이 조건들을 배제시키면 어떤 일이 벌어질까? 실험을 해보자.

실로 뒷다리의 한쪽 끝을 묶은 애벌레를 공기가 움직이지 않는 시험관 속에 매달아 놓았다. 수직으로 매달린 실이라 애벌레가 수직을 유지하는 데 방해물은 없다. 허물벗기 시간이 다가오면 머리를 위로 향해야 하는데 되레 아래로 내려진 비정상적 자세의 불쌍한 애벌레가 오랫동안 온몸을 떨며 몸부림친다. 몸을 돌려 발톱으로 실이나 뒷다리를 잡으려고 애쓴다. 어떤 녀석은 잡는 데 성공해서 그럭저럭 몸을 다시 일으켜 세운다. 또 균형 잡기가 어려움에도 불구하고 제멋대로 고정해서 별 지장 없이 탈바꿈까지 한다.

하지만 다른 녀석들은 실을 잡지도 못하고 지쳐서 머리를 위로 향하지 못한다. 그러면 탈바꿈은 실패한다. 때로는 등이 찢어지고 헤르니아로 부푼 가운데가슴이 드러나지만 더는 진행되지 못하고 죽는다. 전혀 갈라짐이 없이 완전한 애벌레 상태로 죽는 경우가 훨씬 많았다.

또 다른 실험으로 전진이 가능하도록 모래를 얇게 깐 표본병에 애벌레를 넣었다. 전진은 해도 유리벽이 미끄러워서 올라갈 곳이 전혀 없다. 이런 상황에서는 탈바꿈을 시도조차 못하고 죽는다. 이런 비참한 종말에 예외가 있었다. 애벌레가 해결하기 무척 어려운 상태에서 어쩌다 특수 균형을 잡아 모래 침대 위에서 정상적으로 탈바꿈한 것을 보았다. 그러나 정상 자세를 얻지 못하면 탈바꿈이 일어나지 않는다. 이것이 일반적인 법칙이다.

이런 결과로 보면 허물벗기에 임박한 애벌레는 외적 영향에 반항하는 재주를 타고난 것 같다. 양배추의 각과(殼果)나 완두콩 꼬투리가 여물면 터져서 씨앗을 방출한다. 씨앗 대신 완전한 곤충이 든 각과인 매미 애벌레도 적당한 순간까지 억제하여 열리는 것을 미루거나 상황이 불리하면 아예 안 열 수도 있다. 탈바꿈 시점에는 몸 안에서 일어나는 내적 변화의 강요를 받지만 본능으로 악조건임을 알게 된 벌레는 필사적으로 저항하여 열리기보다는 차라리 죽는다.

내 호기심으로 실험된 경우 외에 매미 애벌레가 이렇게 죽을 고비를 맞는 경우를 보지 못했다. 출구 근처에는 항상 무슨 덤불이든지 있다. 땅속에서 나온 애벌레는 그리 기어 올라가고 꼬투리 동물의 등이 터지는 것은 몇 분이면 충분하다. 이렇게 빨리 나와서 연구 도중에 난처해지는 수가 많았다. 근처 야산에서 애벌레 한 마리가 나타났다. 나뭇가지에 몸을 고정하려다 붙잡힌 녀석은 집에 와서 흥미 있는 관찰거리가 된다. 녀석이 달라붙은 가지와 함께 원뿔처럼 접은 종이에 넣고 급히 돌아온다. 15분이면 돌아오지만 헛수고였다. 집에 와 보면 녹색 매미가 거의 해방되어 내가 보려던 것을 못 본다. 그래서 이렇게 알아내는 방식은 포기하고 내 방문에서 몇 걸음 안 되는 곳에서 행운으로 얻게 되는 우연의 발견에만 의존해야 했다.

교육자 자코토(Jacotot)[1]가 당시에 말했던 것처럼 모든 것은 모든 것 안에 있다. 탈바꿈이 너무 빨리 이루어지는 바람에 우리는 요리 문제를 다루게 되었다. 아리스토텔레스에 따르면 매미는 그리스 사람들이 인정해 주는 요리였다고 한다. 나는 위대한 자연과학자의 문헌을 모른다. 촌뜨기인 내 장서에는 그렇게 사치스러운 문헌이 없다. 다행히 눈앞에 아주 훌륭하게 정보를 제공해 줄 존경스러운 책이 있다. 디오스코리데스(Dioscoride)[2]에 대한 마티올리(Matthiole)[3]의 해설이다. 매우 유능하고 박식한 그는 아리스토텔레스를 매우 잘 알 것이 틀림없으며 그래서 전적으로 나의 신임을 얻었다.

그는 이렇게 말했다.

아리스토텔레스가 껍질이 터지기 전의 어미 매미 맛이 가장 좋다고 한 것은 이상할 게 없다.

(*Mirum non est quod dixerit Aristoteles, cicadas esse gustu suavissimas antequam tettigomettræ rumpatur cortex.*)

우리는 어미 매미, 즉 테티고메트라(Tetti-gomettra)는 매미 애벌레를 가리키던 옛날 말임을 알고 있다. 아리스토텔레스의 말에 따

1 Jean-Joseph Jacotot. 1770~1840년. 프랑스의 교육자이자 수학자. 과학과 문학, 로마법까지 두루 강의 했으며 프랑스 하원의원을 지냈다.

2 Pedanius Dioskorides. 40 ~90년경. 터키 태생으로 아나자르바(Anazarba) 지방 의사이자 약용식물학자.

3 Pietro Andrea Gregorio Mattioli, 1500~1577년. 이탈리아 태생의 의사이자 식물학자. 디오스코리데스의 약초지에 대한 비평을 담은 『디오스코리데스를 논한 학설』을 썼다.

라 껍질, 즉 허물벗기 전 매미 애벌레의 맛이 아주 좋다는 것을 알게 되었다.

껍질이 터지기 전이라는 이 자세한 설명이 맛 좋은 한입감을 언제 잡아야 하는지 알려 준다. 땅속 깊이 머물러 있는 겨울일 수는 없다. 그때는 애벌레가 허물을 벗을 가능성이 전혀 없으니 말이다. 따라서 땅속에서 나오는 여름에 지표면을 잘 살피면 애벌레를 한 마리씩 만날 수 있다. 이때야말로 진짜로 껍질이 터지지 않을까 조심해야 할 유일한 시간이다. 몇 분 안에 껍질이 벌어지므로 잡기와 요리하기를 서둘러야 할 때이기도 하다.

요리로서의 옛 명성, 즉 맛이 좋다(*suavissima gustu*)라는 형용사를 얻는 것이 당연할까? 지금이 아주 좋을 때이니 기회를 이용해 보자. 필요하다면 아리스토텔레스가 칭찬한 요리로서의 명예를 회복시켜 주자. 라블레(Rabelais)의 유식한 친구 롱들레(Rondelet)[4]는 썩은 물고기 창자로 유명한 소스인 생선장(*garum*)을 발견했다고 자랑했었다. 매미 애벌레를 식도락가들에게 돌려주는 것도 찬양할 만한 일이 아닐까?

7월 어느 날 아침나절, 벌써 뜨거운 해가 애벌레를 땅속에서 나오라고 부추길 때 어른 아이 할 것 없이 온 식구가 찾아 나섰다. 다섯 명이 울타리 근처, 특히 애벌레가 가장 풍부한 장소인 정원의 길가를 살핀다. 껍질이 열리는 것을 피하려고 애벌레를 발견하는 족족 물이 담긴 컵에 넣었다. 질식해서 탈바꿈하지 못할 것이다. 모두가 2시간 동안 이마에 땀을 줄줄 흘리며 주의 깊게 찾아다닌 끝에 네 마리를 구했을 뿐 더는 없었다. 물속에 잠긴 녀석들은

---

4 Gulillaume Rondelet. 1507~1566년. 프랑스 박물학자. 몽펠리에 대학 교수. 해양 동물 연구로 유명하다.

죽었거나 죽어 가고 있었다. 하지만 무슨 상관이더냐, 튀김이 될 것들인데!

매우 좋다는 맛을 조금이라도 덜 변질시키려고 아주 간단하게 요리했다. 기름 몇 방울, 소금 약간, 양파 조금이 전부였다. 대개의 요리사에게 이보다 간단한 조리법은 없을 것이다. 모든 사냥꾼이 점심에 이 튀김을 나누어 먹었다.

만장일치로 먹을 만하다고 인정했다. 물론 우리는 식욕이 왕성하고 아무런 편견도 없는 위장을 가진 사람들이다. 새우 맛이 조금 나기도 했는데 이런 맛은 메뚜기 꼬치구이가 훨씬 더했다. 하지만 매미 요리는 너무 질기고 수분이 적어서 마치 양피지를 씹는 것 같았다. 나는 아리스토텔레스가 찬양한 이 요리를 아무에게도 추천하지 않으련다.

유명한 그 학자에게는 분명히 일반적인 동물에 대한 훌륭한 정보가 있었다. 아리스토텔레스의 제자였던 왕은 그 시대에 신비에 싸였던 신기한 물건들, 즉 인도에서 마케도니아까지에서 나온 사람들 눈에 가장 놀랍고 신기한 물건들을 그에게 보냈다. 또 대상(隊商)들은 코끼리, 표범, 호랑이, 코뿔소, 공작 따위를 그에게 가져왔고 아리스토텔레스는 그것들을 충실하게 묘사했다. 하지만 그런 마케도니아에서도 땅을 열심히 파는 농부를 통해서만 이 곤충이 그에게 알려졌다. 농부는 삽 밑에서 매미 애벌레를 발견했고 거기서 매미가 나온다는 것을 다른 사람보다 먼저 알고 있었다. 아리스토텔레스는 엄청나게 큰 계획 중에서 나중에 플리니우스(Plinius)[5]가 정리하게 될 일의 일부를 해냈는데 남들보다 귀가 얇았다. 그는 시골 사람들이 수다 떠는 것을 듣고 그 내용을 사실에 근거한 자료처럼 기록했던 것이다.

어디서든 농부는 장난꾸러기였다. 우리가 학문이라고 하는 것들을 하찮은 것으로 비웃으며 즐긴다. 별것도 아닌 벌레 앞에서 관찰하는 사람을 비웃고 조약돌 하나를 주워 살피다가 호주머니에 넣는 사람을 보면 웃음을 터뜨린다. 그리스의 농부는 이런 버릇이 더욱 두드러졌다. 그는 도시 사람에게 어미 매미(애벌레)는 맛이 훌륭해서 신들이 먹는 요리라는 말을 했다. 순진한 도시 사람에게 매미를 과찬하며 유혹했지만 반드시 껍질이 터지기 전에 잡아야 하는 필수 조건이 있어서 도시인들의 욕구를 채워 줄 수는 없었다.

자, 그러면 다시 나가 보자. 5명의 우리 분대는 매미가 많은 땅에서 4마리를 잡는 데 2시간을 소비했다. 아주 푸짐한 요리를 만들어 보고자 땅속에서 나오는 매미 애벌레를 몇 움큼 더 잡으러 나가 보시라. 껍질은 몇 분 만에 찢어질 테니 매일 녀석을 찾아 나설 당신들은 그동안 잡아 놓은 애벌레의 껍질이 터지는 것에 특별히 조심해야 한다. 내 생각에 아리스토텔레스는 튀긴 매미 애벌레의 맛을 한 번도 보지 못했을 것 같은데 우리 집에서 해본 요리가 증언했다. 아리스토텔레스는 시골 사람들의 농담을 꽉 믿고 그대로 이야기한 것뿐이다. 그가 신들이 먹는다고 전했던 요리는 정말 맛이 없었다.

---

5 로마의 박물학자, 『파브르 곤충기』 제2권 109쪽 참조

아아! 나도 이웃 농부들이 말하는 것을 전부 들었다면 매미에 대한 자료를 훌륭하게 수집했을 것이다. 하지만 시골에서의 매미 이야기를 꼭 하나만 들어 보도록 하자.

그대는 어떤 고질적인 허리 병으로 고민하는가, 수종으로 몸이 부었는가, 혹시 강력한 정화제가 필요한가? 이런 병에 대해서 시골의 약전들은 일제히 매미를 가장 훌륭한 명약으로 추천한다. 이 곤충의 성충을 여름에 잡아서 모아 햇볕에 말려 염주처럼 엮어 장롱한 구석에 소중하게 보관한다. 어느 주부가 이 비축물을 실에 꿰지 않고 7월을 보냈다면 조심성 없는 여인으로 생각할 것이다.

신장(콩팥)의 가벼운 염증이나 비뇨기에 갑자기 어떤 장애가 생겼는가? 그러면 빨리 매미 탕약을 드시라. 그처럼 효력 있는 것은 아무것도 없단다. 전에 내 몸 어딘가가 불편했을 때 나도 모르게 그런 탕약을 먹였던 착한 분에게 감사한다. 하지만 지금 나는 그 약을 아주 불신한다. 그런데 옛날에 아나자르바(Anazarba) 지방의 의사가 이 약을 이미 추천했음을 발견하고 깜짝 놀랐다. 디오스코리데스는 이런 말을 했다. '구워서 먹는 매미는 방광의 통증에 좋다(*Cicadæ, quæ inassatæ manduntur, vesicæ doloribus prosunt*).' 프로방스 농부들은 오랜 옛날부터 그리스의 포세아(Phocée)[6] 사람들이 알려 준 약을 계속 믿었다. 그들은 이곳의 조상들에게 올리브, 무화과, 포도나무를 전한 사람들이기도 했다. 다만 한 가지는 바뀌었다. 즉 디오스코리데스는 구운 매미를 먹으라고 했는데 지금은 끓여서 탕약을 만들어 먹는다.

이 곤충의 이뇨(利尿) 특성에 대한 설명은 참으로 고지식하다. 매미는 자기를 잡으려

---

6 그리스인들이 소아시아에 세운 고대 도시

는 사람의 얼굴에 갑자기 오줌을 깔기고 날아간다. 여기서는 모두가 그 짓을 알고 있다. 문제는 이렇게 함으로써 매미 자신의 배설 능력을 우리에게 전해 준다는 것이다. 디오스코리데스와 같은 시대 사람들은 이렇게 추론했을 것이고, 프로방스 지방의 농부도 아직 이렇게 추론한다.

오 선량한 백성들! 기상관측소를 건설하고 유지하려고 제 오줌으로 흙을 반죽하는 매미 애벌레의 능력을 알게 된다면 어떠하겠더냐! 그대들은 노트르담의 탑 위에 올라앉아서 강력한 방광의 힘으로 여자들과 어린애들뿐 아니라 파리의 수많은 얼간이를 빠져 죽게 하는 과장된 라블레(Rabelais)의 가르강튀아(Gargantua)[7] 이야기를 들었다고 생각할 것이다.

---

7 장편소설 주인공. 『파브르 곤충기』 제3권 336쪽 참조

16 매미 – 노래

레오뮈르(Réaumur)는 매미의 노랫소리를 들은 적이 없다고 자백했다. 그는 살아 있는 매미를 전혀 보지 못했다. 아비뇽(Avignon) 근처에서 설탕을 탄 생명수(l'eau-de-vie)[1]에 담긴 매미가 그에게 갔었다. 해부학자에게나 충분할 이런 상황에서 그는 발성기(發聲器)에 대해 정확히 기술한 것이다. 대가는 통찰력 있는 눈으로 이상한 뮤직박스의 구조를 놓치지 않고 훌륭하게 알아냈다. 그래서 그의 연구는 매미의 노래에 대해 몇 마디 하려는 사람은 누구나 참고하는 원전(原典)이 되었다.

그가 왔다 간 뒤에 추수는 끝났고 이삭 몇 개를 주울 일만 남았다. 그것으로 단을 하나 쌓으려는 제자는 레오뮈르가 갖지 못한 것을 너무 많이 가지고 있었다. 즉 나의 바람보다 더 크게 울려 퍼지는 교향곡 연주자들의 소리를 듣는다. 어쩌면 그래서 속속들이 들춰낸 것으로 보이는 주제에서 내가 또다시 몇몇 새로운 사실을 얻게 되었을 것이다. 매미의 노래 문제를 다뤄 보려는데 이미 알려진 것은 내 설명을 확

---

1 러시아의 보드카처럼 맑은 독주

인할 필요가 있을 때만 인용하련다.

이 근처에서는 5종의 매미가 채집된다. 즉 유
럽깽깽매미(Cigale plébéienne: *Cicada plebeia*→
Tibicen plebejus), 만나나무매미(C. de l'Orne: *C.
orni*), 산빨강매미(C. rouge: *C.*→ *Tibicina hemato-
des*), 검정매미(C. noire: *C.*→ *Cicadatra atra*), 꼬마
지중해매미(C. pygmée: *Cicada*→ *Tettigetta pygmaea*)

만나나무매미

등이다. 처음의 두 종은 너무 흔하나 뒤의 세
종은 드물어서 시골 사람들이나 겨우 알 정도이다. 유럽깽깽매미
가 가장 크고 제일 흔하니 발성에 대한 설명도 이 종으로 하겠다.

수컷의 가슴 밑, 뒷다리 바로 뒤에 두 개의 넓은 반원 모양 판자
같은 것이 포개져 있는데 오른쪽 판이 왼쪽 판 위에 있다. 이것이
요란스러운 악기의 덧문이며, 뚜껑이며, 단음(斷音) 장치, 즉 개폐
장치이다. 그것들을 떠들어 보자. 그러면 하나는 오른쪽, 또 하나
는 왼쪽으로 두 개의 넓은 공동(空洞)이 있는데 프로방스 지방에
서는 이들이 예배당(capello, 작은 성당)이라는 이름으로 알려져 있
다. 즉 전체가 성당(glèiso)인 셈이다. 그것들 앞쪽에는 크림 빛의
곱고 부드러운 막으로 경계가 지어졌고, 뒤쪽에는 까칠까칠하며,
비눗방울처럼 무지갯빛이 나는 막으로 경계가 되었는데 이것을
프로방스에서는 거울(mirau)이라고 부른다.

이 성당, 거울, 뚜껑 등이 대개 소리를 내는 기관인 것 같다. 숨
이 짧은 가수에게는 그의 거울이 깨졌다는 말을 하며 영감을 받지
못한 시인에게도 비유적 표현이 풍부한 말투로는 그렇게 말한다.
그런데 음향은 대중의 믿음이 틀렸다고 한다. 거울을 깨뜨리고 뚜

껍을 가위로 잘라내도 매미의 노래가 없어지지 않는다. 이런 절단은 노래를 변질시키며 조금 약하게 만들 뿐이다. 예배당들은 공명장치였다. 그것들은 소리를 내지 않고 앞뒤에 있는 막을 진동시켜 소리를 키워 준다. 그리고 뚜껑을 많이 또는 조금 열어서 소리를 변경시킨다.

진짜 발성기관은 다른 곳에 있으며 초보자는 찾아내기가 무척 어렵다. 두 예배당의 바깥쪽 옆구리, 즉 배와 등이 만나는 모서리에 각질의 벽이 경계를 이루고 처진 뚜껑으로 가려진 곳에 단추 구멍 같은 것이 뚫려 있다. 그것을 창(窓)이라고 부르자. 그 창은 옆의 예배당보다 깊지만 넓이는 훨씬 좁은 공동, 즉 소리를 내는 방으로 통한다. 뒷날개가 붙어 있는 부위 바로 뒤에 거의 알 모양으로 약간 돌출한 것들이 보이는데 그것들은 검고 광택이 없어서 은빛 솜털이 덮인 옆의 피막(皮膜)과 구별된다. 이 줄들이 소리 나는 방의 외벽이다.

거기를 넓게 뚫어 보자. 그러면 소리 내는 장치인 심벌즈가 드러난다. 그것은 흰색 타원형의 작은 막인데 별것은 없이 바깥쪽으

애매미 6월 말부터 10월 초까지 발견된다. 우리나라에서 가장 흔한 매미의 하나로서 민가 근처에서도 활동한다. 야간에 불빛에도 모여들며 한낮에는 "씨우추 씨우 르르르르르-지" 하고 운다.
시흥, 2. Ⅷ. '93

로 볼록하다. 큰 지름에는 양끝까지 갈색 맥 서너 개가 가로질러서 그 막에 탄력을 주고 전체적으로 빳빳한 테두리가 막을 고정시킨다. 이 볼록한 비늘 모양이 안으로 당겨져서 조금 납작해졌다가 탄력성 맥에 의해 재빨리 처음의 볼록한 상태로 되돌아간다고 상상해 보자. 이렇게 왕래하면 부딪치는 소리가 날 것이다.

20년 전, 수도(Paris) 사람들은 귀뚜라미, 또는 끄리-끄리(Cri-cri)라고 부르던 얼빠진 장난감에 열광했었다. 내가 오해한 게 아니라면 그랬었다는 이야기이다. 그것은 짧은 강철판의 한쪽 끝을 금속 바닥에 고정시킨 것이다. 엄지로 눌러서 찌그러뜨렸다가 놓아주기를 차례대로 반복하면 그 강철판이 어떤 가치는 없어도 신경을 매우 자극하는 부딪침 소리를 냈었다. 대중의 동감을 얻어내는 데 그보다 편리한 것은 없었다. 귀뚜라미의 영광은 지난날의 이야기였다. 이 장난감의 잘못은 망각이 바로잡았는데 너무도 철저하게 바로잡혀서(망각되어) 그 유명한 기구 이야기를 하는 내 말을 이해하지 못할까 염려스러울 정도이다.

매미 심벌즈의 막과 끄리-끄리의 강철판은 비슷한 기구이다. 양쪽 모두 탄력성 있는 판이 변형되었다가 원상으로 돌아가면서 소리가 난다. 강철 귀뚜라미는 엄지로 눌러서 변형되었다. 그런데 매미의 볼록한 심벌즈는 어떻게 변형될까? 성당으로 돌아가서 각 예배당 앞에 경계 지어 놓은 노란 막을 뚫어 보자. 그러면 V자형으로 합쳐진 엷은 오렌지색의 굵은 근육 기둥들이 나타나는데 V자의 뾰족한 쪽은 곤충의 아랫면 중앙선 위에 위치한다. 두터운 기둥들의 위쪽은 각각 잘린 것처럼 갑자기 끝나는데 그 잘린 곳에서 짧고 가는 줄이 올라와 옆으로 뻗어 나가 해당 심벌즈에 붙었다.

모든 기계장치가 여기에 있고 강철 귀뚜라미만큼 간단했다. 두 근육 기둥이 신축하여 짧아졌다 길어졌다 한다. 즉 끝에 달려 있는 각각의 끈이 해당 심벌즈를 당겨서 변형시켰다가 다시 그들의 탄력성에 맡겨진다. 이렇게 해서 두 발성 비늘이 진동하는 것이다.

이 기계장치의 효력을 확신해 보고 싶은가? 죽었지만 아직은 싱싱한 매미에게 노래를 시켜 보고 싶은가? 아주 간단한 일이다. 근육 기둥 하나를 핀셋으로 잡고 충격을 조절해 가며 당기면 죽은 끄리-끄리가 다시 살아나서, 충격을 줄 때마다 심벌즈 부딪치는 소리를 낸다. 물론 살아 있는 거장이 자신의 공명실을 활용해서 만들어 낸 풍성함은 없어서 소리가 참으로 가냘팠다. 그렇기는 해도 해부가의 기교가 노래의 근본 요소는 찾아낸 것이다.

반대로 살아 있는 매미를 벙어리로 만들어 보고 싶은가? 좀 전까지 높은 나무에서 끈질기고 수다스럽게 기쁨을 찬양하던 음악광을 지금 내 손에 붙잡아서 불행한 괴로움을 탄식하는 벙어리로 만들어 보자. 녀석의 예배당을 뒤틀거나 거울을 뚫어 봐도 소용없다. 잔인하게 절단해도 녀석의 울음소리를 억제하지 못한다. 하지만 창이라고 불렀던 것 옆의 단추 구멍으로 핀을 집어넣어 발성 방 밑의 심벌즈를 찔러 보자. 다른 쪽도 같은 방법으로 찌르면 벙어리 곤충이 된다. 그래도 매미는 심각한 상처가 없으니 아직 활기차다. 너의 사정에 정통하지 못한 사람들은 거울, 성당, 기타의 부속물들을 망가뜨려도 벙어리를 만들지 못했었는데 내가 핀으로 찌르자 그런 결과가 나와서 어안이 벙벙해졌다. 곤충의 배를 갈라도 얻을 수 없었던 엄청난 결과를 아주 하찮은 찌르기로 얻었으니 말이다.

단단히 박힌 빳빳한 판, 즉 뚜껑은 움직이지 않고 배를 직접 들

말매미 몸길이가 44mm로서 우리나라 매미 중 가장 큰 종이며, 가슴 등판은 광택이 나는 검은색이다. 버드나무류가 서식하는 낮은 지대에 많고 밤에도 불빛이 있으면 여러 마리가 합창을 하는데 무엇을 쏟아붓는 것처럼 "짜르르르······ 짜르르르······" 매우 시끄럽게 운다.
내장산, 21. VIII. '96

어 올리거나 내려서 성당이 열리거나 닫힌다. 배가 낮아지면 뚜껑들이 예배당과 노래방의 창을 막는다. 그러면 소리가 약해지며 울리지 않게 된다. 배가 다시 올려지면 예배당과 창이 열리며 소리는 최대가 된다. 결국 심벌즈 작동 근육의 수축과 동시에 일어나는 배의 빠른 진동이 소리의 다양성을 결정하는 것이다. 마치 악궁의 세련된 활질 한판과 같은 것이다.

날씨가 덥고 고요한 오전에는 매미의 노래가 몇 초 동안 계속되다가 짧은 침묵을 곁들이는 음절로 나뉜다. 음절이 갑자기 시작되어 배의 움직임이 점점 빨라지면 소리도 빠르게 올라가 최대의 성량이 얻어진다. 그 음절은 몇 초 동안 같은 강도를 유지하다가 차차 약해지면서 낮은 소리로 변하며 배는 쉬는 자세로 돌아간다. 배의 마지막 진동과 함께 갑자기 침묵이 오는데 이런 음절의 변화는 대기의 상태에 따라 지속 시간이 달라진다. 다시 갑자기 새 음절이 시작되는데 그것은 첫 음절의 단조로운 반복이며 이런 식으로 무한정 계속된다.

때로는, 특히 무더운 저녁나절에는 태양에 취한 매미가 침묵 시간을 줄이거나 아예 없애기도 한다. 이런 때는 노래가 계속되며 점점 높아지거나 낮아짐에 차이가 없이 계속 일정하다. 아침 7시나 8시에 첫 활질이 시작된 오케스트라는 저녁 8시경 석양의 빛이 질 때야 비로소 멎는다. 시곗바늘이 완전히 한 바퀴 도는 동안 음악회가 계속되는 셈이다. 그러나 날씨가 흐리거나 바람이 너무 차면 노래를 부르지 않는다.

몸집이 유럽깽깽매미의 절반 정도인 두 번째 종을 여기서는 녀석의 소리를 흉내 내 까깡(Cacan)이라고 부른다. 앞의 종보다 훨씬 민첩하고 경계심이 많은 이 녀석을 박물학자들은 만나나무매미(*C. orni*)라고 부른다. 이들의 아주 강력하고 목쉰 소리는 서정 단시를 구절로 나누는 침묵이 없이 계속 깡! 깡! 깡! 깡! 하며 울어 댄다. 단조롭고 쉬어 터진 이들의 노랫소리가 제일 불쾌하다. 특히 삼복 중에 우리 플라타너스에서 몇 백 마리로 구성된 연주자들의 오케스트라가 더욱 그렇다. 그때는 마른 호두 한 무더기를 자루에 넣고 껍질이 깨질 정도로 흔들어 대는 것 같다. 그래도 유럽깽깽매미는 녀석들보다 늦은 아침에 노래를 시작하고 저녁에도 그렇게 늦게까지 계속하지는 않았다. 신경을 자극하는 진짜 형벌인 이 음악회에 일시적인 완화제는 하나밖에 없다.[2]

비록 근본원리는 같게 구성되었지만 녀석들의 발성기관에는 노래에 독특한 성격을 띠게 하는 몇몇 특수성이 있다. 즉 노래방이 전혀 없고, 그래서 들어가는 구멍인 창도 없다. 심벌즈는 뒷날개가 박힌 바로 뒤에 드러나 있다. 그것 역시 밋밋한 흰색이며 밖으로

2 완화제를 밝히지 않아 궁금한데 겉에서 잘 보이는 심벌즈를 바늘로 뚫는다는 설명이 여덟 번째 문단 뒤쪽에 나온다.

볼록한 비늘 모양인데 5줄의 붉은빛을 띠는 갈색 맥 다발이 가로 질렀다.

배의 첫째 마디에는 짧고 넓으며 혀 모양의 뻣뻣한 것이 앞으로 솟았는데 그 바깥쪽 끝이 심벌즈 위에 얹혀 있다. 이 혀 모양은 따르라기(나뭇조각으로 만든 장난감 바람개비)의 얇은 판에 해당하는데 회전축의 이빨 모양보다는 진동하는 심벌즈의 맥을 세거나 약하게 건드릴 것이다. 이런 구조라서 내 생각에는 그 맥에서 요란한 소리가 날 것 같다. 까깡을 손으로 잡으면 놀라서 결코 정상적인 노래를 들려주지 않을 것이니 사실을 확인할 수가 없다.

뚜껑들은 서로 겹쳐지지 않았다. 오히려 둘 사이에 상당히 넓은 간격이 있는데 이것들은 작은 혀 모양인 뻣뻣한 배의 돌기로서 심벌즈를 절반쯤 가려 준다. 다른 쪽 절반은 완전히 드러나 있고 눌러봐도 배와 가슴의 연결 부위가 벌어지지 않는다. 더욱이 녀석들은 노래할 때도 배를 움직이지 않는다. 유럽깽깽매미의 노래처럼 소리 변화의 근원인 배의 빠른 진동운동이 없는 것이다. 예배당들은 아주 작아서 공명 기구의 역할도 시원찮다. 그래도 거울은 있는데 아주 작아서 겨우 1mm는 될지 모르겠다. 결국 유럽깽깽매미에서는 그토록 발달한 공명 기구가 여기서는 매우 불완전하다. 그러면 변변찮은 심벌즈의 부딪침이 어떻게 강화되어 그렇게 견딜 수 없을 정도의 큰 소리까지 될까?

만나나무매미는 복화술(腹話術)을 한다. 배를 밝은 곳에 비춰 보면 앞쪽 2/3은 반투명한데 이 부위의 1/3을 가위로 잘라내 보자. 거기는 종의 계승과 개체의 보존에 없어서는 안 되는 필요 불가결한 기관들이 축소되어 있다. 배의 나머지 부분은 뻥 뚫려서 겉껍질의 벽밖에 없는 넓은 공간이 보인다. 다만 등 면에만 한 벌의 얇은 근육층이 덮여서 거의 실처럼 가느다란 소화관이 의지하고 있다. 따라서 이 곤충의 체적 전체의 거의 절반에 해당하는 넓은 면적이 비었거나 그 이상이 비어 있다. 밑에는 심벌즈를 움직이는 두 기둥, 즉 V자형으로 모아진 근육 기둥 두 개가 보인다. 아주 작은 거울 두 개가 기둥의 좌우 끝에서 반짝인다. 그리고 기둥과 거울 사이의 가슴속은 아무것도 없는 공간으로 이어진다.

텅 빈 배와 가슴이 이 지방의 어느 명가수도 비교할 수 없는 엄청나게 큰 공명 기구였다. 방금 자른 배의 구멍을 손가락으로 막아 보면 소리통의 법칙에 따라 낮아진다. 뚫린 배의 구멍 속 원기둥에다 원뿔 모양 종이를 끼우면 소리가 커지기도 작아지기도 한다. 적당히 조절된 원뿔의 넓은 쪽 끝을 확대 시험관의 입구에 끼워 보면 이제는 매미 소리가 아니라 거의 황소의 울음소리이다. 내가 음향 실험을 하고 있을 때 우연히 거기 있던 아이들이 놀라서 도망쳤다. 그들과 그토록 친했던 그 곤충이 공포심을 불러일으킨 것이다.

목쉰 소리의 원인은 진동하는 심벌즈의 맥을 건드리는 혀 모양 따르라기에 있는 것 같다. 커진 소리의 원인이 배의 넓은 공명기라는 것에는 의심의 여지가 없다. 뮤직 박스를 위해 배와 가슴을 이렇게 비웠으니 틀림없이 노래를 무척 좋아하는 것으로 인정하자. 공명 주머니에 넓은 공간을 주려고 생의 기본적 기관들마저 극도로 작아져서 좁은 곳의 구석에 치우쳐졌다. 이 매미는 노래가 우선이었고 다른 생활은 이차적인 문제였다.

만나나무매미가 진화론자의 권고를 따르지 않아 다행이다. 만일 세대를 거칠수록 점점 더 열광적이고 진보에 진보를 거듭하여 원뿔 종이가 냈던 소리와 비교될 만한 소리를 내는 공명실을 갖게 되었다면 까강이 무척 많은 프로방스는 어느 날 사람이 살 수 없는 지방으로 변했을 것이다.

유럽깽깽매미에 대해서는 이미 자세하게 말했는데 견디기 힘든 수다쟁이, 즉 만나나무매미가 어떻게 하면 조용해지는지도 설명할 필요가 있을까? 심벌즈는 겉에서 아주 잘 보이는데 그것을 바늘로 뚫는다. 즉시 완전히 조용해진다. 우리 플라타너스에는 단검을 가진 곤충 중 조용함을 좋아하는 협조자가 왜 없어서 녀석을 심벌즈를 뚫어 주지 않는 것일까? 어리석은 소원이로다. 그렇게 되면 수확철의 장엄한 교향곡에 음 하나가 빠질 것이다.

산빨강매미(*Tibicina hematodes*)는 유럽깽깽매미보다 약간 작다. 녀석의 이름은 다른 매미처럼 날개맥이 갈색이 아니라 핏빛의 빨간색이며 몸의 몇 군데에도 붉은 선이 있어서 붙여졌다. 매우 드문 이 매미는 가끔 산사나무 울타리에서 만난다. 악기는 앞의 두 매미의 중간형이다. 유럽깽깽매미와는 성당을 여닫아 소리의 강약을 조절하는 배의 진동운동이, 만나나무매미와는 공명실과 창이 없이 겉으로 드러난 심벌즈가 닮았다.

결국 심벌즈는 뒷날개의 부착점 뒤에 노출된 셈이다. 상당히 정연하게 볼록한 흰색 심벌즈에는 붉은 기운이 도는 갈색이며 평행한 8줄의 큰 맥이 있다. 이 큰 맥 사이에 7줄의 훨씬 짧은 맥이 하나씩 끼어 있다. 뚜껑은 작고 안쪽 가장자리에 오목한 곳이 있는데 그것에 해당하는 예배당을 절반밖에 덮지 못했다. 이렇게 오목해져 생긴 구멍에는 뒷다리 밑에 박힌 작은 주걱 모양의 덧문이 달려 있는데 그것이 몸통에 달라붙거나 조금 들리면서 구멍을 여닫는다. 다른 매미들[3]도 부속물은 비슷하나 좀더 좁고 뾰족하다.

배는 유럽깽깽매미처럼 상하로 크게 움직일 수 있다. 이 진동이 넓적다리마디 주걱의 움직임과 합쳐져서 예배당을 크거나 작게 여닫는다.

거울은 유럽깽깽매미처럼 크지는 않아도 모양은 같다. 가슴 쪽에서 그들과 마주한 막은 아주 고운 흰색의 타원형이며 배가 올라올 때는 팽팽해지고 내려갈 때는 흐늘흐늘 주름이 잡힌다. 팽팽한 상태에서는 막을 진동시켜 큰 소리를 내기에 적당할 것 같다.

음절로 나뉘고 조절된 노래는 유럽깽깽매미를 연상시킨다. 그러나 훨씬 은은한데 여기에 울림이 없는 이유는 소리방이 없어서일 것이다. 같은 에너지라도 밖으로 노출되어 진동하는 심벌즈는 전정(前庭) 속에서 진동이 공명되는 심벌즈만큼 강렬한 음을 낼 수 없다. 물론 요란한 만나나무매미도 그런 전정을 갖지는 않았다. 하지만 이 매미는 엄청나게 커다란 배의 공명기로 충분히 보충된다.[4]

레오뮈르가 그림을 그리고, 올리비에(Olivier)가 솜털매미(*C. tomentosa*)라는 이름으로 기재한 세 번째 종을 나는 보지 못했다. 프로방스에서는 여러 사람이 꼬마매미(*Cigalon* 또는 *Cigaloun*)라는 이름으로 부르는데 우리

3 정확히 어느 매미인지 불분명한데 아마도 나머지 두 종인 검정매미와 꼬마지중해매미로 보아야 할 것 같다.
4 검정매미와 꼬마지중해매미를 설명한 문단인 것 같다.

털매미 우리나라 매미 중 비교적 작은 종이다. 짧고 넓은 몸통에 녹색과 갈색이 섞여 있고, 황백색 털로 덮였다. 초여름부터 늦여름 사이에 벌판에서 해발 700~800m의 산까지 활엽수가 많은 곳에서 볼 수 있다. 해가 졌거나 궂은 날씨에도 우는 경우가 많은데, 시작과 끝만 "찌찌찌" 소리를 내고 중간에는 단순히 "찌······" 소리만 낸다. 금산, 27. VII. '96

동네에서는 그런 이름을 모른다.[5]

　어쩌면 레오뮈르가 그런 매미와 혼동했을지 모르는 두 종이 있다. 하나는 내가 꼭 한 번 만났던 검정매미(*C. atra*)이며 또 하나는 아주 많이 채집한 꼬마지중해매미(*Tettigetta pygmaea*)이다. 후자에 대해서 몇 마디 해보자.

　이 매미는 이 지방에서 가장 작은 종이다. 몸집이 2cm 정도로 등에(Tabanidae)만 하다. 투명한 심벌즈는 세 줄의 흰색 불투명한 맥을 가졌고 외피 자락으로 겨우 가려진 듯하여 훤히 들여다보이며 전정이나 소리방도 없다. 이제 조사를 끝내면서 전정은 유럽깽깽매미에게만 있다는 점에 유의하자. 다른 매미는 모두 없다.

　뚜껑은 서로 넓은 간격으로 떨어져 있어서 예배당을 넓게 벌어지게 했다. 거울은 비교적 크며 모양이 강낭콩을 연상시킨다. 노래할 때 만나나무매미처럼 배의 진동이 없다. 그래서 이 두 종은 멜로디에 다양성이 없다. 꼬마지중해매미의 노래는 날카롭지만 단

5 프로방스와 동네 사이가 잘 이해되지 않는다. 혹시 알프스 근처의 Haute Provence 지방을 말한 것인지 모르겠다.

조롭고 소리는 약하고 희미해서 7월 오후의 고요 속에서도 겨우 몇 걸음밖에 안 떨어진 곳에서나 들린다. 나는 녀석을 연구하고 싶어서 언젠가는 여러 마리가 햇볕이 쨍쨍 내리쬐는 덤불을 떠나 시원한 우리 플라타너스로 와서 자리 잡아 주길 바란다. 이 매미는 열광적인 까깡이 울어 대는 것처럼 정적을 깨지는 않을 것이다.

이제 악기의 구조가 알려졌고 복잡한 해설도 끝났다. 설명을 끝내면서 지나친 그 노래의 목적이 무엇인지 생각해 보자. 왜 그렇게 많이 울어 댈까? 피할 수 없는 대답 한 가지가 있다. 암컷을 초대하는 수컷들의 호소이다. 즉 사랑하고픈 자들의 칸타타(가요)이다.

물론 아주 자연스러운 대답인데 나는 여기에 이의를 제기해 보련다. 유럽깽깽매미와 귀에 거슬리는 녀석의 협력자인 까깡이 사귀어 보자고 나에게 강요당한 것이 15년이나 된다. 여름마다 두 달은 녀석들을 눈앞에서 보며, 귓속에 담고 있다. 녀석들의 노래를 환영하며 듣는 것은 아니나 얼마간은 열심히 살펴본다. 몇 인치 간격으로 암수가 섞여서 머리는 모두 위로 향하고 매끈한 플라타너스의 껍질에 나란히 줄지어서 붙어 있는 것을 본다.

나무에 주둥이를 박고 움직임 없이 수액을 마신다. 해가 돌아서 그늘이 옮겨지면 녀석들도 줄기 둘레를 천천히 옆걸음질로 돌아서 해가 가장 잘 비추어 가장 더운 곳으로 이동한다. 주둥이가 빠는 중이든, 이사하는 중이든 노래는 끊이지 않는다.

끝없이 노래 부르는 것을 격정의 호소로 보는 것이 옳을까? 나는 망설인다. 매미들이 모여 있는 곳에 암수가 나란히 앉아 있다. 그런데 몇 달을 지나도 사귀어 보자며 팔꿈치로 찌르고 부르는 자는 아무도 없다. 더욱이 가장 요란스러운 오케스트라 연주 중에도 암컷이 달려오는 것을 한 번도 보지 못했다. 혼인의 서막은 여기서 보는 것만으로도 족하다. 아주 훌륭하게 보인다. 원하는 암컷이 가까운 이웃인데 어째서 구혼자가 끝없는 고백을 할까?

그것이 무관심한 암컷을 매료시키고 감동시키는 수단일까? 내 의심은 그대로 남는다. 나는 암컷들에게서 어떤 만족의 표시를 발견하지 못했다. 구혼자들이 가장 화려한 심벌즈 연주를 퍼부을 때도 암컷들이 몸을 좀 떨거나 가볍게 흔드는 것을 결코 보지 못했다.

이웃 농부들은 수확 철에 매미가 자신들을 격려해 주려고 세고(sego), 세고, 세고!(베어라, 베어라, 베어라!) 하며 노래를 불러 준다고 한다. 생각을 거두는 사람이나 밀 이삭을 거두는 사람이나 우리는 똑같은 사람이다. 후자는 뱃속에 들어갈 빵을, 전자는 지식의 빵을 위해 일한다. 그래서 나는 그들의 해석을 이해하며 얌전한 순박함으로 받아들인다.

과학은 훌륭한 것을 요구하지만 곤충에서는 우리가 이해하지 못하는 세계를 찾는다. 심벌즈를 때려서 생성된 인상이 암컷에게 일어나는 영감과 같은 것인지 대강의 추측조차 못하겠다. 내가 말할 수 있는 것은 단지 녀석들의 태연한 표정은 완전한 무관심의 표현인 것 같다는 것뿐이다. 이제 그만 하기로 하자. 곤충의 은밀한 감정은 헤아릴 수 없는 신비 중 하나이다.

또 하나의 의심의 동기는 이것에 있다. 노래에 민감한 자들은 언제나 예민한 청력을 가졌다. 청력은 경계를 늦추지 않아 작은 소리라도 위험을 알려 준다. 새들은 숙련된 가수이며 그야말로 예민한 귀를 가졌다. 나뭇가지에서 잎사귀 하나만 움직여도, 지나가는 사람의 말 한마디에도 불안해서 갑자기 노래를 멈추고 경계한다. 아아!

그런데 이런 경계와 매미와는 얼마나 거리가 멀더냐!

매미의 시력은 대단히 날카롭다. 녀석의 커다란 겹눈(복안, 複眼)은 좌우 어느 쪽에서 일어나는 일이든 알려 준다. 작은 루비 같은 세 개의 망원경, 즉 홑눈(단안, 單眼)은 이마 위에서 공간을 살핀다. 우리가 접근함을 보기가 무섭게 노래를 뚝 끊고 날아간다. 하지만 다섯 개의 눈을 피할 수 있는 곳에서 말하거나, 휘파람을 불거나,

늦털매미 얼굴 긴 바늘 같은 주둥이를 나무 줄기에 꽂고 수액을 빨아먹는다. 털매미와 매우 닮았으나 활동 계절, 울음소리, 뒷날개의 색깔에 차이가 있다. 인가 근처에도 나타나나 8월 말 이후의 가을에 볼 수 있으며 털매미보다는 금속성이 강한 소리로 "씨익 씩 씩 씩 씩" 하며 단절된 소리를 반복한다. 뒷날개는 황갈색인데 굵은 흑갈색 테두리가 둘러쳐졌다. 금강유원지. 29. IX. '92

손뼉을 치거나, 조약돌을 부딪쳐 보자. 우리를 보지 못한 새는 그보다 훨씬 낮은 소리에도 당장 노래를 중단하고 필사적으로 날아가지만 매미는 아무 일도 없는 것처럼 태연하게 노래를 계속한다.

이 문제에 대한 내 실험 중에서 가장 기억할 만한 것 한 가지만 말하겠다.

나는 면사무소의 대포, 즉 주보 성인의 축제일에 쾅쾅 울려 대는 소리 상자를 빌려 왔다. 포수는 내 집에 와서 매미를 위해 화약을 재고 쏘는 것을 즐거워했다. 대포는 두 대, 가장 성대한 축제처럼 화약을 잔뜩 쟀다. 선거 유세를 하는 정치가도 그렇게 많은 화약으로 환영받은 적은 일찍이 없었다. 유리가 깨질 것에 대비해서

창문을 모두 열어 놓았다. 요란한 소리 기구는 가리거나 특별히 주의하는 것 없이 연구실 앞 플라타너스 밑에 놓였다. 저 위의 나뭇가지에서 노래 부르는 매미들은 아래서 무슨 일이 벌어지는지 모르고 있다.

들는 사람은 여섯이며 비교적 고요한 순간을 기다린다. 노래하는 녀석들의 숫자는 각자가 확인했고 노래의 성량과 리듬도 확인했다. 이제 준비를 마치고 공중의 오케스트라에서 무슨 변화가 일어나는지 귀를 기울인다. 대포가 발사되었다. 진짜 천둥소리 같다.

저 위에서는 동요가 없다. 연주자의 수도 같고, 리듬도, 소리의 크기도 같다. 여섯 사람의 증언도 한결같다. 강력한 폭발음이 매미의 노래를 조금도 변화시키지 않았다. 두 번째 대포의 경우도 결과는 같았다.

대포 소리에 전혀 놀라지 않고 혼란도 안 일어나며 지속되는 오케스트라에서 어떤 결론을 끌어낼 수 있을까? 매미는 귀머거리라는 결론을 내릴까? 그런 모험까지는 삼가련다. 하지만 아주 대담한 사람이 그렇다고 주장하는데 반대하고 싶어도 어떤 이유를 내놓아야 할지 정말 모르겠다. 나는 적어도 매미는 귀가 어둡다는 것과 귀머거리처럼 소리 지른다는 유명한 속담을 녀석에게 적용

시켜 볼 수밖에 없다.

청날개메뚜기(Criquet à ailes bleues: *Sphingonotus caerulans*)가 오솔길 자갈 위에서 기분 좋게 햇볕에 취해 굵은 뒷다리로 단단한 겉날개(두텁날개)의 까칠까칠한 부분을 비빌 때나 뇌성벽력이 은밀히 다가올 무렵 까깡만큼이나 감기에 걸린 녹색 청개구리가 숲 속 잎에서 고막을 부풀렸을 때, 두 종류 모두가 그곳에는 없는 암컷을 부르는 것일까? 절대로 그렇지 않다. 전자의 활질은 겨우 들릴까 말까 한 날카로운 소리를 내고 후자는 목청을 한껏 키운 소리지만 소용없는 짓이다. 바라던 암컷은 달려오지 않는다.

곤충이 자신의 정열을 알리는 데 요란한 애정의 토로나 수다스런 고백이 필요할까? 암수가 서로 접근할 때 조용하게 다가가는 대다수의 경우를 참고하시라. 메뚜기의 바이올린, 청개구리의 백파이프, 까깡의 심벌즈를 나는 다만 사는 즐거움, 각각의 동물 종들이 제 나름대로 찬양하는 보편적인 기쁨의 표시에 적합한 수단으로만 보련다.

매미는 자신이 내는 소리에 대해 조금도 신경 쓰지 않고 우리가 만족했을 때 손바닥을 비비듯이 자신이 살아 있음을 느끼는 즐거움만을 위하여 요란한 악기를 연주한다고 주장하는 사람이 있더라도 나는 별로 눈살을 찌푸리지 않으련다. 한술 보탠다면 녀석들의 음악 연주에 부차적인 목적으로 성이 관련되었음은 매우 가능한 일이고 매우 자연스러운 일이다. 하지만 아직은 증명되지 않았다.[6]

6 현재는 많은 동물, 특히 여러 곤충이나 개구리 울음소리의 주파수와 소리의 간격 등이 성 유인에 매우 중요한 요건인 것으로 알려졌다. 또한 매미는 '복부 고막'이 청각기관이며 소리의 주파수는 대개 4~7KHz로 사람의 가청 주파수 20~22.05KHz와는 크게 다르다. 그런데 파브르는 아직도 모든 감각의 기준을 인간에 맞추어서 관찰, 실험함으로써 많은 오해가 뒤따른다.

17 매미 - 산란과 부화

유럽깽깽매미(*Tibicen plebejus*)는 알을 마른 잔가지에 의탁한다. 레오뮈르의 조사에서 알이 확인된 나뭇가지는 모두 뽕나무(Mûrier)였다. 그것은 아비뇽 근처에서 매미 알의 수집 책임을 맡은 사람이 별로 다양하게 찾아보지 않았다는 증거이다. 나는 뽕나무 외에도 복숭아나무, 서양벚나무, 버드나무, 광나무(Troène du Japon: *Ligustrum japonicum*), 그리고 다른 나무에서도 발견했다. 하지만 이것들에서는 드물었다. 매미는 다른 것을 더 좋아했다. 가능하면 얇은 목질층에 수질이 많은 줄기로, 밀짚에서 연필 굵기의 가는 줄기를 원했다. 이 조건만 채워지면 어느 식물이든 별로 상관없었다. 혹시 매미가 산란에 이용하는 여러 받침나무의 목록을 만들고 싶다면 이 지방의 반수목성 식물상 모두를 점검해야 할 판이다. 매미의 이용처가 다양함을 알려 줄 몇몇 주요 종만 보자.[*]

산란된 가지가 땅바닥에 누운 경우는 절대로 없다. 많든 적든 가지는 수직이나 그에

[*] 내가 수집한 매미의 산란처: 금작화, 백합과(*Asphodelus cerasiferus*), 해란초류(*Linaria striata*), 꿀풀과(*Calamintha nepeta*), 부추류(*Allium polyanthum*), 국화과(*Asteriscus spinosus*) 등

가까운 상태로, 대개는 자연 속 제자리에 서 있고 어쩌다가 꺾였
어도 서 있는 상태였다. 가능하면 모든 알을 다 받을 수 있는 길고
반듯하며 매끈한 줄기를 택한다. 내 수집품 중 가장 훌륭한 것은
금작화(*Spartium junceum*) 줄기였는데 고갱이가 차 있는 밀짚과 비슷
하다. 특히 백합과의 일종(*Asphodelus cerasiperus*)에서는 높은 줄기에
많이 산란하는데 이 줄기는 가지가 갈라지기 전에 1m 가까이 자
란다.

받침나무는 무엇이든 좋으나 완전히 마른 것이 원칙이다. 그러
나 내 기록에는 푸른 잎이 나 있고 꽃이 핀, 즉 살아 있는 줄기에
낳은 경우도 몇몇이 적혀 있다. 물론 이런 예외적인 경우라도 줄
기 자체는 상당히 말랐다.※

매미의 솜씨는 산란관을 위에서 아래로 비스듬히 꽂아 바늘 끝
의 흔적처럼 목질섬유를 찢어서 밖으로 밀
어내 약간 튀어나온 일련의 긁힌 자국을 만
들어 놓은 것이다. 그 점무늬들의 기원은 모

※ 십자화과(*Calamintha ne-
peta, Hirschfeldia adpres-
sa*)

르겠으나 그것을 본 사람은 어떤 은화식물이나 균류(Sphériacées, 菌類)가 부풀어서 표피를 밀어내 절반쯤 솟아올라 터진 것을 먼저 생각하게 된다.

만일 줄기가 고르지 않거나 같은 곳에 여러 마리가 산란했을 때는 긁힌 자국이 어지럽게 배열된다. 그런 곳에서는 눈이 헷갈려서 연속된 순서와 개별적 산란을 알아볼 수가 없다. 다만 한 가지 특색만 일정하다. 솟아오른 목질 조각의 방향이 비스듬하다는 점인데 이는 매미가 항상 똑바른 자세에서 산란하고 산란관을 줄기의 길이를 따라 위에서 아래로 찔러 넣었음을 증명하는 셈이다.

만일 고르고 매끈한 줄기의 길이가 적당하면 지점들 간의 거리가 거의 같고 직선에서 별로 벗어나지도 않는다. 수는 다양했다. 산란 중 방해를 받아 다른 곳에서 산란을 계속했을 때는 아주 소수였으나 한 줄의 산란 수가 그 매미의 총 산란 수일 때는 30~40개 정도였다. 산란관을 꽂은 횟수는 같아도 알이 연속된 일련의 길이는 서로 다르기도 했다. 몇몇 예를 보면 30개가 들어 있는 일종의 해란초(Linaire striée: *Linaria striata→ repens*) 줄기에서는 28cm, 국화류(*Chondrilla juncea*)에서는 30cm였는데 백합류(*Asphodelus*)에서는 12cm밖에 안 되었다.

이렇게 길이가 서로 다른 것은 받침의 성질에 달렸다는 생각도 하지 말자. 그와 반대인 자료도 많다. 여기서는 가장 촘촘한 구멍을 보여 준 백합이 다른 데서는 가장 드문 구멍을 보여 주기도 했다. 지점들 간의 거리가 떨어진 이유를 알아낼 수는 없으나 아마도 가지에 따라 산란을 제멋대로 다양하게 집중시키는 어미의 변덕에 달렸을 것 같다. 대개는 각 구멍들 간의 거리가 8~10mm이었다.

각각의 긁힌 자국은 줄기의 고갱이 부분에 비스듬히 파인 독방의 입구이다. 입구를 막은 것은 없고 다만 목질섬유 뭉치만 있을 뿐이다. 섬유층은 산란할 때 벌어졌다가 이중 톱날의 산란관이 빠져나가면 다시 아물게 된다. 어떤 경우는 막힌 이 섬유 사이에 흰자질이 말라서 반짝거려 니스 칠이 연상되는 아주 작은 층이 보인다. 이는 알과 함께 배출되었거나 이중 톱날의 역할을 쉽게 해주던 일종의 흰자질 액체의 흔적일 뿐 중요한 물질은 아닌 것 같다.

긁힌 자국 바로 밑에 방이 있고 그 입구에서 각 방과 방 사이에는 가느다란 갱도가 있다. 비록 알들을 각각의 많은 구멍을 통해서 따로따로 늘어놓았으나 어떤 때는 분리해 주는 칸막이 없이 위아래 층이 서로 통해서 알들이 끊이지 않은 줄로 놓이기도 했다. 그러나 가장 흔한 것은 방들이 하나씩 떨어져 있는 경우였다.

각 갱도의 방안에 들어 있는 알의 숫자도 6~15개로 아주 다양했으며 평균은 10개였다. 완전히 산란된 방의 수가 30~40개여서 매미는 300~400개의 배아를 낳는 것 같다. 난소를 조사한 결과도 그랬고 레오뮈르의 숫자도 그랬었다.

정말 대가족이니 중대한 파멸의 위기가 닥쳤을 때 아주 잘 대처할 수 있는 엄청난 숫자이다. 나는 성숙한 매미가 다른 곤충보다 더 위협받는다고 생각지는 않는다. 매미는 주의를 게을리 하지 않는 눈과 갑자기 빨리 날 수 있는 비상 능력이 있다. 또 풀밭의 악당들을 염려할 필요가 없는 높은 곳에 산다. 물론 참새가 녀석을 무척 좋아한다. 가끔씩 근처 지붕에서 계획을 잘 세운 녀석이 플라타너스로 내려 꽂혀 노래 부르는 매미를 덮친다. 그러면 깜짝 놀란 매미가 아주 시끄러운 소리를 낸다. 새는 부리로 매미의 좌우를 몇 번 쪼아서 토막을 내, 한배의 제 새끼들에게 맛있는 식량을 만들어 준다. 하지만 새가 완전히 실패하는 경우도 얼마나 많더냐! 습격에 대비하던 매미는 공격자의 눈에다 오줌을 깔기고 날아간다. 그렇다. 매미에게 그렇게 많은 알을 낳게 하는 것은 참새가 아니다. 위험은 다른 데 있다. 우리는 부화 시기에도, 산란할 때도 무서운 위험을 보게 될 것이다.

땅속에서 나온 지 2~3주 후, 즉 7월 중순께 매미는 산란에 전념한다. 나는 산란 광경을 관찰하는 데 너무 불확실한 기회인 행운의 힘을 빌리지 않고 확실히 성공할 몇 가지 대비책을 세워 놓았다. 전부터 관찰해서 백합의 마른 줄기가 훌륭한 받침목임을 알고 있었다. 이 식물은 줄기가 길고 매끈해서 내 계획에도 적합했다. 내가 이사 왔던 처음 몇 해, 울타리 안의 엉겅퀴를 덜 거친 이곳 토착 식물로 바꾸어 놓았다. 백합은 그때 들어왔다가 오늘 필요해졌으며 지난해의 마른 줄기들을 그대로 놔두었다가 적당한 계절에 매일 살펴본 것이다.

오래 기다릴 필요도 없다. 7월 15일부터 백합 줄기에 자리 잡고 산란 중인 매미를 얼마든지 보게 된다. 어미는 언제나 혼자이며 한 마리가 한 줄기씩 차지한다. 성가신 잎사귀가 접종을 방해할 염려도 없다. 모든 매미에게 아주 충분한 자리가 있으니 먼저 차지했던 어미가 떠나면 다음 녀석, 또 다음, 다음 녀석이 올 수도 있을 것이다. 하지만 녀석들은 매번 혼자이길 원했다. 그래도 싸움은 전혀 없고 아주 평화롭게 산란이 진행된다. 이미 차지한 어미가 있는 곳으로 우연히 찾아온 녀석은 자신의 착오를 알아채자 즉시 다른 곳으로 날아간다.

산란 중인 어미는 머리를 한결같이 위로 향했는데 이는 다른 상황에서도 항상 취했던 자세이다. 산란 중에는 접근해서 확대경으로 조사해도 그대로 있다. 그만큼 제 일에 몰두하는 것이다. 길이가 1cm가량인 산란관이 줄기 속으로 비스듬히 끝까지 들어간다. 연장이 얼마나 완전한지 구멍 뚫는 조작이 아주 힘들어 보이지는 않는다. 잦은 경련으로 배의 끝 부분을 조금씩 떨면서 팽창시키거나 수축시키는 게 전부였다. 번갈아 놀려 대는 양날의 송곳이 거의 느낌도 없을 만큼 부드러운 움직임으로 줄기 속으로 들어가 사라진다. 알을 낳는 동안 곤충은 꼼짝 않을 뿐 특별한 것이 없다. 송곳이 처음 들어갈 때부터 방안에 알을 낳고 끝낼 때까지 10분가량 걸린다.

일이 끝나면 산란관을 빼는데 상하지 않게 천천히 당겨 내는 방법을 쓴다. 시추공은 목질섬유들이 오므라들어 저절로 막히고, 매미는 자신의 연장 길이만큼 위로 올라간다. 거기서 다시 송곳으로 뚫고 10개의 알을 받을 새 방이 생긴다. 산란은 이렇게 아래에서 위로 일정한 간격을 두고 계속된다.

이런 사실들을 확인하고 나서 작업 과정을 그렇게 분명하게 관리함으로써 작품이 그토록 잘 정돈되었음을 이해하게 되었다. 독방들의 입구인 파인 자리가 거의 동일한 거리를 유지한 것은 매미가 매번 같은 길이만큼, 즉 거의 자신의 산란관 길이만큼 올라가서 그렇다. 매미는 아주 재빨리 날기는 해도 걸음은 매우 느리다. 점잖고 장중한 걸음걸이로 해가 더 잘 비치는 곳으로 가는 것, 수액을 마시는 것 등이 살아 있는 나뭇가지에서 볼 수 있는 녀석의 행동 전부였다. 산란용 마른 가지에서도 신중한 습관이 그대로였는데 작업이 중요해서 신중함이 더했다. 녀석들은 가능한 한 자리를 덜 옮기며 옆방을 겨우 침해하지 않을 정도만 이동한다. 오르는 걸음걸이의 측정 거리는 대개 산란관의 길이가 제공했다.

또한 입구의 수가 별로 많지 않을 때는 직선으로 배열된다. 줄기는 사실상 전체가 균질인데 산란 중인 어미가 왜 옆으로 삐뚤게 나갈까? 해를 아주 좋아해서 햇볕을 가장 잘 받는 면을 택한 것이다. 자신의 최대의 기쁨인 뜨거운 햇볕을 등에 바로 쬐고 있다가 그곳을 버리고 햇살이 곧게 바로 비치는 방향으로 가려고 대단히 조심한 것이다.

만일 산란이 전적으로 하나의 받침대에서 이루어지면 시간이 많이 걸린다. 방 하나에 10분이 걸린다면 어쩌다 만난 40개의 연속된 방은 6~7시간이 걸렸다는 이야기가 된다. 따라서 어미가 일을 끝내기 전에 해가 상당히 많이 이동했다. 이런 경우는 직선 방향이 나선처럼 구부러진다. 어미는 해의 이동에 따라 줄기의 둘레를 돈 것이다. 그래서 녀석이 찌른 줄은 원통 모양의 해시계 위를 지나는 바늘 그림자의 진행 경로를 연상시킨다.

매미가 어미의 업무에 몰두하고 있을 때, 역시 시추기(산란기)를 지닌 일종의 하찮은 날파리가 매미 알이 자리 잡은 곳에 산란하여 저들을 전멸시키는 경우가 많다. 레오뮈르도 그것을 알고 있었다. 그가 조사한 거의 모든 가지에서 날파리를 만났는데 처음 연구했을 때는 그 녀석들이 착각의 원인이 되었었다. 하지만 레오뮈르는 대담한 약탈자들의 활동을 보지 못했고 볼 수도 없었다. 녀석은 전체가 새까맣고 몸길이는 4~5mm, 여러 마디인 더듬이는 끝으로 갈수록 약간 굵어지는 좀벌(Chalcite: Chalcidoidea)이었다. 칼집이 없고 배의 아래쪽 가운데 박혀 있는 도래송곳(산란관)은 꿀벌들 (과)의 골칫거리인 밑들이벌(*Leucospis*)처럼 몸의 축과 직각 방향이 다. 이 약탈자를 수집하는 데 소홀했으므로 명명자들이 어떤 학명 을 붙였는지는 모르겠다. 매미를 몰살시키는 이 난쟁이가 벌써 곤 충상 목록에 올라 있다면 말이다.

내가 잘 아는 것은 제 몸통에 다리 한 개만 올려놓아도 으스러 질 만큼 엄청나게 큰 거물인 매미 바로 옆에서 녀석이 보이는 태 연한 무모함과 조심성 없는 대담성뿐이다. 산란 중인 불쌍한 어미 를 세 마리가 착취하는 경우도 보았다. 녀석들은 매미의 발꿈치 뒤에서 시추기를 꽂는가 유리한 때를 기다린다.

매미는 방안에 알을 낳고 다음 구멍을 뚫고자 조금 위로 올라간 다. 녀석이 물러난 곳으로 깡패 한 마리가 달려 간다. 그리고 거기, 즉 몸집이 거대한 매미 의 거의 발톱 밑에서 조금도 겁 없이 시 추기를 뽑아 매미 알이 줄지어 있는 곳 으로 들여보낸다. 마치 제집에서 찬양 받는 일을 하듯이 하는데, 부서진 섬유 조각들이 삐죽삐죽 솟아 난 자국이 아니라 옆구리의 어떤 틈으로 들여보낸다. 거 의 온전한 나무의 저항력 덕분 에 연장은 느리게 작동한다. 그 래도 매미가 위층에서 알을 낳 을 동안 시간은 충분하다.

얼른 가~

쏭

매미가 일을 끝내자마자 또 한 마리의 좀벌이 뒤에서 늦게 꾸물 대는 녀석 대신 새 알을 차지하여 매미 알들이 몰살하도록 배아를 접종시킨다. 난소가 바닥난 어미가 날아가면 방 대부분은 이렇게 외부에서 온 알을 받게 되며 이 알은 안에 있던 알을 파멸시킨다. 부화가 빠른 꼬마 애벌레가 그 방의 주인인 매미 가족을 대신하고 반숙된 달걀 한 타로 영양을 듬뿍 취하는 것이다.

오, 가련한 산모 매미야, 그래 너는 수백 수천 년의 경험에서도 배운 것이 전혀 없더란 말이냐! 저 무서운 시추꾼들이 못된 짓을 준비하며 네 주변을 날아다닐 때 너희 훌륭한 눈은 틀림없이 녀석 들을 보았을 것이다. 너는 녀석들을 보았고 네 발뒤꿈치에 있다는 것도 알았다. 그런데도 너는 태연했을 뿐 그대로 놔두었다. 덩치 만 크고 마음 약한 이 녀석아, 돌아서서 그 난쟁이를 밟아 으깨 버 리란 말이다! 하지만 본능을 바꾸지 못하는 너는 어미로서 네 몫 의 불행을 덜어 내기만 할 뿐 결코 그렇게 하지 못할 것이다.

유럽깽깽매미의 알은 상앗빛으로 빛난다. 길고 양끝이 원뿔 모 양인 형태가 아주 작은 베틀의 북과 비교된다. 길이는 2.5mm, 너 비는 0.5mm이다. 한 줄로 나란히 놓인 것들이 서로 약간 겹쳐졌 다. 만나나무매미 알들은 이보다 약간 작은데 규칙적인 집단으로 모여 있어서 아주 작은 여송연(담배) 무더기와 닮은꼴이다. 유럽깽 깽매미의 알들만 다뤄 보자. 이들의 이야기가 곧 다른 알들의 이 야기도 될 것이다.

9월이 끝나기 전에 반짝이는 상앗빛이 황금빛 밀 색깔로 변한 다. 10월 초에 아주 분명하고 둥근 밤색의 작은 점 두 개가 앞쪽에 나타나는데 형성 중인 꼬마 동물의 눈이 될 것이다. 마치 앞쪽을 바라보는 듯이 빛나는 두 눈 덕분에 알은 거의 지느러미가 없는 물고기 모양이다. 반쪽짜리 호두 껍질이면 이 꼬마 물고기에게 충분한 연못이 될 것이다.

그 무렵 울타리 안과 근처 야산의 백합에서 최근에 일어난 부화의 표시들이 자주 보인다. 바로 새로 태어난 애벌레가 다른 삶터로 급히 이사하려고 문 입구에 벗어 버린 누더기 허물들이다. 이 허물들이 무엇을 의미하는지는 곧 알게 될 것이다.

나의 끈기 있는 점검에 마땅히 훌륭한 결과가 얻어졌어야 함에도 불구하고 제 둥지에서 나오는 어린 매미를 한 번도 보지 못했다. 사육하려던 녀석들도 좋은 결과를 보여 주지는 않았다. 2년 동안 계속해서 적당한 시기에 상자, 유리관, 그리고 표본병에다 매미 알이 들어 있는 여러 종류의 가지를 100개쯤 수집해 놓았다. 그런데 어떤 가지도 내가 그토록 보고 싶어하는 것, 즉 깨어난 매미들의 탈출을 보여 주지 않았다.

레오뮈르도 같은 실망을 맛보았다. 그는 친구들이 보내 준 것을 모두 따뜻하게 해주려 했으나 결과가 어땠는지를 말하고 있다. 즉 알이 든 가지를 유리관에 넣어서 조끼의 호주머니에 보관했었단다. 오! 존경하는 선생님! 녀석들에게는 내 연구실의 따뜻한 은신처나 우리의 바지처럼 빈약한 난방장치로는 부족하고 최고의 자극제인 햇볕의 입맞춤이 있어야 합니다. 몸이 떨리는 아침의 찬 기운이 가신 다음 더운 계절과 마지막 작별 인사를 나누는 아주 맑은 가을날의 갑작스런 불볕이 있어야 합니다.

추운 밤이 아니라 쨍쨍 내리쬐는 햇볕이나 이와 비슷한 상황에서 부화의 표시가 발견되었다. 하지만 내가 도착한 것은 언제나 너무 늦어서 어린 매미들이 떠난 다음이었다. 기껏해야 태어난 가지에서 실에 매달려 허공에서 몸부림치는 녀석 한 마리를 보는 것이 고작이었다. 나는 녀석이 거미줄 토막에 걸려서 방해받는 것으로 생각했었다.

10월 27일, 결국은 희망을 잃고 울타리 안에서 산란된 마른 줄기를 한 아름 거둬다 연구실 캐비닛에 올려놓았다. 버리기 전에 알집과 그 안의 것들을 다시 한 번 조사할 생각이었다. 아침나절은 쌀쌀해서 그 계절에 처음 난로가 피워졌다. 활활 타오르는 불길이 매미 알이 든 가지에다 어떤 영향을 주는지는 알아볼 생각은 조금도 없이, 작은 묶음을 벽난로 앞의 의자에 올려놓았다. 그저 가지들을 헤치기 쉽게 손이 잘 닿는 곳에 옮겨 놓은 것뿐, 어떤 이유가 있어서 그 자리가 선정된 것도 아니다.

그런데 가지 하나를 돋보기로 살피자 그동안 관찰할 수 있으리란 희망을 잃었던 부화가 거기서 갑자기 일어났다. 나뭇단에 애벌레들이 우글거리는 것이었다. 어린것들이 몇 타씩 제집에서 솟아났다. 그 수가 얼마나 많던지 관찰자로서의 내 야심은 만족을 얻고도 남을 지경이었다. 적당히 성숙한 알에 활활 타오르는 벽난로의 불길이 예민하게 파고들어, 들판 한가운데로 내리쬐는 햇볕에 의한 탄생을 실현시킨 것이다. 뜻밖의 이 횡재를 빨리 이용하자.

알이 든 방 어귀의 찢어진 섬유 사이에 크고 검은 두 눈알이 있다. 곧 원뿔 모양의 작은 몸통이 나타난다. 겉모습은 방금 말했던 것처럼 아주 작은 물고기 앞쪽과 비슷한 알의 앞모습 그대로였다. 작은 물고기가 깊은 연못을 떠나 지하도 입구로 올라오는 것 같다. 좁은 통로에서 알이 움직이다니! 배아가 걷다니! 아니, 그것은 불가능한 일이며 결코 본 적이 없는 일이었다. 틀림없이 무엇인가가 내게 착각을 일으키게 한 것이다. 줄기를 쪼개 보니 수수께끼가 풀린다. 진짜 알들은 배열이 조금 흐트러지긴 했어도 자리가 바뀌지는 않았다. 그런데 빈자리는 앞쪽 끝이 넓게 갈라져서 반투명한 주머니가 되었고 거기서 이상한 조직체가 나온 것이다. 그 조직체의 가장 뚜렷한 특징은 이렇다.

전체적인 형태, 머리의 윤곽, 크고 검은 눈 등으로 보았을 때 이 미소동물(微小動物)은 알이라기보다는 차라리 아주 작은 물고기의 모습이었다. 칼집 속에 들어 있는 일종의 노(櫓)가 배지느러미처럼 솟아나서 더욱 그랬다. 앞다리가 합쳐져서 뒤쪽으로 당겨져 누운 상태라 물고기 모습이 된 것이다. 다리 따위가 크게 움직이지 않는 것은 알주머니에서, 그리고 더 어려운 목질 통로에서 빠져나오는 데 도움이 된다. 이 지렛대는 몸에서 조금 멀어졌다가 다시 가까워지면서 힘이 생긴 갈고리 발톱을 걸어 앞으로 나오는 받침점을 제공한다. 다른 네 다리는 완전히 무력한 상태로 공동 주머니 안에 들어 있다. 확대경으로 겨우 희미하게 보이는 더듬이도 마찬가지였다. 어쨌든 알에서 나온 조직체는 배 쪽에서 뒤로 향한 앞다리 두 개와 합쳐져서 노가 한 짝인 보트 모양이었다. 몸마디는 특히 복부에서 아주 뚜렷했다. 끝으로 짧은 섬모 하나 없이 전체적으로 완전히 매끄럽다.

이렇게 이상하고 예상 밖이며 그동안 짐작조차 못했던 최초의 매미 상태를 어떻게 불러야 할까? 그리스 말을 섞어서 어떤 멋없는 표현을 만드나? 학문에서 세련되지 못한 용어는 방해의 덤불 같음을 확신하는 나는 그런 짓을 하지 않으려다. 나는 그저 밑들이벌, 남가뢰(Meloidae), 재니등에(Anthrax)에서처럼 첫째 애벌레라고 부르련다.

매미의 경우 첫째 애벌레의 형태는 탈출하는 데 아주 유리하다. 부화가 일어난 통로는 매우 좁아서 겨우 한 마리가 나올 정도의 자리밖에 없다. 한편 알들이 끝끼리 이어지도록 나란히 배치되지는 않았어도 부분적으로는 겹쳐졌다. 뒷줄에서 나오는 녀석은 먼저 부화한 앞줄의 알자리에 남아 있는 허물을 통과해야 한다. 좁은 통로에 방해물인 알껍질들이 겹쳐진 것이다.

애벌레가 임시 거처를 찢고 나올 무렵 통로가 이런 상태라면 그 험로를 통과할 수 없을 것이다. 거추장스러운 더듬이, 몸의 축과 멀고 긴 다리, 끝이 굽어 도중에 걸리는 갈고리 모두가 빨리 해방되는데 장애가 될 것이다. 알들은 거의 동시에 부화하는데 앞의 갓난이가 재빨리 이사해서 뒤쪽 녀석들도 자유롭게 통과할 자리를 남겨 놓아야 한다. 이때는 쐐기처럼 비집고 들어갔다가 교묘히 빠져나오는, 또한 돌출물 없는 매끈한 배 모양의 형태가 필요하다. 공동주택 안에서 몸에 착 달라붙은 여러 부속물, 또 어느 정도 기동성이 있는 노 한 짝을 가진 배 모양 등이 첫째 애벌레의 통과, 즉 햇빛을 향한 어려운 통로 통과에 적격이다.

이 임무가 오래 가지는 않는다. 지금 해방 중인 녀석 하나가 머리를 내밀어 커다란 눈 밑에 깔린 너덜너덜한 섬유를 밀어 올린다. 돋보기로도 확인이 어려울 만큼 매우 느린 전진운동으로 점점 솟아 나온다. 적어도 반시간이 지나야 배 모양인 물체가 완전히 드러난다. 하지만 몸의 뒤쪽 끝은 아직 출구에 붙잡혀 있다.

미소동물은 탈출용 겉옷이 즉시 터지고 앞에서 뒤로 허물을 벗

는다. 이때는 정상적인 애벌레 모양이며 레오뮈르가 알아낸 것은 이 애벌레뿐이다. 뒤로 벗어 던진 허물은 얇은 섬유가 공중에 걸린 모습이며 이탈된 쪽은 작은 컵처럼 열려 있다. 이 컵 속에 애벌레의 배 끝이 박혀 있는데 녀석은 땅에 떨어지기 전에 자신의 안전띠 끝에서 몸을 가볍게 흔들며 일광욕으로 단단해지고, 또 떨면서 힘을 시험해 본다.

레오뮈르의 말처럼 작은 벼룩이 처음에는 흰색이다가 다음은 호박색이 되는데 이때는 땅을 파려는 애벌레와 똑같은 모습이다. 제법 긴 더듬이가 자유롭게 흔들리고 다리 관절을 움직이며 비교적 튼튼한 앞다리 발톱을 오므렸다 폈다 한다. 나는 꽁무니로 매달려서 바람이 조금만 불어도 흔들리며 공중에서 재주넘기로 세상 속으로 들어가기 준비를 하는, 그 난쟁이 체조 선생의 모습보다 더 희한한 광경은 본 일이 없다. 매달려 있는 시간은 일정치 않다. 어떤 녀석은 약 30분 뒤에 떨어지지만 꽃꼭지의 깍지 같은 컵 속에서 몇 시간을 그대로 있거나 다음 날까지 기다리는 녀석도 있다.

애벌레가 일찍 떨어졌든, 늦게 떨어졌든 첫째 애벌레의 허물과

달아맸던 끈은 그 자리에 남는다. 공동주택에 있던 애벌레가 모두 사라지고 나면 주택 입구에 이렇게 마른 달걀 흰자위 같으며 짧거나 긴, 그리고 뒤틀리고 구겨진 실몽당이가 달려 있다. 이 유물들은 매우 연약하고 아주 단명해서 조금만 건드려도 부서지며 바람이 조금만 불어도 금세 사라진다.

애벌레 이야기를 다시 해보자. 보다 일찍이든, 늦게든 애벌레는 자연히 또는 스스로 땅에 떨어진다. 벼룩보다 별로 크지 않은 꼬마 벌레가 새로 태어나면서 공중에 달아맨 끈으로 자신의 연한 살을 단단한 땅으로부터 보호한다. 녀석은 폭신한 털이불인 공기 중에서 단단해졌고 이제는 거친 세상으로 들어온 것이다.

이 애벌레에게 수많은 위험이 어렴풋하게 보인다. 아주 약한 바람이 이 작은 알갱이를 어느 바위나 수레바퀴 자국에 물이 조금 괴어서 썩는 넓은 바다로 몰아갈 수도 있다. 또는 땅이 가물어 어느 식물도 자라지 못하는 모래밭으로, 너무 단단해서 파낼 수 없는 진흙땅으로 데려갈 수도 있다. 벌써 추운 10월 말의 이 계절에는 무엇이든 흩어 버리는 바람이 아주 잦고 죽음을 가져올 공간도 아주 많다.

연약한 이 녀석들에게는 즉시 접근하여 숨어들기 쉬운 부드러운 땅이 필요하다. 추운 계절이 다가오고 서리가 내릴 판이다. 지상에서 얼마 동안 헤맸다가는 중대한 위험을 만날 것이다. 지체 없이 땅속으로, 그것도 아주 깊숙이 내려가야 한다. 많은 경우, 유일하고 절대적인 이 구원의 조건이 실현되지 못한다. 바위, 사암, 단단하게 굳은 진흙 위에서 벼룩의 작은 발톱이 무엇을 할 수 있을까? 땅속의 피신처를 제때 찾지 못하면 죽을 것이다.

매미의 첫 정착 앞에 놓인 이렇게 많은 악재 모두가 그 가족의 높은 사망률에 원인이 된다. 매미 알에 피해를 입힌 검정 꼬마좀벌도 장시간에 걸친 다산이 필요했음을 보여 주었는데 이제는 첫 입구를 잘 만나야 한다. 각 어미가 300~400개의 배아를 출산한 것은 종족의 균형을 적당히 유지하는 데 필요했음을 설명한 셈이다. 극도로 많이 슈아지는 매미에게는 극도의 다산이 필요했고 다행히 풍성한 난소가 이 많은 위험을 해결한다.

적어도 이제부터의 실험에서는 녀석들의 첫번째 입주에 곤란이 없도록 해주련다. 관목 히이드가 살던 땅의 아주 검고 부드러운 흙을 골라 고운 체로 친다. 이 흙은 부드러워서 허약한 곡괭이질에도 알맞을 것이다. 빛깔이 짙어서 황금색 꼬마 벌레에게 일어난 일을 알아보고 싶을 때 녀석을 찾아내기도 훨씬 쉬울 것이다. 이 흙을 유리그릇에 담아 조금 다진다. 그리고 작은 백리향 포기를 심고 밀을 몇 알 뿌린다. 백리향과 밀이 잘 자랄 그릇 밑에 구멍은 뚫지 않았다. 잡힌 녀석들이 구멍을 발견하면 틀림없이 탈출할 것 같아서였다. 식물들은 배수가 되지 않아 괴롭겠지만 적어도 나는 돋보기의 도움과 큰 인내력으로 벌레들을 다시 찾아낼 수 있을 것이다. 식물에겐 그저 죽지 않게 꼭 필요한 양의 물만 줄 생각이다.

모든 것이 정리되고 밀에서 첫 잎이 돋기 시작할 무렵 어린 매미 6마리를 흙에 올려놓았다. 작고 허약한 벌레들이 땅바닥을 상당히 빨리 돌아다니며 살핀다. 어떤 녀석은 그릇의 벽을 기어올라보지만 성공하지는 못한다. 도망치려는 기미를 보이는 녀석은 없어서 나는 그토록 열심히, 또한 오랫동안 찾는 목적이 무엇인지 염려하며 의아한 생각까지 했었다. 2시간이 지났는데도 방황이 끝나질 않았다.

그들은 무엇을 원할까? 먹을 것? 새로 돋아난 뿌리 다발, 각종 나뭇잎 몇 개, 싱싱한 풀잎, 작은 구근 따위를 주어 본다. 녀석들은 어느 것에도 유혹당하지 않았고 한곳에 머물지도 않았다. 내 솜씨로 만들어 준 땅에서는 그렇게 더듬거리며 탐사할 필요가 없을 것 같은데 아무래도 땅속으로 내려가기 전에 유리한 지점을 찾는 것 같다. 녀석들의 땅속 침투에 대해 나는 그 밭의 표면 전체가 적합할 것이라고 생각했었지만 밭이라는 조건만 제공되어서는 불충분한 것 같다.

자연에서는 반드시 주위를 한 바퀴 돌아볼 필요가 있을 것이다. 하지만 이 지방에서 히이드의 부식토보다 부드러운 흙은 드물고 게다가 고운체로 치고 단단한 것들은 골라내기까지 했다. 자연에서는 녀석의 작은 곡괭이로는 건드려 볼 수도 없는 거친 땅이 많을 테니 어느 정도 무턱대고 유리한 곳을 찾아다녀야 한다. 성과 없이 찾다가 지쳐서 죽는 녀석도 많을 것에는 의심의 여지가 없다. 그러니 폭이 몇 인치밖에 안 되는 나라 안에서만 탐사시키는 것이 어린 매미 사육자로서는 응당 해야 할 양육 과정의 일부였다. 호화롭게 갖춰진 유리병에서는 그런 여행이 필요 없다. 그렇지만 녀석들의 여행은 인정된 의식에 따라 행해진다.

이 여행자들이 마침내 진정된다. 어린 매미들은 구부러진 앞다리 곡괭이로 땅을 공격해서 파내는데 굵은 바늘 끝으로 파낸 정도의 구멍이 보인다. 돋보기로 녀석들의 곡괭이질과 흙 알갱이를 땅 위로 올리는 갈퀴의 조작을 지켜본다. 몇 분 만에 구멍 하나가 뚫렸다. 어린 애벌레가 그리 내려가서 파묻히더니 그 다음은 보이지 않는다.

이튿날 백리향 다발과 밀 뿌리에 엉킨 흙덩이를 부수지 않고 그릇을 통째로 뒤엎었다. 유리에 막힌 애벌레가 모두 밑바닥에 있었다. 녀석들은 24시간 동안 약 10cm 두께의 지층을 완전히 통과한 것이다. 밑바닥의 장애물이 아니었다면 더 내려갔을 것이다.

벌레들은 내려가면서 식물의 뿌리를 만났을 것이다. 그것에 머물러 주둥이를 박고 영양분을 취했을까? 그랬을 것 같지가 않다. 그릇 밑에도 잔뿌리 몇 개가 뻗어 있는데 여섯 마리의 포로 중 누구도 거기에는 자리 잡지 않았다. 어쩌면 그릇을 뒤엎는 바람에 떨어져 나갔을지도 모를 일이다.

땅속에 뿌리의 수액이 아닌 다른 식량이 있을 수 없음은 분명하다. 매미는 성충이든, 애벌레든 식물의 희생으로 산다. 성충이 되면 줄기의 수액을, 애벌레는 뿌리의 수액을 마신다. 하지만 첫 한 모금은 언제 빨까? 나는 아직 모른다. 지금까지로 보아 갓 부화한 애벌레가 도중에 만난 간이식당에 멈추기는 급한 일은 아닌 것 같다. 그보다는 닥쳐오는 추위를 피하려고 깊은 땅속으로 들어가는 일을 더 시급한 것으로 알아야 할 것 같다.

히이드의 부식토를 제자리로 돌려놓고 끌어냈던 여섯 마리를 다시 지표면에 올려놓았다. 곧 우물이 파이며 그 속으로 사라졌다. 이제 그릇을 연구실 창틀에 올려놓았다. 좋든 나쁘든 그릇은 거기서 바깥 공기의 영향을 모두 받을 것이다.

한 달 뒤인 11월에 두 번째 조사를 했다. 서로 떨어진 어린 매미들이 흙덩이 밑에서 쪼그리고 있다. 녀석들은 뿌리에 달라붙지도 않았고 모습도 크기도 변하지 않았다. 실험을 시작했을 때 보았던 그대로였다. 하지만 처음처럼 활발하지는 않았다. 겨울 중 가장 따뜻한 달인 11월에도 이렇게 자라지 않은 것은 겨우내 아무것도 먹지 않는다는 표시가 아닐까?

살아 있는 다른 원자(原子), 즉 어린 돌담가뢰(*Sitaris muralis*)는 줄벌(*Anthrophora*)의 땅굴 입구에 있던 알 무더기에서 나오자마자 한데 모여서 꼼짝 않고 겨울 동안 완전히 절식한다. 어린 매미도 거의 그렇게 행동할 것 같다. 결빙의 추위를 걱정할 필요가 없는 땅속에 깊이 묻힌 다음 따로 떨어진 각자의 겨울 진지(陣地)에서 졸면서 봄이 돌아오기를 기다렸다가 근처의 어떤 뿌리를 뚫고 첫 식사를 할 것이다.

나는 방금 추론한 것을 관찰된 사실로 확인해 보려 했으나 성공하지 못했다. 봄이 돌아온 4월, 그릇에서 백리향 포기를 빼내 본다. 흙덩이를 깨뜨리고 돋보기로 자세히 살폈다. 마치 짚을 쌓아놓은 곳에서 핀을 찾는 격이었다. 마침내 어린 매미들을 찾아냈는데 모두 죽어 있었다. 그릇에 뚜껑을 덮었지만 얼어 죽었는지, 아니면 백리향이 녀석들에게 맞지 않아서 굶어 죽었는지 모르겠다.

나는 너무 까다로운 문제 풀기를 포기했다.

이런 사육에 성공하려면 엄동설한을 막아 줄 넓고 깊은 층의 흙이 필요할 것이다. 어린 매미가 좋아하는 뿌리가 어떤 것인지 모르지만 녀석들의 입맛대로 고를 수 있는 다양한 식물도 필요할 것 같다. 이런 조건을 만들지 못할 것도 없다. 하지만 한 줌의 검은 히이드 부식토에서도 식별이 그렇게 힘들었던 알갱이를 적어도 1m³나 되는 엄청난 부식토 더미에서 나중에 어떻게 다시 찾아낼 수 있겠나? 또한 그렇게 힘들게 파다 보면 꼬마들이 영양분을 얻는 뿌리에서 떨어져 버릴 게 분명하지 않은가.

우리는 매미의 최초의 지하 생활을 알지 못하고 잘 자란 애벌레의 땅속 생활이라고 해서 더 아는 것도 없다. 가장 흔한 경우는 밭일을 하다가 적당한 깊이에서 억척스럽게 땅을 파던 애벌레를 삽 밑에서 만나는 것뿐이다. 따라서 수액을 주는 나무뿌리에 붙어 있는 애벌레를 만난다는 것은 분명히 사정이 다르다. 녀석들은 파이는 흙의 진동으로 위험을 알아차릴 것이며 주둥이를 빼고 다른 곳으로 물러날 것이다. 결국 밖으로 드러났을 때는 이미 빨아먹기를 중단한 다음이다.

농사꾼의 땅 파기는 어쩔 수 없는 장애물로 땅속의 습성을 알려주지는 못하지만 적어도 애벌레 상태가 얼마 동안 계속되는지는 알려 준다. 착한 농부 몇 사람이 3월에 땅을 파다가 발견한 크고 작은 애벌레를 모두 주워서 기꺼이 내게 가져왔다. 이렇게 수집된 것이 수백 마리였다. 그런데 녀석들 전체는 몸의 크기가 아주 뚜렷하게 다른 세 그룹으로 나뉘었다. 땅 밖으로 탈출하는 애벌레들이 갖춘 날개 싹이 있는 큰 녀석, 중간 크기, 그리고 작은 녀석들이다. 이렇게 크기가 다른 그룹은 분명히 서로 나이가 다른 것이다. 여기에다 농부들은 전혀 보지 못하는 꼬마 벌레, 즉 최근에 부화한 애벌레를 추가해 보자. 그러면 땅속에서 매미들이 지내는 기간은 대강 4년이 될 것이다.

공중에서 사는 시간은 훨씬 쉽게 판정된다. 하지 무렵에 첫번째 매미들의 노랫소리가 들린다. 한 달 뒤 오케스트라가 전성기에 달한다. 매우 드물긴 해도 몇몇 늦깎이는 9월 중순까지 가냘프게 독주를 한다. 이제 음악회의 끝이다. 모든 매미가 땅속에서 동시에 탈출하는 것은 아니니 9월의 가수들은 분명히 하지 때의 가수들과 같은 시대의 매미가 아니다. 양끝 두 날짜 사이의 평균치를 구해 보자. 그러면 약 5주라는 숫자가 나온다.

땅속에서 4년 동안 힘든 일을 하고 햇볕 아래서 한 달 동안 즐기기, 즉 매미의 일생은 이럴 것이다. 이제는 성충의 미친 듯한 승리의 노래를 비난하지 말자. 암흑 속에서 더러운 양피지를 몸에 걸치고 4년간 살았고 4년간 꼬챙이 곡괭이로 땅을 파며 살았다. 그런데 이제는 진흙땅을 파던 일꾼이 갑자기 화려한 옷으로 갈아입고 새와 경쟁할 만한 날개를 타고난 몸으로 더위에 취하고 이 세상 최고의 기쁨인 햇빛을 넘치도록 받는다. 그토록 일해서 잘 성숙했다. 하지만 그렇게 덧없는 하루살이 같은 행복을 찬양하기에는 심벌즈가 결코 충분히 요란하게 울려 주지 못할 것이다.

18 사마귀 ─ 사냥

매미 못지않게 흥미가 있으나 소리를 내지 않아 훨씬 덜 유명한 남부 지방의 곤충이 또 하나 있다. 만일 하느님이 녀석들에게도 인기의 첫째 조건인 심벌즈를 내려 주었다면 녀석들이 유명한 가수의 명성을 압도했을 것이다. 그만큼 형상과 습성이 희한한 녀석들이다. 이 지방에서는 이 곤충을 쁘레고 디에우(*lou Prègo Diéu*), 즉 하느님께 기도드리는 벌레라고 부른다. 녀석의 공식 명칭은 황라사마귀(Mante religieuse: *Mantis religiosa*)°이다.

황라사마귀 날개가 마치 얇고 반투명한 황색 모시 같다고 하여 붙여진 이름이며, 우리나라에서 알려진 7종의 사마귀 중 중형 크기에 속한다. 물과 가까운 땅에서 기어 다니는 습성이 있으나 역시 곤충의 포악한 사냥꾼이다. 목포, 20. VIII. '97

여기서는 학술적 이름과 농부의 소박한 어휘가 일치해서 이상한 이 곤충을 죽은 자의 혼백을 내리는 여자 예언자(무당), 즉 혼백을 이탈한 상태의 신비로운 고행자(苦行者)로 만들었다. 이런 의미는 옛날부터 전해져 내려왔다. 그리스 인들은 이 곤충을 만티스(Mavccs), 즉 점쟁이, 예언자라고 불렀다. 시골 사람들은 유추하는 데 어려울 게 없어서 겉모습에서 보이는 막연한 자료로 풍부하게 보충한다. 농부는 해가 쨍쨍 내리쬐는 풀 위에서 몸통의 절반을 장엄하게 세운 당당한 풍채의 곤충을 보았다. 그는 이 곤충의 넓고 푸른 날개가 고운 아마포(리넨) 베일처럼 끌리는 것을 눈여겨보았고 하늘을 향해 쳐든 앞다리, 즉 기도드리는 자세의 팔을 보았다. 더 필요한 것은 없으니 나머지는 대중의 상상력이 해결했다. 그래서 옛날부터 덤불에 신탁(神託)을 내리는 점쟁이와 기도를 드리는 경건한 곤충이 살게 된 것이다.

오, 어린애처럼 순진하고 착한 사람들, 그대들의 생각은 얼마나 잘못되었더냐! 기도드리는 듯한 그 태도에 잔인한 습성이 숨겨져 있다. 간절히 기도하는 그 팔은 공포의 강탈 기계이다. 그 팔로 묵주를 굴리는 게 아니라 그것이 닿는 곳으로 지나가는 자를 모두 몰살시킨다. 초식성 종족인 직시류(直翅類)로서는 전혀 상상할 수 없는 예외적 존재, 즉 사마귀는 순전히 산 것만 잡아먹는다.[1] 녀석들은 평화로운 곤충 집단에서 호랑이처럼 매복해 있다가 신선한 고기만 공물로 받아먹는 악당이다. 활력이 넘치는 사마귀를 생각해 보자. 그러면 육식성인 그 식욕과 무섭도록 완전한 녀석의 함정(무기)으로 야생의 공포 대상이 될 것이다. 즉 하느님께 기도드리

[1] 넓은 의미에서는 사마귀도 메뚜기류에 속하고 과거에는 이 목으로 분류했었다. 한편 여치 계열에도 육식성이 매우 많다.

사마귀의 사냥 솜씨 시흥. 8. X. '90

1.꿩의비름 꽃에서 사냥 무기인 앞발을 장전한 자세로 사냥감이 나타나길 기다리고 있다.

2.어느새 풀노린재를 낚아채 급소를 물어뜯고 있다.

3.이제 마음 놓고 몸통까지 뜯어먹을 판이다.

는 곤충이 사탄과 같은 흡혈귀가 될 것이다.

사마귀(死魔鬼)에서 살생 기구 말고는 공포감을 주는 것이 아무것도 없다. 날씬한 가슴, 멋진 블라우스, 연한 초록빛 천으로 길게 짠 날개 덕분에 상냥한 모습이다. 입도 큰 가위처럼 사납게 열리는 큰턱이 아니다. 오히려 쪼아 먹는 입처럼 뾰족한 부리 모양이다. 가슴에서 훤칠하고 나긋나긋하게 빠진 목 덕분에 머리를 잘 움직인다. 좌우로 잘 돌릴 수 있고 기울이거나 다시 꼿꼿하게 세울 수도 있다. 곤충 중에서는 오직 사마귀만 자기 시선을 곧바로 보낼 수 있다. 녀석의 얼굴은 조사하고 검사도 하는, 그래서 거의 독특한 모습의 용모를 갖췄다.

아주 평화로운 모습의 몸매에 비하면 강탈자라고 하기에 걸맞은 앞다리의 살생 기구가 참으로 대조적이다. 다리(밑마디)는 보통 수준을 훨씬 넘어서 매우 길며 힘도 세다. 이것의 역할은 희생물을 기다리지 않고 찾아가는, 즉 늑대의 올가미를 앞으로 던지는 일이다. 이 덫은 약간의 장식으로 아름답게 꾸며졌다. 즉 안쪽 면 기부에 검은 무늬 속의 눈알 모양 흰 점이 박혀서 아름답게 장식되었고 가느다란 진주 빛 몇 줄이 이 장식을 보충했다.

더 길고 약간 평평한 방추형 넓적다리 아랫면의 절반 앞쪽에는 날카로운 가시 두 줄이 늘어섰다. 안쪽 줄은 검은색의 긴 가시와 초록색의 짧은 가시들이 교대로 나 있다. 이렇게 길이가 서로 달라서 톱니의 이점을 더 강화시키고 무기의 효력도 좀더 유리하게 했다. 바깥 줄은 단순하며 이빨은 네 개밖에 없다. 이 모든 가시 중 가장 긴 이빨 세 개가 두 줄의 뒤쪽에 세워졌다. 결국 넓적다리마디는 두 줄의 톱날이 평행으로 달리는 톱이며 두 줄의 가시 사이에는 홈이 있어서 구부리면 종아리마디가 그 안에 끼워진다.

넓적다리마디와 관절로 이어졌으며 아주 잘 움직이는 종아리마디에도 톱과 같은 이중 톱날이 달렸는데 이빨은 넓적다리보다 훨씬 작고 촘촘하며 더 많다. 그 끝에는 튼튼한 갈고리 발톱[2]이 달렸는데, 날카로움은 최상품의 바늘과 맞먹으며 아랫면 가운데는 가느다란 운하처럼 파여서 이중 칼날의 낫 모양이다.

한 벌의 연장은 완전히 뚫거나 찢는 작살로서 이것들이 찔렀던 기억을 내게 남겨 주었다. 채집하던 중 방금 잡힌 녀석이 손을 할퀴어 대는데 나는 두 손을 쓸 수가 없었다. 악착같이 달라붙는 녀석로부터 구해 달라고 남에게 도움을 청했던 일이 도대체 몇 번이더냐! 박혀 있는 발톱을 먼저 **빼내지** 않고 억지로 물러났다가는 장미 가시에 찔린 정

2 실제로는 발목마디 끝에 장착된 발톱이다.

도의 상처를 입을 만큼 위험하다. 우리네 곤충 중 이보다 다루기 힘든 녀석은 없다. 녀석들은 작은 낫으로 할퀴고, 가시로 찌르고, 바이스로 옥죈다. 채집한 것을 살려 두려고 엄지로 누르기를 아끼면 거의 통제가 안 된다. 끝내는 녀석이 짓눌려서 싸움을 그칠 정도로 꽉 잡아야 한다.

사마귀가 쉬고 있을 때는 무기를 가슴 앞으로 끌어당겨, 접어서 세워 겉보기에는 해롭지 않을 것 같다. 자, 이것이 기도드리는 곤충의 모습이다. 하지만 요리감 한 마리가 지나가면 기도 자세가 갑자기 끝난다. 별안간 세 부분의 기다란 기계가 펼쳐지면서 끝쪽의 갈고리를 멀리 던진다. 갈고리는 먹이를 찍어 오는 작살로서 찍힌 녀석을 두 톱날 사이에 가져다 놓는다. 윗팔과 아래팔이 접근하여 바이스처럼 조여지면 모든 게 끝장이다. 귀뚜라미, 메뚜기, 이들보다 힘센 곤충도 네 줄의 가시가 달린 톱니바퀴 속으로 끌려 들어가면 도리 없이 죽는다. 녀석들이 필사적으로 몸을 떨고 뒷발질을 해도, 무서운 기계가 놓아주지 않는다.

야외에서는 계속 연구하기가 곤란하여 집에서 사육할 필요가 있다. 사육에 어려움은 없다. 사마귀는 잘 먹이기만 하면 뚜껑 밑에 갇힌 것을 별로 상관하지 않는다. 날마다 고급 식량으로 갈아 주면 나무 덤불에 대한 향수로 괴로워하지는 않는다.

포로들에게는 철망을 씌운 10여 개의 넓은 사육장이 이용되었다. 식탁에 차려 놓은 음식에 파리가 꼬이는 것을 막고자 모래를 가득 채운 항아리를 철망으로 덮었다. 마른 백리향 덤불, 나중에 산란이 있을 납작한 돌 하나, 이것이 준비물의 전부였다. 이 오두막들을 하루 중 대부분 해가 비치는 실험실의 넓은 탁자 위에 늘어놓았다. 사육장에 따라 포로들을 한 마리씩 분리하거나 집단을 넣었다.

8월 후반, 길가의 마른풀이나 덤불에서 성충이 된 사마귀를 만나기 시작한다. 날이 갈수록 배가 불룩한 암컷들을 자주 만난다. 반면에 왜소한 수컷은 상당히 드물어서 때로는 짝을 채워 주는 것조차 벅찬 일이었다. 게다가 사육장에서는 이 난쟁이들이 비극적으로 암컷에게 잡아먹히기도 했다. 이 잔인한 행위는 뒤에서 설명하기로 하고 우선 암컷을 보자.

녀석들은 대식가여서 몇 달 동안 먹여 살리려면 어려움이 적지 않다. 거의 날마다 먹이를 갈아주어야 하는데 대부분을 시큰둥하게 맛이나 좀 보고 말아 낭비가 심했다. 제가 태어난 덤불에서는 훨씬 절약할 것이다. 거기는 사냥감이 많지 않아 잡은 것을 철저히 먹을 텐데 사육장에서는 낭비한다. 몇 입 먹다가 흘려 버리고 훌륭한 요리도 조금만 먹고 버리는 일이 잦았다. 아마도 그런 식으로 포로 생활의 권태를 달래는 모양이다.

이 사치스러운 식사 태도에 대비하느라고 나는 보조원에게 도움을 청했다. 근처의 할일 없는 어린이 두세 명이 버터 바른 빵과 참외 한 쪽에 매수되어 아침저녁으로 근처 풀밭에서 갈대로 엮은 바구니를 산 귀뚜라미와 메뚜기로 채웠다. 나도 하숙생들의 고급 사냥감을 마련하고자 날마다 포충망을 들고 울타리 안을 돌아다녔다.

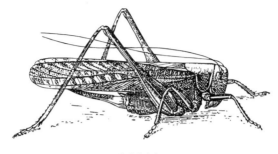

대머리여치

선정된 사냥감은 사마귀의 대담성과 힘이 어느 정도인지 알아보려는 것들이었다. 즉 사냥꾼보다 몸집이 큰 풀무치(Criquet cendré : *Pachytilus cinerascens → Locusta migratoria*)*, 강력한 큰턱과 경계 대상인 발톱을 가진 대머리여치(Dectique à front blanc : *Decticus albifrons*), 피라미드 모양의 승모(僧帽)를 쓴 이상한 모습의 유럽방아깨비(Truxale : *Truxalis nasuta → Acrida ungarica mediterranea*), 심벌즈로 삐걱거리는 소리를 내며 볼록 튀어나온 배 끝에는 칼을 찬 유럽민충이(Éphippigère :

방아깨비 우리나라 메뚜기 중 가장 길며(암컷 75mm 내외), 머리는 원뿔 모양, 특히 긴 뒷다리, 그리고 수컷은 매우 가늘며 몸길이도 45mm밖에 안 되는 점 등이 특징이다. 양쪽 뒷다리의 종아리마디를 엄지와 검지로 잡으면 절굿공이가 방아를 찧는 것처럼 뜀질을 하여 얻은 이름이다. 성충은 늦여름부터 가을 사이에 볼 수 있고, 녹색형이 많으나 사진과 같은 갈색형도 자주 만날 수 있다. 시흥. 11. IX. '92

Ephippigera vitium→ *ephippiger*) 따위였다. 별로 쉽지 않은 사냥감들에
다 추악하며, 이 지방에서 제일 큰 종류의 거미 두 종류, 즉 20수
(sou)짜리 동전만 하며 원반 모양의 배에 물결무늬가 있는 누에왕
거미(Épeire soyeuse: *Epeira sericea*→ *Aranaeus sericina*)와 배가 뚱뚱한 십
자가왕거미(É. diademe: *E.*→ *A. diadematus*)를 추가했다.

　사마귀는 그런 적대자들을 제 마음대로 공격했다. 철망 뚜껑 밑
에서 자기 앞에 누가 나타나든 과감하게 싸우는 것으로 보아 의심
의 여지가 없다. 철망 밑의 녀석은 내 인심 덕분에 풍성하게 얻어
지는 사냥감을 공격하는 것으로 보아, 들에서도 덤불 사이에 매복
하고 있다가 만나는 풍성한 횡재를 잡아먹을 것이 틀림없다. 그렇
게 위험한 사냥인데도 별도로 준비하는 것이 없다면 그건 분명히
일상의 습관에 속하는 것이다. 그렇지만 그들에게는 아주 유감스
럽게도 큰 사냥감이 매우 드물어서 그런 사냥을 할 기회가 드물
것 같다.

참외에 올라 앉아 앞다리를 청소
하는 여치　우리나라 여치류 중
유난히 크며, 크기 변이가 대단
히 심한 종이다(몸길이 35~
60mm). 충롱에 잡아넣고 기
르며 노랫소리를 듣기도 했으
나 이제는 컴퓨터 게임 놀이에
밀려난 것 같다. 대부분의 여치
류는 식물성 먹이를 잘 먹지만
잡식성이라 때로는 다른 곤충
을 잡아먹어 포악한 면도 있다.
무주, 4. VIII. '93

녀석들의 강탈 기구(앞다리) 사이에서는 대개 여러 종류의 메뚜기, 나비, 잠자리, 대형 파리, 꿀벌, 그 밖에 중간 크기의 사냥감들을 보게 된다. 어쨌든 사육장에서는 과감한 사냥꾼이 어느 종 앞에서도 물러서지 않음은 사실이다. 풀무치, 여치, 민충이, 방아깨비, 모두가 조만간 작살에 찔리고 톱날에 끼어 꼼짝 못하고 맛있게 먹힌다. 이런 일은 이야기해 둘 만하다.

철망으로 경솔하게 다가갔던 대형 메뚜기를 보자. 사마귀가 갑작스런 경련으로 몸을 떨며 별안간 무서운 자세를 취한다. 전기 충격도 그보다 빠르지는 못할 것 같다. 변화가 너무도 갑작스럽고 몸짓도 너무 위협적이라 초보 관찰자는 멈칫하게 마련이다. 어떤 위험에 불안을 느껴 즉시 손을 빼게 된다. 오래 숙달한 나이지만 아직도 딴 곳에 정신이 팔렸을 때는 의외의 사태에 대처할 수 없어서 옛날 습관으로 돌아간다. 이 용수철의 탄력으로 상자 밖으로 튀어나와 자기 앞에 나타난 일종의 허수아비나 마귀 인형을 만나는 격이 된다.

겉날개가 열려 옆으로 비스듬히 벌어진 다음, 뒷날개도 완전히 좍 펴져서 평행한 돛처럼 세워지며 등을 덮은 꼭대기 장식 모양이 된다. 배 끝은 상하로 흔들고 날개를 부채처럼 편 칠면조가 펍뿍! 펍뿍! 하며 내는 소리와 같은 일종의 숨소리를 갑자기 내며 날개를 흔들었다가 다시 펼친다. 사람들은 놀란 뱀이 내뿜는 입김 같다는 말을 한다.

녀석은 네 개의 뒷다리로 거만하게 버티고 앉았으나 기다란 상반신은 거의 곧추 세웠다. 처음에는 접혀서 가슴 앞면과 맞닿아 있던 날치기 다리들이 튀어나오며 크게 벌어져 몸이 십(十)자 모

양으로 되고 겨드랑이의 진
주 빛 줄들과 검은 무늬 속
에 찍힌 흰 점무늬 장식들
이 드러난다. 보통 때는 공
작 꼬리에 장식된 눈알 무
늬를 약간 흉내 낸 것 같은 두
개의 눈알 무늬를 우툴두툴한 진
주 빛과 함께 몰래 감추어 두었던 전
쟁 노리개였다. 싸울 때 무섭고 오만하게 보
이려고 보석 상자가 열리며 모습을 드러낸 것이다.

　그렇게 이상한 자세로 꼼짝 않는 사마귀는 메뚜기 쪽으로 눈길
을 고정시키고 녀석의 움직임을 따라 머리를 조금씩 돌려가며 감
시한다. 이 몸짓의 목적은 분명하다. 힘센, 즉 너무 위험한 사냥감
을 공포 분위기로 몰아넣고 마비시키려는 것이다.

　목적을 달성할까? 반짝이는 여치의 두개골 밑에서, 또는 긴 얼
굴의 메뚜기 뒤에서 무슨 일이 일어날지 아무도 모른다. 우리 눈
으로는 태연한 이들의 모습에서 동요의 낌새를 찾아볼 수가 없다.
그렇지만 위협받는 자가 위험을 눈치 챘음은 분명하다. 그런데도
쳐든 갈고리 발톱을 자기 앞으로 내려칠 준비가 되어 있는 귀신이
서 있음을 바라만 보고 있다. 자신이 죽음과 대면하고 있음을 느
끼면서도 아직 시간이 있는데 도망치지 않는다. 굵은 넓적다리를
가진 높이뛰기 선수이며 뜀박질의 명수이니 녀석의 발톱에서 얼
마든지 멀리 튈 수 있는 메뚜기가 어리석게도 그 자리에 우두커니
있거나 느린 걸음으로 다가가기까지 한다.

좍 벌린 뱀의 아가리 앞에 있는 작은 새들은 공포에 마비되고 그 눈길에 대경실색하여 날아오르지 못하고 물려 버린다고 말들 한다. 메뚜기 족속도 거의 그렇게 행동하는 때가 많다. 이제 녀석은 홀리는 사마귀의 손이 닿는 곳까지 가게 된다. 갈고리 두 개가 내리 덮치고 발톱이 작살처럼 찌르며 톱날 두 개가 오므라들어 꼭 쥔다. 불쌍한 녀석이 반항해 보았자 헛일이다. 큰턱은 허공을 씹고 필사적인 뒷발질도 허공을 찰 뿐이다. 사마귀는 군대의 깃발격인 날개를 다시 접고 정상 자세로 돌아가서 식사하기 시작한다.

풀무치나 여치보다 덜 위험한 사냥감인 유럽방아깨비와 민충이를 공격할 때는 사마귀의 그 유령 같은 자세가 덜 위압적이고 덜 오래 간다. 대개는 갈고리를 던지는 것으로 충분하다. 독니도 전혀 염려치 않고 왕거미 옆구리를 잡아챌 때도 갈고리면 충분하다. 철망 밑에서 보통 때의 식단인 중간 크기의 메뚜기들에게는 겁주기 방법을 쓰는 일은 드물다. 그저 자기 손이 닿는 곳으로 지나가는 경솔한 녀석을 잡는 것뿐이다.

결국 사냥감의 저항이 심할 때는 겁을 준다. 공포심을 일으켜서 호된 갈고리 발톱에 확실히 잡히는 자세를 쓰는 것이다. 갑작스런 유령 같은 태도에 사냥감이 공포에 질려 꼼짝 못하게 만드는 방법이다. 사기가 떨어져 방어할 수 없게 된 희생물을 녀석의 덫이 덮치고 죄어 버린다.

환상적인 자세에는 날개가 큰 역할을 담당한다. 아주 넓은 날개의 바깥 가장자

유럽방아깨비

사마귀 한자로도 '죽음의 마귀'라는 뜻의 死魔鬼(사마귀)인 것을 보면 녀석의 포식성은 꽤나 유명한 것 같다. 다음 장에서 소개되듯이 자신과 사랑을 나누는 중인 수컷까지 잡아먹으니 그럴 만도 하다. 그런데 서양 사람은 기도하는 소녀, 아랍 사람은 예언자로 공경했었으니 한 인류에서도 문화의 차이는 엄청났었다. 시흥, 20. VIII. '98

리는 초록색이고 나머지는 무색으로 반투명하다. 많은 날개맥이 세로로 부챗살처럼 뻗었고 좀더 가는 가로맥들이 직각으로 엇갈려서 수많은 그물코를 형성했다. 유령 같은 태도를 취할 때는 날개가 평행으로 펼쳐져 세워지는데 쉴 때는 나방처럼 두 면이 서로 겹쳐진다. 그리고 배 쪽으로 갑자기 접어서 날개 사이에 공간이 없어진다. 날개맥들이 배를 스칠 때는 방어 태세를 취하는 뱀의 숨소리 같은 이상한 소리가 난다. 이 소리를 흉내 내고 싶으면 펼쳐진 날개의 윗면을 손톱으로 빠르게 긁어 보면 된다.

덤불 여기저기로 짝을 찾아다니는 날씬한 수컷에게도 날개의 필요성은 절실하다. 녀석들도 날개가 충분히 발달해서 잘 날 수 있으나 나는 거리는 기껏해야 우리 걸음으로 네댓 발자국밖에 안 된다. 변변찮은 수컷은 매우 검소하다. 사육장에서는 아주 드물게 가장 소심한 축에 끼는 사냥감, 즉 가냘픈 메뚜기와 함께 있는 것이 보인다. 이런 현상은 야심이 별로 없는 이 사냥꾼에게는 유령의 자세가 없으며 그래서 그런 자세를 모른다는 뜻이 된다.

이와 반대로 알이 성숙하면 터무니없이 뚱뚱해지는 암컷도 날개가 필요한 것인지 모르겠다. 녀석들은 너무 뚱뚱해서 기어오르거나 달리기는 해도 무거운 그 몸으로는 절대로 날지 못한다. 그러면 무슨 목적으로 날개를 가졌으며, 또 날개가 그렇게 필요 이상 넓은 이유는 무엇일까?

황라사마귀와 가까운 이웃인 탈색사마귀(Mante décolorée: *Ameles decolor*)를 생각해 보면 이 문제가 더욱 절실해진다. 이 수컷도 날개가 있고 상당히 빨리 날기도 한다. 하지만 알을 잔뜩 밴 배를 끌고 다니는 암컷의 날개는 팔다리가 잘린 부분처럼 짧고 오베르뉴(Auvergne)나 사부아(Savoie) 지방 치즈 직공들의 소맷자락처럼 짧은 윗도리 모양이다. 풀밭이나 돌무더기를 떠나지 않는 곤충에게는 쓸데없이 야하거나 지나치게 고급인 나사(羅紗)로 지은 옷보다는 짧은 옷이 더 어울린다. 빛깔 낡은 사마귀가 거추장스러운 날개를 흔적으로만 가진 것은 잘한 짓이다.

황라사마귀가 날기에는 전혀 쓰지 않으면서 날개를 보존하고, 또 그것을 돋보이게 한 것이 잘못일까? 전혀 그렇지 않다. 녀석들은 대형 사냥감도 잡는데 때로는 매복한 곳에 정복하기 힘든 위험한 사냥감이 나타난다. 직접 공격했다가는 자신에게 치명적일 수도 있다. 뜻밖에 나타난 사냥감에게 우선 겁을 주어 공포심으로 저항을 없애는 게 옳은 방법이다. 이 목적으로 갑자기 죽은 자의 수의처럼 날개를 펼친다. 날 능력은 없는 넓은 돛이 사냥 도구가 되는 셈이다. 소

탈색사마귀

형 파리나 갓 태어난 메뚜기처럼 연약한 사냥감을 잡는 탈색사마귀에게는 이런 전술이 필요 없다. 똑같은 습성의 이 두 사냥꾼은 너무 뚱뚱해서 날 수 없으며 매복하기 어려운 풀밭에 걸맞은 옷들을 걸쳤다. 전자는 난폭한 여전사(amazone)의 위협적인 깃발처럼 날개를 펼치고 후자는 날개를 짧은 옷자락처럼 줄여 놓고 약한 자를 사냥한다.

황라사마귀가 며칠 동안 굶어서 배가 몹시 고플 때는 제 몸집과 같거나 심지어는 더 큰 대머리여치를 바싹 마른 날개만 남기고 모두 먹어 치운다. 괴물 같은 사냥물을 모두 먹는 데 두 시간이면 족하다. 이런 대향연은 드문 것 같다. 나는 한두 번 그런 장면을 보고 게걸스러운 이 곤충에게 어떻게 그 많은 음식을 담아 둘 자리가 있는지, 또 안에 든 것은 그릇보다 작다는 격언이 녀석에게는 어떻게 거꾸로 작용하는지를 늘 의아하게 생각했었다. 그저 재료가 통과만 해도 즉시 소화되고 녹아서 사라지는 그 훌륭한 위장의 특권에 놀랄 따름이다.

철망 밑의 보통 식단은 크기와 종류가 매우 다양한 메뚜기들이었다. 강탈 다리의 두 바이스가 메뚜기를 붙잡고 갉아먹는 것을 보는 게 흥미 없지는 않다. 그런 푸짐한 식사를 하기에는 별로 적당해 보이지 않는 가냘프고 뾰족한 입이지만 날개를 제외한 사냥물 전체가 사라진다. 다리와 질긴 피부는 모두 먹고 날개는 살이 조금 붙어 있는 밑 부분만 먹는다. 때로는 뒷다리의 굵은 넓적다리도 손잡이에 잡힌다. 그것을 입으로 가져다 맛을 보고는 약간 만족스러운 태도로 깨물어 먹는다. 우리에게 양의 넓적다리 고기가 고급 요리이듯 사마귀에게는 메뚜기의 통통한 넓적다리가 고

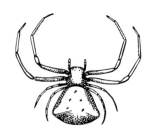

흰살받이게거미
실물의 2배

급 요리일 수도 있을 것이다.

공격은 뒷덜미부터 시작된다. 강탈 다리 중 하나가 희생물의 몸을 작살로 찍어서 붙잡고 다른 다리는 머리를 눌러서 목뒤가 벌어지게 한다. 갑옷의 갈라진 틈을 주둥이로 쑤시고 꽤 오랫동안 잘근잘근 씹는다. 목이 커다란 상처로 뚫린다. 메뚜기는 뒷발질이 진정되고 생명 없는 시체가 된다. 이제는 동작이 훨씬 자유로워서 먹을 부분을 제멋대로 고른다.

뒷덜미를 먼저 공격하는 것이 너무나 일정하니 여기에는 분명히 이유가 있을 것이다. 그 이유를 알려 줄 여담 하나를 해보자. 6월에 울타리 안 라벤더에서 두 종의 게거미[흰살받이게거미(*Thomisus onustus*)●와 불자게거미(*Th. rotundatus→ Synema globosum*)●]를 자주 만난다. 흰색이며 광택이 있는 전자는 다리에 초록과 분홍색 테두리가 둘러쳐졌고, 다른 녀석은 검정인데 배의 가운데 둘레는 붉은색, 가운데는 잎사귀 모양인 무늬가 있다. 이들은 모두 게처럼 옆으로 기어 다닌다. 사냥 그물은 칠 줄 모르며 양이 적은 비단실로는 알을 담아 두는 작은 주머니만 짤 뿐이다. 그래서 녀석들의 전술은 꽃 위에 매복하고 있다가 꿀을 따러 오는 곤충을 느닷없이 덮치는 수법이다.

녀석들이 제일 좋아하는 사냥감은 양봉꿀벌(*Apis mellifera*)인데 목덜미를 물 때도 있으나 다른 부위, 심지어는 날개 끝을 물 때도 있다. 어느 경우든 벌은 죽어서 다리가 축 늘어졌고 혀도 길게 늘어졌다.

별쌍살벌 둥지를 습격한 풀게거미
쌍살벌이 아직 일벌을 생산하지
못하여 혼자 새끼를 기르느라
정신없는 틈을 타서 게거미가
둥지를 덮쳐 벌을 사냥했다. 원
래 풀게거미는 개미처럼 작은
곤충을 사냥하는데 오늘은 횡재
를 했다.
옥천, 5. VIII. 04

목덜미에 박힌 독니가 나를 곰곰이 생각해 보게 한다. 여기서
사마귀가 메뚜기를 먹기 시작할 때 하던 짓과 놀랍도록 비슷한 행
위를 본 것이다. 이런 문제도 제기된다. 연약한 거미는 자기 몸의
어디라도 상처를 받을 수 있는데 어떻게 저보다 힘세고 좀더 빨리
치명타를 입힐 침을 가진 꿀벌을 먹잇감으로 잡을 수 있는가 하는
문제이다.

공격자와 당하는 자 사이에 체력과 무력(無力)의 불균형이 너무
심해서 무서운 사냥감의 반격을 저지하며 결박할 그물이나 올가미
가 없으면 안 될 것 같다. 아예 싸움이 불가능할 것 같아 보인다.
양이 늑대의 목으로 덤벼들어도 이보다 크게 대조적이진 못할 것
이다. 그런데도 과감한 공격이 실행된다. 작은 게거미들이 여러 시
간 동안 빨아먹는 게 보이는데 그때 수많은 죽은 꿀벌이 증명하듯
이 승리는 좀더 연약한 녀석의 것이 되어 있다. 상대적인 허약함은
어떤 특별한 기술로 보충될 것이 틀림없다. 거미는 겉보기에 극복
하지 못할 것 같은 난제를 해결할 어떤 전략을 가졌을 것이다.

라벤더 밭에서 게거미의 사건을 관찰하겠다면 오랫동안 소득 없이 머물 테니 내 스스로 결투 준비를 하는 게 좋겠다. 철망 뚜껑 안에 꿀을 몇 방울 떨어뜨린 라벤더 다발과 게거미 한 마리를 넣는다. 그러고 살아 있는 꿀벌 서너 마리가 충원된다.

꿀벌들은 이웃에 무서운 녀석이 있어도 개의치 않는다. 그들은 철망 주변을 날아다니고, 가끔씩 꿀이 발린 꽃으로 가서 한 모금 빨아먹는데, 어느 때는 거미와 아주 가까이, 즉 겨우 0.5cm 떨어진 지점까지 다가간다. 녀석들은 위험을 전혀 모르는 것 같다. 오랜 세월의 경험마저도 꿀벌들에게 무서운 살육자를 알려 주지 않았다. 한편 게거미는 꿀 가까이에 있는 꽃잎에서 꼼짝 않지만 좀 더 긴 네 개의 앞다리를 펼친 공격 준비 자세로 약간 들떠 있다.

꿀벌 한 마리가 꿀방울을 마시러 온다. 이때이다. 거미가 내달아 경솔한 꿀벌의 날개 끝을 갈고리 발톱으로 잡고 네 다리로 몸통을 서툴게 껴안는다. 침이 미치지 않는 등에 공격자를 태운 벌이 날뛰는 동안 몇 초가 흘렀다. 육체적 맞잡기가 오래갈 수는 없다. 그랬다가는 잡힌 녀석이 빠져나갈 것이다. 그래서 거미는 날개를 놓고 갑자기 꿀벌의 목덜미를 깨문다. 독니가 박히면 끝장이며 죽음이 뒤따른다. 벌은 즉사했다. 요란했던 행동에서 이제 남은 것은 발목마디를 가볍게 떠는 것뿐인데 이 마지막 경련도 곧 사라진다.

게거미는 여전히 벌의 목덜미를 붙잡고 맛있게 먹는데 씹는 게 아니라 피를 천천히 빨아서 시체의 모습은 온전하게 남아 있다. 목 부분의 피가 다 없어지면 다른 부위를 빠는데 배든 가슴이든 닥치는 대로 빨아먹는다. 내가 야외에서 관찰했을 때 꿀벌의 목덜미나 다른 부위에 독니를 꽂힌 것을 보았던 이유가 결국 이렇게 설명된다. 앞의 경우는 방금 잡아서 살육자의 처음 자세가 그대로 남아 있는 것이고 뒤의 경우는 이미 오래전에 잡아서 피가 다 없어진 목의 상처를 버리고 체액이 풍부한 다른 곳을 물고 있었던 것이다.

꼬마 대식가는 그곳의 피가 없어지자 독니를 이리저리 옮기며, 또한 천천히 즐기면서 희생자의 피를 잔뜩 마신다. 식사가 7시간 동안 끊이지 않고 계속되는 경우도 보았다. 실은 경솔했던 내 연구 덕분에 먹이를 제때 보급받지 못해서 그렇게 놀라운 일이 벌어진 것이다. 거미에게 가치가 없어진 찌꺼기, 즉 버려진 시체는 조금도 해체되지 않았다. 살은 전혀 씹힌 흔적이 없고 겉으로 드러난 상처도 없다. 꿀벌은 피만 완전히 말랐다. 그뿐이다.

내 친구 뷜(Bull. 개)이 살아 있을 때 급히 제어해야 할 적대자를 만나면 이빨로 상대의 목덜미 가죽을 물었다. 개들에게 이 방법은 상투적인 수법이다. 흰 거품을 물고 으르렁거리는 아가리를 딱 벌려 거기를 깨물 준비를 하고 있다. 가장 초보적인 조심성도 목덜미를 물어서 상대를 꼼짝 못하게 하라고 충고한다. 거미는 꿀벌과의 싸움에서 저들처럼 목덜미 물기에 목표를 두지는 않았다. 제가 잡은 자의 무엇을 두려워할까? 무엇보다도 침, 조금만 찔려도 피해 입을 무서운 칼이다.

그렇지만 거미는 침을 조금도 두려워하지 않으면서도 언제든 죽지 않은 사냥감의 목 뒷덜미를 노린다. 오직 그곳뿐, 다른 곳 어디도 아니다. 게거미가 개의 전술을 본받아서 별로 위험하지도 않은 머리를 꼼짝 못하게 하려는 것은 아니다. 좀더 고도의 효과를

짝짓기를 하려는 풀무치 우리 나라의 메뚜기 중 제일 긴 종은 방아깨비이나 굵은 몸통을 고려한다면 풀무치가 제일 큰 종이라고 할 수 있다. 더욱이 풀무치가 아프리카 등의 열대 지방에 살거나 군서형으로 발생한 경우는 방아깨비보다 작은 것도 아니다. 메뚜기는 거의 모두가 암컷이 크고 수컷은 꼬마나 난쟁이 수준이다. 시흥. 4. IX. '93

노리는 거미의 의도는 꿀벌의 즉사란다. 잡힌 녀석은 목덜미를 물리는 즉시 죽는다. 뇌의 중추가 중독으로 손상되어 당장 생명의 중심이 소멸된다. 이렇게 해서 오래 끌면 분명히 공격자에게 불리한 싸움을 피할 수 있는 것이다. 꿀벌은 자신을 위해 단검과 힘을 가졌는데 약한 게거미는 자신을 위해 높은 살육 지식을 가졌다.

사마귀 이야기를 다시 해보자. 녀석들도 사냥한 꿀벌을 그토록 빠르고 능란하게 죽이는 거미의 기술을 어느 정도 알고 있다. 힘센 풀무치, 때로는 커다란 베짱이를 잡기도 한다. 절대로 호락호락 당하지만은 않으려는 사냥감들을 날뛰지 못하게 하여 조용히 먹는 게 좋다. 방해받는 식사는 맛이 없다. 그런데 사냥감들의 주요 방어 수단은 거친 뒷발질이며, 그것은 뒤쪽에서 일어난다. 게다가 뒷다리에는 톱날이 있어서, 그것이 불행하게도 사마귀의 불룩한 배를 스치는 날이면 거기가 갈라질 것이다. 어떻게 그 다리나 다른 다리들을 무력하게 만들까? 다른 다리들은 별로 위험하지 않아도 필사적으로 허우적거리면 그것 역시 귀찮은 일이다.

사실상 좀 오래 걸리고 위험이 없지도 않지만 부득이한 경우는 다리를 하나씩 잘라 낼 수도 있을 것이다. 하지만 사마귀는 그보다 훌륭한 것을 찾아내 목덜미의 해부학적 비밀을 알고 있다. 우선 잡힌 녀석의 목뒤에 벌어진 곳을 공격하여 근육 에너지의 주요 근원인 목신경을 씹어서 죽여 버린다. 그러면 갑자기 무기력해진다. 커다란 메뚜기의 생명력은 꿀벌처럼 섬세하고 연약하지는 않다. 그래서 갑자기 또한 완전히 무기력해지지는 않는다. 하지만 처음 먹을 때부터 이미 충분하게 무기력해졌다. 뒷발질과 몸짓도 바로 지쳐 버렸고 일체의 움직임도 끝나서 사냥물이 아무리 크더라도 아주 조용하게 먹힌다.

전에 나는 사냥하는 곤충을 마비시키는 종류와 죽이는 종류로 구별했었는데 모두가 놀랄 만한 해부학적 지식을 가지고 있었다. 오늘은 여기에다 목덜미 타격에 정통한 게거미와 힘센 사냥감을 마음대로 요리하려고 우선 목신경을 갉아먹는 사마귀를 추가하련다.

19 사마귀 - 사랑

짧은 지식일망정 방금 알아낸 황라사마귀(*Mantis religiosa*)°의 습성
은 대중적 이름이 추측하게 했던 내용과는 별로 일치하지 않았다.
쁘레고 디에우(하느님께 기도드리는 벌레)라는 이름에서 우리는 경건
하게 명상에 잠긴 온화한 곤충을 기대했었다. 그런데 붙잡힌 채
공포심에 사기가 떨어진 곤충의 목신경을 씹어 먹는 야만적인 곤
충, 즉 사나운 귀신을 본 것이다. 그런데 아직 이 정도로는 가장
비극적인 면을 본 게 아니다. 자신과 같은 사마귀 사이에서도 지
독히 악랄한 습성을 우리 앞에 마련해 놓고 있었다. 적어도 이 점
에 관해서는 평판이 아주 나쁜 거미에서조차 그토록 잔인한 짓을
볼 수 없을 것 같다.

충분한 사육장을 유지하면서도 자리를 좀 넓게 쓰려고 커다란
탁자를 어지럽히는 철망 뚜껑의 수를 줄였다. 그 대신 같은 사육
장에다 여러 마리의 암컷을, 때로는 12마리까지 넣었다. 공간의
넓이로 보아서는 공동 숙소로도 적당했으며 포로들이 활동하는
데 여유가 있을 만했다. 게다가 암컷들은 배가 무거워서 별로 움

직이는 습성이 아니다. 철망 천장에 달라붙어서 움직임 없이 소화시키거나 사냥감이 지나가기를 기다리는 게 고작이었다. 자유로운 덤불에서의 행동도 마찬가지였다.

합동 생활에는 위험이 따른다. 온화한 나귀들도 여물통에 여물이 모자랄 때는 싸운다는 것을 나도 안다. 화합하는 성질이 약한 내 하숙생들은 먹을 것이 모자라면 성질이 격해져서 서로 싸울지도 모른다. 그래서 하루에 두 번씩 새 메뚜기를 듬뿍 주어 싸움을 경계했다. 내란이 일어났어도 먹을 것이 모자라서 그랬다는 핑계는 대지 못할 것이다.

처음에는 주민들의 생활이 평화로워서 일이 수월하게 진행되었다. 각 사마귀는 제 손이 닿는 곳으로 지나가는 녀석을 낚아채서 먹을 뿐 이웃에게 싸움을 걸지는 않았다. 그러나 이런 화합의 시간이 오래 가지 않았다. 난소가 줄줄이 잇대진 알들을 성숙시켜 배가 불러오자 짝짓기와 산란 시기가 가까워진다. 이때 녀석들 간의 경쟁을 책임질 수컷은 한 마리도 없는데 그러면 일종의 질투로 분노가 폭발한다. 난소의 성숙이 무리를 타락시키고 서로 잡아먹으려는 광란을 불러일으킨다. 위협과 몸싸움, 그리고 야만적 행동의 향연이 일어난다. 그때는 유령 같은 자세, 숨소리 같은 날갯소리, 공중으로 펼쳐 든 갈고리 따위의 무시무시한 몸짓이 나타난다. 풀무치나 대머리여치 앞에서도 적대적 표시가 이보다 더 위협적이진 않을 것이다.

내가 짐작할 만한 동기는 없는데 이웃 간의 두 녀석이 갑자기 몸을 일으켜 세우며 싸울 태세를 취한다. 서로 머리를 좌우로 돌리며, 또 눈초리로 욕을 하며 도전한다. 날개가 배를 스치며 내는

펍뿌! 펍뿌! 소리로 공격 신호를 보낸다. 만일 결투가 훨씬 중대한 사태까지 가지 않고 찰과상 정도에서 그치면 펼쳤던 강탈 다리들이 구부러지며 옆으로 내려져 긴 앞가슴을 감싼다. 거만한 자세이긴 해도 목숨 걸고 싸우는 것보다는 덜 무섭다.

그러다가 갑자기 갈고리 하나를 뻗어서 경쟁자를 찌른다. 또 갑자기 오므려서 방어 태세를 취한다. 서로 뺨을 때리는 두 마리의 고양이를 약간 연상시키는 검술 같다. 연하며 뚱뚱한 상대편의 배에서 피가 한 방울 나든가, 작은 상처 하나 없어도 패배를 인정하고 물러간다. 승자는 깃발을 접고 메뚜기 잡을 궁리를 한다. 겉보기에는 조용하지만 언제나 싸움을 다시 시작할 준비는 갖추고 있다.

더 비극적인 결말을 내는 때가 많다. 이럴 때는 가차 없이 완전한 결투 자세를 취한다. 강탈 다리를 뻗쳐 공중에 세운다. 패자는 불행할지어다! 승자는 당장 패자를 제 바이스에 물리고 먹어 버린다. 물론 목덜미부터 먹는다. 추악한 대향연이 마치 메뚜기를 갉아먹듯이 태연하게 진행된다. 승자는 자기와 자매인 패자를 마치 합법적인 요리인 양 맛있게 먹는다. 주변의 녀석들도 기회만 오면 똑같이 하고 싶을 뿐 불만도 없다.

아아! 잔인한 곤충들! 늑대도 서로를 잡아먹지는 않는다고 한다. 하지만 사마귀는 그런 것에 신경 쓰지 않는다. 녀석들은 제가 좋아하는 요리감인 메뚜기가 주변에 숱하게 많아도 자기 종족을 맛있게 잡아먹는다. 저 무서운 인간의 괴벽인 식인 풍습과 동등한 습성을 가진 것이다.

이런 착란, 즉 출산기에 달한 녀석의 욕망은 훨씬 불쾌하기 짝이 없는 정도까지 일어난다. 짝짓기를 지켜보되 다수가 한자리에 모인 것에 따른 무질서를 피하도록 암수 한 쌍씩 다른 철망 밑에 떼어 놓자. 각 쌍에게 제집이 주어졌고 녀석들 간의 짝짓기를 방해할 자는 아무도 없다. 배가 고프다는 핑계가 끼어들지 못하도록 먹을거리를 풍부하게 주는 것도 잊지 말자.

8월 말로 접어든다. 날씬한 구혼자, 즉 수컷은 적절한 시기가 되었음을 판단하고 덩치가 커다란 여자 친구에게 추파를 보낸다. 그쪽으로 얼굴을 돌려 목을 기울이며 가슴을 편다. 작고 뾰족한 얼굴도 거의 열정적인 상태가 된다. 이런 자세로 꼼짝 않고 그 암컷을 오랫동안 노려본다. 암컷은 무관심한 듯 움직이지 않는다. 하지만 구혼자는 동의한다는 표시를 알아차렸다. 나는 비밀스런 그 표시를 알 수가 없다. 수컷은 가까이 다가가 날개를 펴는데, 경련으로 떨리며 펼쳐진다. 이것이 애정 고백이다. 왜소한 수컷이 훌쩍 뛰어올라 뚱뚱한 암컷의 등으로 올라간다. 그리고 재주껏 꼭 달라붙어서 안정된다. 대개는 서막이 길다. 마침내 교미가 이루어지는데 이것도 길어서 때로는 5~6시간이나 계속되었다.

움직임 없는 한 쌍의 암수 사이에는 주목거리가 없다. 마침내 녀석들이 떨어진다. 그러나 곧 다시 더 가깝게 합쳐진다. 가엾은 수컷은 난소에 생명을 주는 자여서 암컷의 사랑을 받았지만 맛좋은 사냥감으로도 사랑받는다. 늦어도 다음 날 낮에는 수컷이 암컷에게 실제로 잡혔는데 암컷은 관례대로 먼저 수컷의 목덜미를 감아

먹고 그 다음에도 야금야금 질서 있게 먹어서 겨우 날개밖에 남겨
놓지 않는다. 여기서는 암컷들 사이에 후궁(後宮)끼리 벌이는 질
투가 아니라 억제할 수 없는 퇴폐적 욕망이 있는 것이다.

방금 수정한 암컷이 두 번째 수컷을 어떻게 받아들이는지 알아
보고 싶은 호기심이 생겼다. 조사 결과 나는 분노가 치밀었다. 대
개의 암컷은 교미와 낭군 잡아먹기의 대향연에 물리지 않았다. 이
미 산란을 했든, 안 했든 일정치 않은 기간 동안 휴식을 취한 다음
두 번째 수컷을 받아들였다가 첫째처럼 잡아먹는다. 또 셋째가 제
역할을 마치고 먹혀서 사라진다. 넷째도 같은 운명이다. 보름 동
안 암컷 사마귀 하나가 수컷 7마리를 이렇게 먹어 치우는 것을 보
았다. 모두 암컷에게 옆구리가 내맡겨져 짝짓기에 도취했던 대가
를 목숨으로 치렀다.

이런 대향연이 자주 일어나지만 예외가 없는 것은 아니다. 매우
더운 날에는 아주 흥분하기 쉽고 긴장감이 돌며 그런 대향연이 거
의 일반적인 법칙같이 벌어진다. 그런 때는 사마귀도 신경이 곤두
선다. 공동 사육장에서는 그 어느 때보다도 암컷끼리 더 잘 잡아
먹으며 그 무렵은 분리된 사육장에서도 짝짓기가 끝난 수컷이 보
통 요리처럼 다루어진다.

암수 한 쌍 사이에서 벌어지는 이 잔인한 행위에 대해 나는 이
렇게 변명해 주고 싶다. 자유로운 곳에서는 그렇게 행동하지 않는
다. 수컷은 제 역할을 끝낸 다음 무서운 암컷을 피해서 멀리 도망
칠 시간 여유가 있다. 사육장에서도 어느 때는 이튿날까지 여유가
주어졌으니 말이다. 자유 상태의 사마귀는 빈약한 자료뿐인 나에
게 사랑 행각을 한 번도 보여 주지 않아 야외에서의 실제 상황은

모르겠다. 나는 포로들이 햇볕을 잘 받고, 푸짐하게 먹고, 널찍한 곳에 살아서 조금도 향수에 젖지 않은 것으로 보이는 사육장에서의 사건에 의지할 수밖에 없었다. 사실상 녀석들이 거기서 한 짓은 정상 조건(자연)에서도 할 것이다.

자 그런데, 사건들이 나의 변명을 배척했다. 수컷에게 멀리 도망가라고 여유가 주어졌다는 변명 말이다. 나는 끔찍하게도 도막 난 녀석과 암컷이 쌍을 이루고 있는 장면을 본 것이다. 생명 불어넣기 임무에 전념한 수컷은 암컷을 꼭 껴안고 있다. 하지만 불쌍한 그 녀석은 머리가 없고 목도 앞가슴도 거의 없다. 암컷은 태연하게 주둥이를 어깨 뒤로 돌려서 맛있는 제짝의 나머지를 계속 뜯어먹는다. 그래도 도막 난 수컷은 단단히 달라붙어서 제 임무를 계속 수행할 뿐이다.

사랑은 죽음보다 강하다는 말이 있다. 금언이 이보다 명백하게 문자 그대로 받아들여지는 일은 결코 없을 것이다. 목이 잘리고 가슴 중간까지 잘린 시체가 계속 생명을 주려 한다. 수컷은 생식기가 위치한 배가 먹힐 무렵에야 겨우 붙잡은 것을 놓을 것이다.

짝짓기가 끝난 다음 상대역인 수컷을 먹는 것, 이제는 쓸모없고 지쳐 버린 난쟁이를 먹는 것, 이런 짓은 감정 문제에 별로 세심하지 못한 곤충의 세계에서는 어느 정도 용납될 수도 있을 것 같다. 하지만 사랑 행각 도중 수컷을 씹어 먹는 짓은 상상력이 잔인함에 대해 최대로 상상할 수 있는 것마저 초월한다. 나는 그것을 내 눈으로 똑똑히 보았고 아직도 그 놀람에서 깨어나지 못했다.

수컷이 임무 수행 중, 공격에서 도망쳐 위험을 피할 수는 있을까? 물론 그럴 수 없다. 결론을 내려 보자. 사마귀의 짝짓기는 거

1. 자신과 짝짓기 중이던 신랑을 낚아채 머리에 일격을 가하는 순간이다. 수컷이 제자리를 벗어난 틈을 타 다른 수컷이 암컷을 차지하려 한다.

2, 3. 신랑 머리를 이미 해치우고 자리를 옮기자 늦게 찾아왔던 수컷은 짝을 이루지 못한 것 같다.

미의 짝짓기와 같거나 어쩌면 더 비극적이다. 사육장의 한정된 공간이 수컷에 대한 살육을 부추긴 것은 부정하지 않겠다. 하지만 이 살육의 원인은 다른 데 있다.

어쩌면 이것은 석탄기 곤충의 발정기에 나타났던 잔인함으로, 지질시대의 추억에 대한 무의식적 재현인지도 모르겠다. 사마귀가 소속된 직시류(直翅類)는 곤충 세계에서 맨 먼저 태어났다. 탈바꿈이 거칠고 불완전

1 양치식물을 표현한 것 같다.

한 녀석들은 나무 모습의 풀[1] 사이를 헤매며 살았다. 나비, 소똥구리, 파리, 벌 따위처럼 섬세한 탈바꿈(완전탈바꿈) 곤충이 아직 태어나지 않았어도 직시류는 이미 번창했었다. 생산을 위한 시급한 파괴에 격앙되었던 그 시대에는 녀석의 습성이 부드럽지 않았다. 그래서 사마귀가 옛날 망령들의 막연한 추억인 옛날식 짝짓기를 계속할 수도 있을 것이다.

사마귀 무리에서는 다른 종도 수컷을 사냥감처럼 먹어서 나는 그 습성을 일반적인 것으로 인정하고 싶다. 사육장 안에서는 그렇게 귀엽고 아주 평온해서 식구가 많아도 이웃과 싸우는 일이 전혀 없던 탈색사마귀(*Ameles decolor*)도 황라사마귀와 똑같이 자기 수컷을 낚아채서 잔인하게 먹는다. 내 규방에 필히 보충해 주어야 할 신랑감을 마련하느라고 뛰어다니다 지쳐 버렸다. 아주 민첩하고 날개가 잘 발달한 수컷들을 겨우 찾아서 사육장에 넣자마자 대개는 경쟁할 필요도 없는 암컷 중 하나가 낚아채서 잡아먹는다. 난소가 한 번 충족되면 두 사마귀는 수컷을 대단히 미워한다. 아니 그보다도 수컷을 그저 맛있는 사냥감으로 볼 뿐이다.

20 사마귀 – 알집

이번에는 비극적인 사랑을 하는 곤충에게서 좀 훌륭한 면을 보기로 하자. 녀석들의 둥지는 경탄할 만하다. 과학적 용어로는 난협(卵莢, oothèque)[1], 즉 '알상자(알집)'라고 한다. 나는 이상한 용어를 남용하지 않으련다. '방울새 둥지'를 '방울새 알상자'라고 하지는 않는데 사마귀를 설명할 때는 상자라는 단어에 도움을 청해야 할까? 그것이 더 유식한 어법일 수는 있다. 하지만 내가 상관할 바가 아니다.

해가 잘 드는 곳이면 어디든 황라사마귀 알집이 있다. 돌, 나무토막, 포도나무 그루터기, 관목의 잔가지, 마른 풀줄기, 인간 산업의 산물인 벽돌 조각, 거친 천 조각, 딱딱해진 헌 구두에도 있다. 밑바닥을 반죽해서 발라 든든한 받침이 될 만큼 우툴두툴하기만 하면 어떤 받침도 상관없이 모두 알집이 자리한 곳으로 훌륭하다.

크기는 대개 길이 4cm, 너비 2cm이며 색깔은 밀알 같은 금색이다. 불꽃에 갔다 대면 재료가 곧잘 타는데 비단 눈는 냄새가 약간

1 메뚜기, 사마귀, 바퀴처럼 여러 개의 알을 자신의 분비물로 만든 주머니에 담아 두는 알집의 형태를 난협이라고 한다.

산란 중인 황라사마귀
쪼개진 대나무의 홈
에도 산란한다.
해남. 25. IX. 05

난다. 실제로 비단과 비슷한 재료인데 실처럼 늘어난 것이 아니라 거품 뭉치처럼 엉겼다. 알집이 나뭇가지에 고정되었으면 밑바닥은 나무의 가지를 감싸고 덮었으며 받침의 기복에 따라 바닥의 모양이 다양해진다. 만일 편평한 표면에 고정되었다면 아랫면은 언제나 편평하다. 알집의 모양은 거의 반타원형인데 한쪽 끝은 약간 뭉툭하고 반대쪽은 뾰족하다. 뾰족한 끝에는 가끔 짧게 돌출한 부속물이 있을 때도 있다.

어쨌든 알집의 윗면은 언제나 볼록하다. 그리고 세로로 확실하게 두드러진 세 부분이 구별된다. 다른 부분보다 좁은 가운데에는 한 쌍씩 배치되었고 지붕의 기와처럼 얇은 조각들이 서로 겹쳐졌다. 이 얇은 조각의 가장자리는 각각 분리되어서 평행으로 열린 두 줄을 남겼는데 부화할 때 어린 애벌레들이 여기를

나뭇가지 위의
황라사마귀 알집

통해서 나온다. 최근에 버려진 알집은 이 가운데 부분이 온통 얇은 허물들로 덮였는데 바람이 조금만 불어도 흔들리다가 날씨의 변화에 따라 곧 사라진다. 나는 이 부분을 출구 구역(zone de sortie)이라고 부르겠다. 이유는 오직 이 세로띠 부분을 따라서 어린것들이 해방되며, 또한 미리 마련된 출구라서 그렇다.

가족들의 요람인 다른 부분은 전체가 서로 넘을 수 없는 벽이다. 사실상 반타원체의 대부분을 차지한 양옆의 두 부분은 표면끼리 완전히 맞닿았다. 질긴 재료로 구성된 여기로는 매우 허약한 어린 사마귀가 절대로 나올 수 없다. 거기는 가는 고랑이 많이 가로질렀는데 알이 무더기를 이룬 여러 박편(薄片)이다.

알집을 가로로 갈라보자. 그러면 알이 누워서 핵을 이룬 모습이 보이는데 알의 옆은 거품이 굳어서 만들어진 것처럼 작은 구멍이 많고 두꺼운 껍질이 아주 단단하게 입혀졌음을 알 수 있다. 위에는 얇게 구부러진 판이 매우 빽빽하게 서 있는데 거의 독립적이며 그 끝은 나가는 부분과 연결되었다. 여기는 두 벌의 작은 비늘을 서로 겹쳐지게 해놓았다.

왕사마귀 알집의 종단면
알이 중앙 좌우에 두 줄로
배치되었다.
시흥, 15. X. 06

알들은 노르스름한 각질(角質) 껍질 속에 잠겨 있다. 둥근 테두리의 모양대로 층층이 배열되었는데 머리 쪽이 출구 구역으로 집중되었다. 이런 방향이 해방되는 방향임을 알려 주는 셈이다. 갓 태어난 애벌레들은 가까운 두 장의 얇은 판, 즉 연장된 핵 사이의 틈으로 미끄러져 들어갈 것이다. 거기를 넘기는 어려워도 잠시 뒤 다뤄질 이상한 장치 덕분에 좁은 통로를 찾게 될 것이며 그러면 녀석들은 가운데의 띠에 도달할 것이다. 여기는 서로 겹쳐진 비늘 밑에 각층의 알들을 위한 출구 두 개가 좌우로 뚫려 있다. 나오는 애벌레들은 절반씩 오른쪽이나 왼쪽 문을 통해서 해방될 것이며 이런 층들이 집 안의 처음부터 끝까지 반복되었다.

눈으로 직접 보지 못하는 사람은 파악하기가 매우 어려운 구조인데 이 미세한 점들을 요약해 보자. 대추야자 열매처럼 생긴 알들 전체가 집의 축을 따라 모여서 층을 이루었다. 이 알 무더기를 일종의 거품이 굳어서 단단해진 보호용 껍질이 감싸고 있으나 가운데의 위쪽은 그렇지 않다. 거기에는 거품 모양의 껍질 대신 얇은 종잇장 같은 것들이 나란히 놓여 있다. 분리된 종잇장 모양의 끝 쪽에 탈출구를 만들어 놓았다. 탈출구에는 두 벌의 비늘이 박혀서 각 알층을 위한 좁은 틈새, 즉 한 쌍씩의 출구가 되는 것이다.

집짓기를 조사하는 것, 즉 그토록 복잡한 건축물을 짓는 사마귀의 행동을 관찰하는 것이 내 연구의 요점이다. 그 장면을 관찰할 수는 있어도 어려움은 대단했다. 산란은 예기치 않게 행해지는데 거의 언제나 밤에 이루어졌다. 헛된 기다림을 많이 반복한 끝에 마침내 행운을 만났다. 8월 29일에 수정한 기숙생 하나가 9월 5일 오후 4시에 눈앞에서 알을 낳으려 한다.

녀석의 작업을 관찰하기 전에 유의할 것 하나가 있다. 사육장에서 얻은 알집들은 — 그것은 아주 많았다 — 하나의 예외도 없이 뚜껑의 철망을 받침으로 삼았다. 나는 제법 신경을 써서 자유로운 들판에서 아주 잘 이용되는 거친 돌과 백리향 다발을 몇 개씩 넣어 주었다. 하지만 포로들은 모두 철망을 택했다. 철망의 그물코는 처음의 연한 건축자재를 박아 넣으면 전혀 움직이지 않는다.

자연 상태에서는 알집을 가려 주는 것이 없지만 불순한 겨울 날씨를 견뎌 내야 하고 비, 바람, 서리, 눈 따위에도 떨어지지 않아야 한다. 그래서 산모는 언제나 집의 기초가 받침의 모양대로 달라붙도록 울퉁불퉁한 바닥을 택한다. 상황이 허락하면 보통인 것보다는 가장 좋은 것을, 가장 좋은 것보다는 훌륭한 것을 택한다. 사육장에서 철망이 끊임없이 채택된 이유는 여기에 있을 것이다.

산란하는 순간에 지켜볼 기회를 안겨 준 유일한 사마귀 역시 뚜껑의 꼭대기 근처에 거꾸로 매달린 자세로 일한다. 어찌나 제 일에 골몰했던지 내가 지켜보거나 돋보기로 조사해도 전혀 신경 쓰지 않았다. 철망 뚜껑을 들어서 기울이고, 거꾸로 뒤집고, 이리저리 돌려 봐도 녀석은 일을 중단하지 않았다. 밑에서 일어나는 일을 잘 보려고 핀셋으로 긴 날개를 들쳐 보기까지 했었다. 그래도 사마귀는 전혀 개의치 않았다. 여기까지는 모든 일이 잘 진행되었다. 산모는 관찰자의 모든 불손한 행동을 움직임 없이 침착하게 받아들였다. 어쨌든 작업이 어찌나 빠르고 조사가 어찌나 까다롭던지 내 소원대로 관찰되지는 않았다.

배 끝은 계속 많은 거품 속에 잠겨 있어서 세밀한 행동을 파악할 수가 없었다. 거품은 회색이 도는 흰색으로 약간 끈적이며 거의 비누 거품과 비슷한 모양이다. 거품이 나올 때 거기에다 밀짚을 꽂아 보면 약간 끈적거린다. 2분 뒤에는 굳어서 밀짚에 붙지 않는다. 잠깐 사이에 낡은 집에서 보았던 것처럼 단단해진다.

거품은 작은 기포 속에 갇힌 공기로 만들어진 것이다. 알집 부피를 사마귀 배의 부피보다 훨씬 크게 하는 이 공기는 비록 생식기 출구부터 보이지만 분명히 곤충에서 나온 게 아니라 대기에서 빌려 온 것이다. 따라서 사마귀는 특히 불순한 일기에서 집을 보호하는 데 그야말로 적합한 공기집을 짓는 것이다. 새끼들에게 비단 재료인 액체와 비슷한 점성 성분을 내보내고 즉시 바깥 공기와 혼합시켜 거품을 만드는 것이다.

사마귀는 마치 우리가 달걀 흰자위를 부풀리며 거품이 일도록 때리듯이 자신의 생성물을 때린다. 배 끝은 긴 홈이 파였고 옆으로 넓게 펼쳐져서 두 개의 숟가락을 형성했는데 이런 숟가락이 계속적인 빠른 운동으로 점성 액체를 때린다. 액체가 밖으로 쏟아져 나오는 대로 가까이 또는 멀리서 때려 거품이 되게 한다. 그뿐만 아니라 벌어진 두 숟가락 사이에는 내부 기관들이 피스톤의 축처럼 오르내리거나 왔다 갔다 한다. 이 내부 기관은 불투명한 거품 덩이

속에 잠겨 있어서 어떻게 활동하는지 정확히 알 수가 없었다.

계속 꿈틀거리며 자신의 밸브를 빠르게 여닫고 배 끝은 시계추처럼 좌우로 흔들린다. 이렇게 흔들릴 때마다 안쪽에는 한 켜의 알이 생기고 바깥쪽에는 하나의 가로 골이 생긴다. 이미 말했듯이 배 끝이 활처럼 둥글게 전진하면서 갑자기 아주 촘촘한 간격을 두고 거품 속으로 더 깊이 들어간다. 마치 거품 뭉치 밑에 무슨 물체를 깊이 집어넣는 것 같다. 매번 알을 하나씩 낳는 것에는 의심의 여지가 없다. 하지만 속도가 매우 빠른데 관찰이 불리한 상황에서 진행되어 산란관의 활동을 볼 수가 없었다. 알이 나왔음은 배 끝이 갑자기 잠기면서 더 깊이 빠져드는 움직임으로 판단할 수 있다.

일시에 오다 말다 하는 소나기처럼 점액 성분이 쏟아져 나오는데 그것을 배 끝에 있는 두 밸브가 때려서 거품이 되게 한다. 이렇게 해서 생긴 거품은 알층의 옆구리와 바닥으로 흘러드는데 배 끝의 누름으로 거품이 밀려 나와서 철망의 코를 통해 밖으로 비죽이 튀어나온다. 이런 식으로 난소를 비우며 해면질 같은 껍질이 차차 얻어진다.

껍질보다 동질성 환경에 잠겨 있는 가운데의 핵은 거품이 일지 않은 액체를 그대로 썼다는 생각이다. 알을 낳아 층을 만든 다음 두 밸브가 거품을 내서 그것들을 감쌀 것이다. 그러나 한 번 더 말하지만 이 모든 것을 거품 뭉치 속에서 식별하기란 너무 어려운 일이었다.

최근에 지어진 알집 위의 출구 구역은 광택이 없고 거의 백악질 같은 순백색의 가는 구멍들이 뚫린 물질이 한 벌 덮였다. 그 흰색은 지저분한 흰색의 나머지 부분과 대조를 이룬다. 케이크 제조공이 제품을 장식하려고 휘저은 달걀 흰자위, 설탕, 그리고 녹말로 얻은 성분 같다. 눈 같은 이 도료는 아주 쉽게 부서져서 쉽게 탈락한다. 탈락되면 출구 구역이 보이며 이 구역의 분명한 특징인 가장자리가 분리된 두 벌의 얇은 비늘이 나타난다. 조만간 비바람이 그 비늘을 한 장씩 날려 버린다. 그래서 오래된 집에서는 흔적이 전혀 남지 않는다.

처음 조사할 때는 눈 같은 이 물질을 나머지 알집 부분과 다른 물질로 보고 싶었다. 그러면 사마귀가 두 종류의 생성물을 이용할까? 절대로 아니다. 우선 사마귀를 해부해 보면 재료의 동일성이 증명된다. 재료의 분비 기관은 각각 20개 정도의 두 집단이 집합된 원통 모양 관으로 되어 있다. 모든 관이 겉보기에는 똑같은 무색 점액으로 가득 찼을 뿐 백악질 생성물의 표시는 어디에도 없다.

한편 눈 같은 리본의 형성 방식도 재료가 다르다는 생각을 버리게 한다. 사마귀 꼬리 쪽의 두 줄이 사실상 거품 뭉치의 표면을 쓸어서, 즉 거품에서 일부를 따다 집 꼭대기에 모아 놓고 고정시켜서 케이크의 리본과 비슷한 띠를 형성했음을 알 수 있다. 그렇게 쓰고 난 다음 아직 굳지 않은 띠에서 흘러내린 나머지가 기포를 가진 얇은 도료처럼 옆쪽에 칠해진 것이다. 그 기포들은 너무 가늘어서 돋보기로 관찰해야 보일 정도였다.

진흙탕이 급류를 흘러 내려갈 때 커다란 거품으로 뒤덮인다. 흙으로 더럽혀진 기본 거품 위에 부피가 더 큰 흰색의 아름다운 거품 덩어리가 여기저기에 나타난다. 눈처럼 흰 거품은 밀도의 차이로 선별되어 그것이 나온 더러운 거품 위에 생긴 것이다. 사마귀 알집이 만들어질 때도 이와 비슷한 일이 일어난 것이다. 숟가락

산란한 사마귀 산란을 끝
냈을 때 사람이 접근하자
위협 자세를 보이려고 날
개를 펼친다. 일본 사람들
이 '조선(한국)사마귀'라
고 하는 '사마귀'는 긴 타
원형의 알집을 만든다.
시흥. 2. X. '93

두 개가 샘에서 분비된 점성 물질에 거품이 생기게 하며 좀더 묽
고 가벼운 것이 그 섬세한 다공성(多孔性)으로 더 희어져 겉으로
올라간다. 거기서 꼬리 끝의 줄이 그것을 집 꼭대기로 쓸어 모아
눈처럼 흰 리본을 만든 것이다.

　인내력만 좀 있으면 여기까지는 관찰할 만하고 만족스러운 결
과도 얻는다. 그런데 애벌레가 해방되는 출구 가운데 부분의 아주
복잡한 구조는 두 벌의 얇은 판끼리 겹쳐져서 덮인 것 밑에 있다.
그래서 이 구조물의 제작은 관찰이 불가능하다. 내가 조금 알아낸
것은 겨우 이런 것뿐이다. 즉 위에서 아래로 넓게 갈라진 배의 끝
부분이 일종의 단추 구멍을 형성하는데 구멍 위쪽은 거의 고정되
었고 아래쪽 끝은 흔들리면서 거품을 만들어 내 알들을 담아 놓는
다. 가운데 부분의 작업은 분명히 위쪽 끝의 몫일 것이다.

　나는 항상 꼬리 쪽에 두 줄로 모아진 흰 거품 부분의 연장선상
에서 단추 구멍을 보았다. 줄들은 각각 좌우 띠의 경계가 되며 가
장자리에 접촉한 이 줄들로 제작물의 상태를 알아볼 것 같다. 그

래서 나는 그것들을 까다로운 건축을 지휘하는, 그야말로 길고 섬세한 두 개의 손가락으로 보고 싶다.

하지만 죽 늘어선 두 줄의 비늘과 갈라진 틈, 그것들이 덮고 있는 출구가 어떻게 만들어졌을까? 나는 모른다. 짐작조차 못하겠다. 이 문제의 결말은 다른 사람들에게 넘기련다.

그토록 빠르고 질서 있게 가운데 핵의 각질 껍질, 보호용 거품, 가운데 리본을 형성하는 흰 거품, 알, 풍부한 액체를 쏟아 냄과 동시에 서로 겹쳐지는 얇은 잎사귀 모양의 비늘들, 교대로 열린 구멍들을 만들어 내는 기계장치란 얼마나 희한한 것이더냐! 정신을 못 차리겠구나. 그럼에도 불구하고 녀석들은 얼마나 쉽게 작업하더란 말이냐! 사마귀는 철망의 알집 축 위에 달라붙어서 움직이지 않는다. 뒤쪽에서 만들어진 것은 한 번도 돌아보지 않고, 다리가 돕겠다고 개입하지도 않는다. 그것은 저절로 완성된다. 본능의 솜씨가 필요한 기술적 작품이 아니라 순전히 한 벌의 도구와 조직체로 조절되는 기계적인 작업이다. 그토록 복잡한 구조의 알집이 기관의 작용으로 제작되는 것이다. 마치 우리의 능란한 손가락이 완제품을 만들지 못하는 많은 것을 공장에서 기계로 만들어 내는 것과 같다.

사마귀의 알집은 다른 면에서 더욱 주목거리가 된다. 즉 열의 보존에 관한 물리학의 가장 훌륭한 자료를 보여 준다. 사마귀는 우리 인간보다 먼저 단열재를 알았다.

공기는 열의 전도성이 약하다는 것을 최초로 실험한 사람은 물리학자 럼퍼드(Rumford)[2]였다. 이 훌륭한 과학자는 잘 휘저은 달걀에

2 Sir Benjamin Thompson, Graf von Rumford. 1753~1814년. 미국 태생, 영국의 열 물리학자, 왕립연구소 설립자

서 만들어진 거품 속에 얼린 치즈를 넣은 다음 화덕으로 데웠다. 이런 식으로 잠깐 사이에 뜨거운 수플레(soufflée, 열로 부풀린)식 오믈렛을 만들었는데 그 안의 치즈는 처음처럼 차가웠다. 거품의 기포에 갇혀 있던 공기가 그렇게 이상한 현상을 만들어 낸 것이다. 가장 훌륭한 단열재인 공기가 화덕의 열을 차단해서 가운데의 차가운 물체로 열이 전달되지 못하게 한 것이다.

그런데 사마귀는 어떻게 했는가? 바로 럼퍼드의 오믈렛처럼 했다. 가운데 핵에 모아 놓은 알들을 보호하는 수플레식 오믈렛을 얻으려고 분비물을 잘 휘저었다. 물론 사마귀의 목적은 정반대였다. 엉긴 거품으로 추위를 막으려는 것이지 열을 막으려는 것은 아니었다. 하지만 하나를 막는 것은 다른 하나도 막는다. 그래서 창의력 있는 그 물리학자는 실험을 거꾸로 하여 같은 거품 피막의 차가운 껍질 속에 더운 물체를 보유할 수 있었다.

럼퍼드는 공기층의 비밀을 선배들의 축적된 지식, 그리고 자신의 탐구와 연구로 알아냈다. 그런데 사마귀는 이 미묘한 열 문제를 어떻게, 또 우리 물리학보다 얼마나 오래전부터 알고 있었을까? 아무런 보호 장치도 없이 나뭇가지나 돌에 붙어 겨울 강추위를 무사히 견뎌 내야 하는 알 무더기를 어떻게 거품으로 쌀 생각을 했을까?

내가 말할 수 있는 것은 사마귀가 사정을 완전히 잘 알고 있다는 것뿐인데 이 지역의 다른 사마귀는 알로 겨울을 나든가 아니든가에 따라 단열재의 거품 껍질을 쓰든가 안 쓰든가 했다. 암컷의 날개가 거의 없어서 다른 종과 쉽게 구별되는 꼬마 사마귀, 즉 탈색사마귀(A. decolor)는 겨우 서양버찌만 한 집을 짓는데 그것도 거품 껍질로 잘 싼다. 왜 녀석도 이런 수플레식 주머니를 만들까? 녀석의 알집도 황라사마귀 알집처럼 나뭇가지나 돌에 붙어서 모진 계절의 악천후를 모두 견뎌 내며 겨울을 보내야 하는 것이다.

한편 황라사마귀와 맞먹는 크기지만 이 지방에서 가장 희한하게 생긴 곤충, 즉 뿔사마귀(Empuse appauvrie : *Empusa pauperata*)[3]도 탈색사마귀처럼 작은 알집을 짓는다. 별로 많지 않은 3~4줄의 방들이 나란히 배치된 아주 보잘것없는 집이다. 이 집 역시 나뭇가지나 돌조각에 붙어서 노출되었으나 단열재인 수플레식 껍질은 없다. 이렇게 단열층이 없음은 기후 조건이 다름을 예고한다. 실제로 이 알들은 산란 얼마 후인 아직 따뜻한 계절에 부화한다. 혹독한 겨울 추위를 겪을 필요가 없으니 보호 장치는 껍질 자체인 얇은 주머니밖에 없다.

그토록 섬세하고, 그토록 합리적이어서 럼퍼드의 수플레식 오믈렛과 경쟁되는 이 예방 조치가 우연히 얻어졌을까, 즉 우연의 유골

[3] 이 종명은 옛 문헌에서만 보일 뿐 근래의 기록이 없는 점으로 보아 사멸된 학명인 것 같다. 아마도 *E. pennata*의 이명인 것 같다.

단지에서 나온 수많은 교묘한 수단 중 하나일까? 만일 그렇다면 불합리 앞에서 물러날 게 아니라 맹목적 우연이 놀라운 통찰력을 가진 것으로 인정하자.

황라사마귀 알집은 뭉툭한 줄에서 시작하여 좁아진 쪽에서 끝난다. 좁아진 끝은 흔히 일종의 곶(岬)으로 연장되는데 거기에 단백질 액체의 마지막 한 방울이 늘어나면서 생긴 것이다. 구조물 전체를 완성하려면 조금도 쉬지 않고 2시간가량 계속 작업하는 것이 필요하다.

어미는 산란이 끝나는 즉시 무심하게 자리를 뜬다. 나는 그가 제 가족의 요람으로 돌아와 어떤 애정의 표시를 하길 기대했었다. 그러나 만족한 모성의 표시조차 없으며 일이 끝나면 전혀 상관하지 않는다. 메뚜기들이 접근했다가 그 중 한 마리가 알집 위로 올라가 자리 잡았다. 사마귀는 그 성가신 녀석에게 관심을 보이지 않는다. 물론 메뚜기는 온순한 녀석들이다. 만일 알집을 터뜨릴 만큼 위험해 보였다면 녀석을 쫓아 버릴까? 태연한 태도로 보아 그럴 것 같지가 않다. 이제 알집이 그와 무슨 상관이더냐? 사마귀는 모르는 체한다.

사마귀가 여러 번 교미한다는 것과 거의 언제나 일반 사냥감처럼 잡아먹히는 수컷의 비극적 종말에 대해서 말했었다. 보름 동안 한 암컷이 새 수컷과 짝짓기를 7번까지 하는 것도 보았다. 그렇게 쉽게 정절을 깨뜨리는 과부가 매번 제 남편을 먹어 버렸다. 이런 습성은 여러 번 산란할 것이라는 예측을 하게 한다. 일반적인 규칙은 아니나 실제로 여러 번 산란하기도 한다. 내 하숙생들 중 어떤 녀석은 알집을 내게 하나만 주었으나 다른 녀석은 같은 크기의 새집을 제공했다. 번식력이 가장 강한 녀석은 3개까지 만들었는데 처음 2개는 정상적인 크기였고 세 번째는 보통 크기의 절반 정도로 작았다.

이 마지막 어미가 사마귀 난소의 최대 산란 수를 알려 줄 것이다. 알집 위에 가로지른 골을 따라 쉽게 알의 수를 셀 수 있는데 그 층이 타원체의 가운데나 끝 부분에서 차지한 위치에 따라 수가 크게 달랐다. 가장 많은 층과 적은 층의 알 수를 세어서 계산하면 대략의 총계와 평균치가 얻어진다. 그 결과 커다란 집에는 400개가량의 알이 들어 있음을 알았다. 3개의 알집을 지은 마지막 어미는 제 후손으로 1,000개 정도의 배아를 남긴 것이다. 2개를 지은 어미는 800개, 번식력이 가장 약한 어미는 300~400개의 후손을 남겼다. 어쨌든 굉장한 가족이니 많이 솎아 내지 않으면 곧 거추장스러워질 것이다.

귀여운 탈색사마귀는 훨씬 덜 낭비한다. 사육장에서는 한 번밖에 산란하지 않았고 그 알집에는 많아야 60개 정도의 알이 들어 있었다. 같은 원리로 지어졌고 역시 노출되어 자리 잡았으나 녀석의 건축물은 황라사마귀의 것과 현저하게 달랐다. 우선 부피가 작아서 길이 10mm, 너비 5mm이며, 또 몇 가지 미세한 구조상의 차이가 있었다. 알집은 당나귀 등처럼 솟아올랐다. 양옆은 둥글고 중앙선은 약한 톱니가 달린 용마루처럼 돌출했다. 여러 알층에 해당하는 12개 내외의 골이 가로로 패였다. 여기는 얇은 종잇장 같은 것이 짧게 겹쳐진 출구 구역도 없고 출구가 번갈아 뚫려 눈처럼 흰 리본 모양도 없다. 고정된 밑창을 포함한 표면 전체에 가는 기포들이 있고 적갈색의 반들반들한 껍질이 고르게 덮여 있다. 처음 시작되는 쪽은 탄두처럼 뾰족하고 끝나는 쪽은 갑자기 뚝 잘렸다가 박차처럼 위로 늘어났다. 층층이 놓인 알들은 구멍이 없고 압력을 아주 잘 견디는 일종의 껍질인 각질 물질 속에 끼워진 모습이다. 전체적으로는 거품 같은 껍질로 둘러싸인 핵과(核果) 모양이다. 탈색사마귀도 황라사마귀처럼 밤에 집짓기 작업을 하여 관찰자에게는 난처한 조건이었다.

황라사마귀의 알집은 부피가 크고 이상한 구조에다 눈에 잘 띄는 돌이나 나뭇가지에 붙어 있어서 프로방스 지방의 농부들의 주의를 끌지 않을 수가 없었다. 사실상 농촌에서는 그것이 띠뇨(tigno)라는 이름으로 매우 잘 알려질 만큼 유명할 정도였다. 하지만 그 기원에 대해서는 아무도 모르는 것 같았다. 이웃의 촌사람들에게 그 유명한 띠뇨가 하느님께 기도드리는 보통 사마귀(황라사마귀)의 알집이라고 알려 주면 언제나 깜짝 놀란다. 이렇게 놀라는 것은 사마귀의 산란이 밤에 이루어져서일 것이다. 이 곤충은 밤의 비밀에 둘러싸였을 뿐 알집을 짓는 것을 본 사람이 없다. 그래서 일꾼과 제작물이 연결이 되지 않았다. 이 마을의 누구든 그 둘을 모두 알고 있으면서도 말이다.

어쨌든 그런 이상한 물건이 있고 주목을 받거나 끌기도 했다. 하지만 이와는 무관하게 어디엔가 소용될 것이 틀림없고 효능도 가졌을 게 분명하다. 이상한 물건에서 우리의 불행을 덮어 주는 힘을 찾아내려는 순진한 바람은 언제나 이렇게 추론했다.

프로방스의 시골 약방문은 일제히 띠뇨를 가벼운 동상(凍傷)에 가장 좋은 명약이라고 찬양한다. 용법은 간단하다. 그것을 둘로 쪼개고 눌러서 짜낸 다음 즙이 나오는 자리로 환부를 문지른다.

최고의 특효약이란다. 손가락이 가렵고 보랏빛을 띠며 부어오르는 사람은 틀림없이 전통적 관습에 따라 이 띠뇨를 이용했다. 그것을 쓰면 정말 가려운 것이 가라앉을까?

혹독한 추위가 유난히 길어서 피부 관리가 큰 걱정거리였던 1895년 겨울, 나 자신과 집안의 몇몇 사람에게 시험을 해보았다. 모두가 한결같이 믿었지만 효과를 보지 못했으니 나는 감히 의심하련다. 그 유명한 연고를 바른 우리 중 누구도 부은 손가락이 가라앉는 것을 보지 못했다. 으깬 띠뇨를 허옇도록 발랐지만 누구도 가려움증이 줄어듦을 느끼지 못했다. 실패는 모든 사람에게 마찬가지일 것이라 생각한다. 그런데도 특효약이라는 민간의 명성이 유지되는 것은 오직 약과 병명이 비슷해서였을 것 같다. 프로방스 말로 동상을 역시 띠뇨라고 한다. 사마귀 알집과 동상의 이름이 같으니 그 알집의 효능은 분명하지 않을까? 명성이란 이렇게 해서 생겨나는 것이다.

그 밖에도 우리 마을, 그리고 이 근방에서는 틀림없이 띠뇨가 — 사마귀 알집이 — 놀라운 치통 진정제로 찬양받는다. 몸에 지니기만 해도 치통을 면한다는 것이다. 착실한 주부들은 달이 적당히 찼을 때 알집을 따다가 장롱 한구석에 조심스럽게 보존하거나 잃어버릴까 봐 손수건으로 주머니를 만들어 그 속에 넣고 꿰맨다. 이웃의 어떤 사람이 어금니가 아프면 서로 빌려 가기도 한다. "띠뇨 좀 빌려 줘. 아파 죽겠어." 하며 뺨이 부어올라 불편한 여자가 말하면 상대방 여자는 그 값진 물건을 서둘러서 뜯어 주며, "잃어버리지는 마, 그거 하나밖에 없으니까, 게다가 지금은 달이 좋지 않은 때란 말이야." 하며 당부한다.

띠뇨 좀……

서~쪽

터무니없는 치통
진정제를 비웃지
맙시다. 신문 제
4면에 당당하
게 펼쳐진 많
은 약이라고 해서

효력이 더 나은 것은 아니다. 더욱이 촌사람들의 순진함보다는 옛날 학문이 잠들어 있는 고서적들이 더욱 심했다. 16세기 영국의 박물학자이며 의사인 토머스 무펫(Thomas Moufet)은 시골에서 길을 잃은 어린이들이 다시 길을 찾으려면 사마귀에게 도움을 청한다는 이야기를 하고 있다. 질문받은 곤충은 다리를 펴서 가야 할 방향을 가리킨단다. 그런데 결코 틀리는 일이 없다고 저자는 덧붙였다. 이 희한한 일을 숭배할 정도로 고지식하게 말했다. 즉 곤충이 어찌나 훌륭했던지 길을 묻는 어린이에게 손가락을 펴서 바른 길을 가르쳐 주는데 틀리는 일이 없거나 아주 드물었다고 했다.

남의 말을 잘 믿는 이 박식한 사람이 이런 예쁜 동화를 어디서 얻어 왔을까? 사마귀가 살지 않는 영국은 아닐 테고 어디에도 어린이에게 질문한 흔적이 없는 프로방스 지방도 아니다. 나는 옛날 박물학자의 이 상상력보다는 띠뇨의 터무니없는 약효를 훨씬 좋아한다.

21 사마귀 – 부화

6월 중순의 맑은 날, 대개는 오전 10시 30분경에 황라사마귀(*Mantis religiosa*)의 알들이 부화한다. 알집 중앙의 띠 모양, 즉 출구 구역만 어린 애벌레들이 나올 수 있는 곳이다.

　이 구역에서 각각의 얇은 판 밑에 반투명하며 뭉툭한 혹이 천천히 나타나고 그 뒤에 검은 점 두 개가 따라 나오는 게 보인다. 이 점들은 눈이다. 갓 난 애벌레는 살그머니 얇은 판 아래로 미끄러져 들어와 절반쯤 밖으로 나온다. 그것이 성충의 모양과 매우 비슷한 형태를 갖춘 어린 사마귀일까? 아직은 아니다. 일시적인 조직체이다. 머리는 뭉툭하게 부풀었고 오팔광택(단백광, 蛋白光)이 나는데 몰려드는 혈액이 고동친다. 나머지는 붉은 기운이 도는 노란색인데 전체를 피막이 감싸고 있다. 이 베일에 가려져서 흐리게 보이긴 해도 두 개의 커다란 눈, 가슴과 마주해서 펼쳐진 입의 각 부분들, 그리고 몸의 뒤쪽으로 착 달라붙은 다리들이 아주 잘 구별된다. 결국 매우 잘 드러난 다리 외에는 크고 뭉툭한 머리, 두 눈, 가느다란 복부 마디, 배처럼 생긴 형태 등등 전체의 모습이 알에서 빠져나오는 최초의 매미 상태, 즉 지느러미가 없는 극소형 물고기와 상당히 닮았던 모습을 조금 연상시킨다.

자, 결국 다리가 길어서 좁은 통로에 최악의 장애물이 된 이때가 몸체를 위쪽으로 올리는 역할을 해주는 단기간의 조직체가 된 것이다. 매미에서 본 것과 같은 조직체의 두 번째 예인 것이다. 매미는 잔가지가 들어찬 좁은 지하도, 즉 이미 비워진 껍질들로 혼잡하며 목질섬유가 비죽비죽 나온 지하도에서 나오려 할 때 부드럽게 미끄러지기에 유리한 배처럼 둘둘 감겼었다.

어린 사마귀도 비슷한 어려움을 당한다. 녀석들은 날씬하며 길게 뻗은 다리가 지나갈 자리를 찾을 수 없는 골방에서 구불구불하고 꽉 죄어진 길로 솟아 나와야 한다. 긴 다리, 강탈용 작살, 가느다란 더듬이 따위, 즉 조금 뒤에는 덤불에서 매우 유용할 기관들이 지금은 탈출을 방해하여 아주 고생시키거나 탈출을 불가능하게 할 수도 있다. 따라서 작은 벌레는 역시 배 같은 모습이었고 붕대에 칭칭 감겨서 나오는 것이다.

매미나 사마귀의 알막 탈출은 끝없는 곤충학 광산에서 새로운 광맥을 찾게 해준다. 나는 이 광맥에서 법칙을 캐냈는데 여기저기서 주워 모은 비슷한 사실들이 그 법칙을 틀림없는 것으로 확인시켜 줄 것이다. 진짜 애벌레는 언제나 알에서 직접 만들어지는 것이 아니다. 만일 갓 태어난 애벌레가 해방되는 데 특별한 어려움을 만나게 될 구조이면 어떤 부속 조직체가 진짜 애벌레 상태보다 먼저 만들어져서 탈출 능력이 없는 어린것을 어느 날 인도해 주는 역할을 한다. 나는 이 부속 조직체를 계속 첫째 애벌레라고 부르련다.

이제 다시 본론을 이야기해 보자. 출구 구역의 얇은 판 밑에 첫째 애벌레들이 나타난다. 체액이 머리로 세게 밀려들어 계속 부풀며 끊임없이 고동치는 반투명체의 부풀림(헤르니아)을 만든다. 이렇게 터뜨리는 기계가 준비되는 동시에 비늘 속에 절반쯤 묻힌 벌레가 몸을 흔들어 앞뒤로 움직인다. 그때마다 머리가 점점 더 팽팽해지며 마침내 앞가슴을 불쑥 내밀고 머리는 가슴 쪽으로 심하게 구부린다. 앞가슴 위의 속옷이 터진다. 벌레는 잡아당기고 요란을 떨며 몸을 흔들고 구부렸다 다시 일으킨다. 다리들이 집에서 빠져나오고 평행한 두 줄의 긴 더듬이 끝만 벌레와 분리된 집에 매달렸다. 몇 번 몸을 흔들면 완전히 해방된다.

이제는 참다운 애벌레 형태의 곤충이 되었다. 탈출한 자리에는 불규칙한 끈들과 초라한 옷만 볼썽사납게 남아 있는데 바람이 조금만 불어도 가냘픈 솜털처럼 흔들린다. 마구 벗어 버린 겉옷이 넝마처럼 된 것이다.

감시는 했어도 탈색사마귀의 부화 순간은 놓쳤다. 그래서 아는 것이 많지 않다. 부리처럼 삐죽 내밀린 알집의 앞쪽 끝에 저항력이 아주 약하고 꺼지기 쉬운 거품에서 흰색의 광택 없는 무늬가 보인다. 거품 마개로 겨우 막힌 이 구멍이 유일한 출구이며 다른 곳은 모두 단단하게 덮였다. 결국 이 둥근 구멍이 황라사마귀가 해방되던 출구 구역을 대신한 것이다. 어린것들은 틀림없이 자신의 상자에서 여기를 통해 한 마리씩 솟아올랐다. 탈출 행동을 관찰하는 운은 없었어도 녀석들이 방금 나와서 얇은 막의 하얀 허물들이 매달려 있는 것은 보았다. 그것들 역시 바람이 조금만 불어도 구멍 근처에서 날아가 버린다. 그래서 자유의 대기권으로 나오면서 미로 같은 방에 벗어 던져졌다가 바람에 날리는 임시의 껍질이 애벌레임이 입증되는 셈이다. 결국 탈색사마귀도 좁은 미로에서 탈출하는 데 유리하도록 감싸인 첫째 애벌레 시기를 가진 것이다. 6월은 이렇게 해방의 계절이다.

황라사마귀 이야기를 다시 해보자. 부화는 알집 전체에서 한꺼번에 일어나는 것이 아니라 부분적 집단으로 연속해서 일어나는데 그 간격은 이틀 또는 더 길어질 수 있다. 대개는 마지막 알들이 들어 있는 뾰족한 끝에서부터 시작한다.

나중에 낳은 녀석들을 처음 낳은 녀석들보다 먼저 불러내는 이

사마귀의 부화 시흥, 10. V. '95

1. 알집에서 첫째 애벌레 상태로 빠져나온 새끼들이 명주실을 타고 내려오면서 배내옷이던 허물을 벗는다.

2. 허물을 벗은 녀석들은 잠시 나뭇가지로 올라가 몸을 말린 다음 사방으로 흩어진다.

런 시간적 도치의 원인은 알집의 형태에 있을 것이다. 가는 끝 쪽은 표면적이 넓어서 따뜻한 날씨의 자극을 더 많이 받는다. 그래서 필요한 열량이 좀더 늦게 얻어지는 뭉툭한 쪽보다 먼저 깨어난다.

항상 집단별로 나뉘어서 부화가 일어나지만 때로는 출구 구역 전체에 걸쳐서 일시에 일어나기도 한다. 100마리가량의 어린 사마귀가 갑자기 탈출하는 광경은 참으로 인상적이다. 작은 벌레 한 마리가 얇은 막 밑에서 까만 눈을 보이자마자 수많은 다른 녀석이 별안간 나타난다. 마치 어떤 진동이 차차 전해지며 기상나팔의 신호가 전달되는 것 같다. 그만큼 부화가 주위로 빨리 번져 나간다. 거의 한순간에 가운데 부분이 어린 녀석들로 뒤덮이는데 요란스럽게 움직이면서 찢어진 허물을 벗어 던진다.

날쌘 녀석들은 거기서 별로 오래 머물지 않는다. 바로 땅에 떨어지거나 옆의 덤불로 기어 올라간다. 20분도 채 안 되어 모든 것이 끝난다. 공동 요람은 다시 조용해졌다가 얼마 후에 새 집단을 내보내는데 남는 자가 없을 때까지 계속된다.

나는 이 탈출을 실컷 자주 보았다. 겨울의 한가한 때 여기저기서 따와 볕이 잘 드는 울타리 안쪽에 놓아두었던 알집들에서도 그랬고 순진하게도 태어날 녀석들이 더 잘 보호될 것이라고 생각했던 아늑한 온실에서도 그랬다. 한 가족에서 20번의 부화를 지켜보기도 했는데 잊을 수 없는 대학살의 광경이 언제나 눈앞에서 벌어졌다. 배가 뚱뚱한 사마귀는 배아를 1,000개라도 만들어 낼 수 있다. 하지만 알에서 나오자마자 종족을 솎아 내는 포식자들에게 저항하려면 이 숫자도 지나친 것이 아니었다.

특히 개미들이 몰살하는 데 열을 올린다. 늘어놓은 알집으로 불

길하게 찾아오는 그들을 매
일 본다. 내가 아무리, 또
는 아주 심각할 정도로 참
견해도 녀석들의 열성은
줄어들지 않았다. 개미가
요새를 뚫기에는 너무 힘들
어서 그런 일은 드물다. 하지
만 그 안에서 만들어진 연한 살
을 무척이나 좋아하는 그놈들은
출구를 살피며 유리한 기회를 기
다린다.

　내가 매일 감시해도 어린 사마귀
가 나오자마자 개미들은 벌써 와 있
다. 녀석들은 어린것들의 배를 덥석 물
고 집에서 빼내 토막 낸다. 방어 수단이라곤 부
지런히 몸부림치는 것밖에 없는 연약한 갓난이들과
전리품을 큰턱에 물고 있는 사나운 악당들 사이의 혼전이다. 눈
깜짝할 사이에 죄 없는 어린것들의 학살이 끝난다. 그 많던 가족
에서 요행히 살아남은 녀석은 매우 드물 뿐이다.

　장차 다른 곤충들을 잡아먹을 녀석들, 덤불에서 메뚜기에게 공
포심을 줄 녀석들, 신선한 살을 무섭게 갉아먹을 녀석들이 탄생과
동시에 꼬마 곤충의 하나인 개미에게 먹힌다. 번식력이 지나치게
강한 대식가가 난쟁이에 의해 가족의 제한을 받는 것이다. 그러나
대량 학살이 오래 계속되지는 않는다. 공기 중에서 몸이 조금 단

단해지고 다리가 튼튼해진 사마귀는 이제 공격받지 않는다. 개미 사이로 경쾌하게 종종걸음을 치면 녀석들은 비켜날 뿐 감히 잡지는 못한다. 권투 준비 중인 팔처럼 가슴 가까이 끌어들인 강탈용 앞다리가 벌써 그 거만한 자세로 개미들을 위압한다.

연한 살을 좋아하는 두 번째 애호가는 그런 위협 따위에 상관하지 않는다. 바로 해가 잘 비치는 곳에서 잠자기를 좋아하는 꼬마 회색도마뱀[1]이다. 고기가 구워진 것을 어떻게 알았는지 녀석들은 겨우 개미의 공격을 모면하고 돌아다니는 아기 사마귀를 그 가느다란 혀끝으로 한 마리씩, 한 마리씩 거둬들인다. 그렇게 작은 한 입거리를 잡아먹는 것이다. 그래도 도마뱀이 눈을 깜박이는 것을 보니 맛이 좋은 모양이다. 불쌍한 녀석을 삼킬 때마다 눈꺼풀이 절반쯤 감기는데 매우 만족한다는 표시이다. 내 눈앞에서 무모하게 약탈하는 녀석을 쫓아 버렸다. 녀석이 다시 찾아오지만 이번에는 제 대담성에 톡톡히 값을 치르게 된다. 만일 녀석의 멋대로 놔두었다가는 내게 남는 것이 하나도 없을 것이다.

그게 전부일까? 아직 아니다. 모든 약탈자 중 가장 작고 가장 허약할 것 같은 약탈자가 도마뱀과 개미를 능가한다. 시추기(산란관)를 가진 꼬마 벌, 즉 좀벌(Chalcidite)인데 새로 지은 알집에다 제 알을 낳는다. 한 배의 사마귀 새끼도 한배의 매미 새끼와 같은 운명의 길을 걷는 것이다. 기생충이 사마귀의 배아들을 공격해서 그 방안을 비워 놓

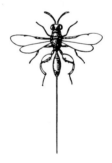

좀벌 실물의 5배

---

1 작고 회색이라고 한 점으로 볼 때 *Podarcis hispanica*인 것 같다.

는다. 내가 많이 수집해 놓은 것에 좀벌이 지나가서 아무것도, 거의 아무것도 얻지 못한다. 알려졌든, 아니든 내게 남겨진 다양한 약탈자들을 모두 수합해 보자.

갓 깨어난 사마귀 애벌레는 노란빛이 도는 흰색으로 희끄무레하다. 팽팽했던 이 빛깔이 곧 짙어져서 24시간이 지나면 엷은 갈색이 된다. 머리는 빨리 줄어들어 작아진다. 아주 재빠른 녀석은 두 강탈 다리를 쳐들어 폈다 오므리고 머리를 좌우로 돌리며 배를 구부린다. 완전히 자란 녀석들은 그렇게 민첩한 모습을 보이지는 않는다. 대가족은 몇 분 동안 집에 머물러서 우글거리다 무턱대고 땅바닥이나 근처의 식물로 흩어진다.

이동하는 애벌레 수십 마리를 사육장으로 옮겼다. 그런데 미래의 이 사냥꾼들을 무엇으로 길러야 할까? 사냥감으로 길러야 함은 분명하나 어떤 사냥감이 필요할까? 이렇게 작은 녀석들에게는 아주 미세한 것을 줄 수밖에 없다. 그래서 녹색 진딧물이 다닥다닥 붙은 장미 줄기를 주어 본다. 연약한 식객들에게 어울릴 것 같은 연하고 포동포동한 토막들이 완전히 무시당한다. 포로 중 어느 녀석도 진딧물을 건드리지 않는다.

포충망으로 풀밭을 훑어서 걸려든 꼬마 녀석들, 즉 작은 날파리 따위로 시험해 본다. 역시 고집스럽게 거절한다. 파리를 잘라 그 토막들을 철망 여기저기에 매달아 본다. 각을 뜬 사냥감을 아무도 접수하지 않는다. 아마도 메뚜기는 녀석들의 마음을 끌겠지. 잘 자란 사마귀가 매우 좋아하는 메뚜기는 어떨까? 억지로 찾던 끝에 원하던 녀석들을 손에 넣어 이번에는 갓 깨어난 몇 마리의 메뚜기로 식단을 준비했다. 메뚜기는 아무리 어려도 사육 중인 사마귀만큼 큰 몸집이다. 사마귀가 녀석들을 원할까? 아니다. 그렇게 작은 요리감 앞에서도 깜짝 놀라 도망친다.

도대체 너희는 무엇이 필요하냐? 너희가 태어난 덤불에서는 어떤 사냥감을 만나느냐? 희미하게조차 보이는 것이 없구나. 어릴 때는 어떤 특수 식사법이라도 있을까? 혹시 채소를? 가능성 없어 보이는 것까지도 모두 생각해 보자. 이리저리 궁리한 끝에 바꾸어 본 상추 안쪽의 가장 연한 부분도 거절한다. 라벤더 이삭에 뿌려 준 물방울도 거절이다. 나의 시도는 모두 실패하고 하숙생들은 굶어 죽는다.

이 실패는 나름대로 가치가 있다. 즉 녀석들에게도 과도기적 식사법이 있으나 내가 그것을 찾아내지 못했음을 입증한 것이다. 전에도 가뢰(*Meloe*) 애벌레의 처음 식량이 꿀이 아니라 꿀벌의 알이었음을 알아내기까지 아주 난처한 일을 많이 겪었었다. 어쩌면 어린 사마귀도 처음에는 자신의 허약함에 어울리는 특별 요리가 필요할지도 모른다. 나는 연약한 녀석들의 단호한 태도에도 불구하고 사냥감은 그려 보지도 못하겠다. 습격당한 자는 모두가 뒷발질을 하며 몸을 심하게 뒤틀어 방어한다. 게다가 공격자는 작은 날파리의 단순한 날갯짓마저도 대비할 힘이 없다. 녀석들은 도대체 무엇을 먹을까? 나는 어떤 젊은이가 어린 사마귀의 식량문제에 흥미를 가진다 해도 전혀 놀라지 않을 것이다.

그렇게도 기르기 어려운 건방진 녀석들이 굶어서 죽는 것보다 훨씬 비참하게 죽었다. 태어나자마자 개미와 도마뱀, 그 밖에 다른 강탈자들의 먹이가 되었다. 녀석들은 맛있는 요리가 깨어나기를 끈질기게 기다린다. 시추기를 가진 꼬마가 굳은 거품 장벽을 뚫고 그 안에 알을 낳으니 알 자체도 고이 간직되지 못한다. 좀벌은 제 가족을 거기에 자리 잡게 하여 발생하는 사마귀 배아들을 부숴 버린다. 얼마나 많은 자가 부름을 받았는데 선택된 자는 또 얼마나 적다는 말이더냐! 어쩌면 보통 산란 수의 세 배나 낳을 수 있는 어미에게서 1,000마리가 나왔을 것이다. 하지만 한 쌍만 죽음을 면해서 종족을 이어 가 해마다 거의 같은 수가 유지된다.

여기서 중대한 문제가 제기된다. 지금과 같은 사마귀의 다산성이 점진적으로 얻어졌을까? 개미와 다른 녀석들에 의해 후손이 줄어들어서, 즉 이렇게 지나치게 높은 사망률을 과도한 생산성으로 균형 잡아보려고 점점 더 많은 배아의 난소로 부풀렸을까? 오늘날의 엄청난 산란은 옛날에 있었던 파멸의 결과일까? 동물이 환경에 따라 극심한 변화를 가져온다고 보는 사람들은 설득력 있는 증거가 없으면서 그렇게 생각한다.

연구실 창문 앞 나지막한 곳의 비탈에는 잘생긴 서양벚나무 한 그루가 서 있다. 야생의 그 건강한 나무는 전 집주인들의 흥미를 끌지 못하며 우연히 거기에 자라났는데 지금은 질이 변변찮은 열매보다는 넓은 가지들 덕분에 훨씬 소중하게 여겨진다. 4월에는 둥글고 부드럽고 찬란한 하얀 지붕이 된다. 그 가지에서 흰 눈처럼 내려 떨어진 꽃잎의 양탄자가 펼쳐진다. 머지않아 버찌들이 빨갛게 익는다. 오, 아름다운 내 나무야, 너는 얼마나 인심이 후하더냐! 바구니를 얼마나 많이 채워 주려느냐!

또 그 위에서는 얼마나 큰 잔치가 벌어지더냐! 버찌가 익은 것을 제일 먼저 알아낸 참새가 아침저녁으로 떼 지어 몰려와 쪼아 먹으며 짹짹거린다. 그 만찬 앞으로 달려온 이웃 친구인 방울새, 꾀

꼬리들과 함께 몇 주 동안 맛있게 먹어 댄다. 나비는 먹다 남은 이 버찌, 저 버찌로 날아다니며 맛있는 진을 빤다. 꽃무지(Cetonia)들은 겨우 여문 열매를 씹어 먹고 배가 불러 잠이 든다.[2] 각종 말벌이 달콤한 가죽 주머니를 뚫어 놓으면 그 다음에 작은 파리들이 몰려와서 마시고 취한다. 바로 열매 안에 자리 잡은 오동통한 구더기는 즙이 많은 제집에서 행복해한다. 곧 배가 불룩해지며 살이 찌고 자란다. 녀석이 식탁을 벗어나면 멋진 파리로 변신할 것이다.[3]

땅에서는 다른 손님들이 잔치에 참여한다. 땅 위로 걸어 다니는 많은 녀석도 떨어진 버찌를 즐긴다. 밤에는 쥐며느리(Cloportes), 집게벌레(Forficules), 개미(Fourmis), 민달팽이(Limace) 따위가 발라 먹은 씨를 들쥐(Mulots)들이 거둬다 땅굴에 저장한다. 그러고 한가한 겨울에 구멍을 뚫어 알맹이를 꺼내 먹을 것이다. 많은 동물이 너그러운 벚나무 덕분에 살아간다.

이 벚나무가 어느 날 자신을 대신할 나무를 키워 조화와 균형 잡힌 번영 상태로 종족을 유지하려면 어떻게 해야 할까? 씨 한 알이면 충분하다. 그런데 해마다 씨앗을 몇 알씩 만들어 낸다. 왜 그럴까?

처음에 열매를 매우 아끼던 벚나무가 그 많은 동물의 탐방에서 벗어나려고 씨앗을 아끼지 않게 되었다고 할 것인가? 사마귀에서처럼 벚나무에서도 '지나친 파괴가 차차 과도한 생산성을 유발시켰다.' 할 것인가? 감히 누가 위험을 무릅쓰고 그런 무모한 말을 하겠나? 벚나무가 여러 성분을 가공하여 유기물로 만드는 공장, 즉 죽은 물체를 생명에 적합한 물질로 가공하

---

2 꽃무지는 이빨로 씹는 것이 아니라 솔 같은 입틀로 핥아먹는다.
3 식탁은 열매이며 멋진 파리라고 한 점으로 보아 '과실파리'를 말한 것 같다.

는 공장들 중 하나임은 명백하지 않은가? 벚나무가 자신의 영속을
위해 버찌를 익힌 것에는 의심의 여지가 없다. 그러나 수가 많다.
너무 많은 수였다. 만일 그 씨가 모두 발아하고 완전히 자랐다면
지구에는 오래전부터 오직 벚나무의 자리밖에 없었을 것이다. 하
지만 열매의 대다수에게는 다른 역할이 주어졌다. 못 먹는 것을
먹는 것으로 바꾸는 식물처럼 탁월한 화학적 재주를 갖지 못한 여
러 동물에게 식량 노릇을 하게 되었다.

　물질이 숭고한 생명의 발현으로 불려 오려면 느리고 매우 섬세
한 동화작용을 수반한다. 예를 들어 미생물의 경우처럼 무한히 작
은 조제실에서 시작된 세균 하나가 강렬한 벼락보다 더 강력한 힘
으로 산소를 질소와 결합시켜 식물의 기초적 자양분인 질산염(窒
酸鹽)을 만들어 낸다. 그것은 무한의 공허에서 시작되어 식물체 안
에서 완성되며 동물체 안에서 한 번 더 정제되고 진보에 진보를
거듭해서 뇌의 형성 물질에까지 올라가게 된다.

　수많은 숨은 일꾼과 알려지지 않은 담당자가 광물을 뽑아내어
뇌(腦)가 될 연한 조직으로 정제하느라고 수없는 세월을 애써 왔
을 것이다. 어쩌면 2+2=4라는 말밖에 할 능력이 없더라도 영혼
의 연장 중 가장 놀라운 연장인 뇌 말이로다!

　올라가는 불꽃놀이 신관 상승의 최고도에 달해야 여러 빛깔의
불꽃을 눈부시게 방사한다. 다음은 모든 것이 캄캄한 밤으로 되돌
아간다. 그 연기, 가스, 산화물들이 다시 폭약으로 재구성되려면
마치 오랫동안 식물을 거치는 것 같은 과정을 거쳐야 한다. 물질
이 변형될 때는 이 단계에서 저 단계로, 세련된 이 정제에서 더 세
련된 저 정제를 거쳐, 즉 매개를 통해 화려함으로 반짝이는 정상

에 이르게 된다. 그러고는 자기 억제로 부서져서 자신이 출발했던 이름 없는 물질로, 즉 모든 생명의 공동 기원인 저 파괴된 분자로 되돌아가는 것이다.

유기물 수합의 맨 앞에는 동물의 선배인 식물이 있다. 지질시대처럼 오늘날도 식물은 직접적이든, 간접적이든 생명을 타고난 존재들에게 첫번째 공급자이다. 그 세포의 제조실에서 다듬어져 보편적인 음식이 마련된다. 이렇게 마련된 것에 동물이 와서 다시 손질해 개량하고 더 상급의 동물에게 넘겨준다. 뜯어먹힌 풀은 양의 살이 되고 양의 살은 소비자에 따라서 사람이나 늑대의 살이 된다.

식물처럼 모든 토막 재료로 유기물을 만들지 못하는 자들이나 영양분 원자로 배열된 자들 중 생식력이 가장 큰 동물은 척추 뼈를 제일 먼저 갖춘 만형, 즉 물고기들이다. 대구에게 그 무수한 알로 무엇을 하냐고 물어보시라. 녀석의 대답은 수많은 열매를 가진 너도밤나무, 그리고 수많은 도토리를 만들어 내는 참나무의 대답과 같을 것이다.[4]

대구는 엄청난 굶주림을 부양하려고 엄청나게 번식한다. 녀석들은 아직 풍부하게 유기물을 갖추지 못한 자연이 초기의 일꾼들에게 굉장한 풍성함을 줌으로써 생명의 비축을 증가시키려고 서둘렀던 옛날 선조들의 작업을 계속한다.

사마귀도 물고기처럼 먼 옛날로 거슬러 올라감을 그 이상한 형태와 거친 습성이 알려 준다. 난소의 풍부함도 그렇다. 녀석에겐 축축한 나무 모습의 고사리(양치식물) 그늘에서 행해지던 옛날의 격

---

[4] 이 문단과 다음 문단의 일부 문장은 내용이나 문맥에 어패가 있다. 그러니 광범하게 유추해서 읽어야 할 것이다.

앙된 생식의 찌꺼기가 약화되어 태내에 간직되고 있다. 그 역시 생명체들의 숭고한 연금술(鍊金術)에 한몫을 담당했다. 매우 하찮은 것임은 사실이나 역시 실제적인 몫을 담당한 것이다.

사마귀에 관해 세밀하게 살펴보자. 잔디가 흙에서 영양을 취해 푸르러지면 메뚜기가 그것을 뜯어먹는다. 사마귀의 알을 밴 배가 메뚜기를 잡아먹고 뚱뚱해지며 1,000개가량의 알을 세 번에 나누어서 낳는다. 알에서 깨자마자 개미가 들이닥쳐 한배의 새끼에서 엄청난 수의 조세를 뜯어낸다. 우리에게는 퇴보 같아 보인다. 적어도 부피의 중요성에서 보면 그렇다. 하지만 세련된 본능에서는 분명히 그렇지 않다. 이 점에서는 개미가 사마귀보다 얼마나 상위에 있더냐! 그렇지만 가능한 사건의 주기는 끝나지 않았다.

아직 고치에 들어 있는 어린 개미로—대개 개미알이라고 부름—한배의 꿩 새끼가 길러진다. 영계나 거세된 수탉 수준의 가금(家禽)이지만 많은 정성을 들여 길러야 하는 꿩 말이다. 이 새에게 힘이 생기면 숲 속에 풀어 주는데 소위 문명인이라는 자들이 사육장에서, 수수하게 말하자면 닭장에서 도망치는 본능을 잃은 불쌍한 짐승에게 총질하기를 극도로 즐긴다. 쇠꼬챙이가 요구하는 닭의 먹을 따고 또 다른 닭인 꿩에다 대고 마치 큰 사냥이라도 하는 것처럼 모든 호사를 갖추고는 총질을 해댄다. 나는 이 어리석은 살육을 이해할 수가 없다.

타라스콩의 허풍쟁이(Tartarin de Tarascon)[5]는 사냥감이 없으면 자기 모자챙을 쏘았다. 차라리 나는 이것이 더 좋다. 특히 개미를 잡아먹는 개미잡이딱따구리(Torcol: *Jynx torquila*)[6], 프로방스 말로 따로 렝고(Tirolengo)의 진짜

---

5 알퐁스 도데 소설의 주인공
6 일명 딱따구리과의 개미새

364

사냥을 더 좋아한다. 개미잡이라고 부르는 것은 개미 행렬에다 터무니없이 길며 끈적이는 혀를 내밀었다가 녀석들이 새까맣게 달라붙었을 때 갑자기 끌어들이는 기술 덕분이다. 이렇게 먹어 대는 바람에 가을이 되면 말도 못하게 살이 찌고, 지방질이 꽁무니의 미저골(尾骶骨), 날개 밑, 옆구리에 쌓이며 긴 목 전체에도 염주 알처럼 매달린다. 또 부리가 시작되는 곳까지 머리 전체를 감싼다.

그 무렵에 구워 먹으면 일품이다. 기껏해야 종달새만 하니 작은 것은 나도 인정한다. 그렇게 작아도 맛은 어느 새에 뒤지지 않는다. 그에 비해 꿩 맛은 얼마나 시원찮더냐! 꿩고기가 진한 맛을 내려면 썩기 시작해야 하지 않더냐!

나는 가장 하찮은 공적이라도 한 번 인정받아 보았으면 좋겠구나! 저녁식사 뒤 식탁을 치우고 난 다음 조용해져 육체가 잠시 생리적인 불행에서 해방되고 좋은 생각이 여기저기서 약간씩 떠오를 때 사마귀, 메뚜기, 개미, 그보다 훨씬 작은 녀석들이 왜든 또는 어떻게든 나의 정신 속에 갑자기 어떤 광명을 비춰 줄지도 모른다. 녀석들이 뒤얽혀서 되돌아가도 나름대로 생각의 불빛을 키워 줄 기름방울을 조달했다. 조상들이 천천히 준비하고 아껴서 물려준 녀석들의 에너지가 우리 혈관에 부어져서 쇠약한 우리를 지탱시켜 준다. 우리는 녀석들의 죽음으로 사는 것이다.

결론을 내리자. 극도로 생식력이 강한 이 사마귀 역시 유기물을 제 것으로 만들었고 그것을 개미가 물려받았고 개미의 것은 개미잡이딱따구리가 물려받을 것이며 딱따구리의 것은 어쩌면 사람이 물려받을 것이다. 사마귀는 알을 1,000개나 낳는데 조금은 자신의 영속을 위한 것이고 많이는 다른 생물들의 전체적인 회식에 힘껏

이바지하기 위한 것이었다. 사마귀는 제 꼬리를 물고 도는 뱀이 보여 준 옛날 상징으로 우리를 데려간다. 세상은 자기 자신에게 되돌아오는 순환이다. 모두가 다시 시작하려고 모두 끝내고, 모두가 살려고 모두 죽는 것이다.

22 뿔사마귀

최초 생명체의 어머니인 바다는 그 깊은 곳에서 시도한 동물을 아직도 참으로 이상하고 조화롭지 못한 형태로 많이 보존하고 있다. 생식력은 덜해도 진화에는 더 적합한 육지에서는 옛날의 그 이상한 모습들을 거의 다 잃어버렸다. 아직 약간 남아 있는 것들은 특히 원시 곤충 족속에 속한다. 재능이 매우 한정되었고 탈바꿈이 아주 간단하여 거의 하지 않는 정도의 곤충들인 것이다. 이 지방에는 석탄기 삼림에 살았던 곤충을 생각나게 하는 아주 괴상한 곤충 맨 앞줄에 있는, 습성과 구조가 특히 이상한 황라사마귀를 포함한 사마귀과[1] 곤충이 있다. 이 장의 주제인 뿔사마귀(E. appauvrie: *Empusa pennata*)도 여기에 속한다.

뿔사마귀 실물의 1.5배

　녀석들의 애벌레는 날씬한 몸을 좌우로

---

1 지금은 사마귀목(目)으로 분류하며 앞의 문장은 불완전변태류를 표현한 것이다.

흔드는데 초보자는 손가락으로 감히 잡아 볼 엄두조차 못 낼 만큼 너무도 괴상하게 생긴 모습이라 프로방스 지방의 지상 동물 중 가장 괴상한 창조물이다. 이 근처의 어린이들은 그 별난 모습에 충격 받아 새끼악마(『파브르 곤충기』 제3권 12장 참조)라고 부른다. 아이들의 상상에서는 괴상한 벌레가 요물이나 다름없다. 항상 5월까지의 봄에 녀석들을 가끔 만나는데 때로는 날씨가 맑은 가을이나 겨울에도 보인다. 추위를 몹시 타는 이 곤충이 좋아하는 거처는 황량한 땅에서 해가 잘 비치며 돌들이 바람을 막아 주는 풀이나 관목 덤불이다.

녀석들을 대충 빠르게 묘사해 보자. 배는 언제나 얇은 칼 모양의 주걱처럼 넓어지면서 등 위로 말아 올려졌다. 아랫면에는 잎사귀처럼 발달한 얇고 뾰족한 조각이 세 줄 돋아났는데 배가 말아 올려져서 이것들이 윗면에 위치하게 된다. 비늘처럼 구부러진 배는 가늘며 긴 네 개의 다리 위에 얹혀 있고 그 다리에는 짧은 겉옷이 걸쳐졌다. 즉 넓적다리의 앞쪽 끝으로 몸통과 연결되는 부위에 푸줏간의 칼날과 비슷한 얇고 구부러진 조각이 불쑥 튀어나왔다.

이 네 다리의 받침대 위에 너무 긴 앞가슴이 팔꿈치처럼 수직으로 뻣뻣하게 서 있다. 지푸라기처럼 가늘고 둥근 이 앞가슴 끝에 사냥용 덫, 즉 사마귀의 강탈용 다리와 같은 모양의 다리가 달려 있다. 그 끝에는 바늘보다 날카로운 작살과 톱날 모양으로 이빨이 난 물림 장치가 있다. 이 물림 장치의 팔(넓적다리마디)에는 홈이 파였으며 양쪽에 각각 다섯 개씩의 긴 가시가 있고 그 사이사이에는 작은 이빨들이 있다. 물림 장치의 앞팔(종아리마디)에도 역시 가는 홈이 파였는데 쉬고 있을 때 팔을 끼워 주는 이중 톱날은 좀더

가늘고 촘촘하며 아주 규칙적인 이빨들로 구성되었다. 돋보기로 보면 한 줄에서 20개씩의 똑같은 이빨이 보인다. 이 기계의 규모 가 크지 않아서 그렇지 만일 컸더라면 고문꾼의 무시무시한 고문 도구가 될 것이다.

　머리 역시 한 벌의 무기 같다. 오오! 그 괴상한 머리! 뾰족한 얼 굴에는 각종 수염들로 구성된 카이제르 수염이 달렸고 커다랗게 툭 불거진 두 눈 사이는 단검이나 미늘창의 날 따위를 갖췄고 이 마 위에는 믿기지 않을 만큼 기상천외한 물건, 즉 주교(主敎)의 높 다란 모자 같은 것이 있는데 마치 곶(갑, 岬)처럼 세워져서 좌우로 뾰족한 날개 끝처럼 늘어났고 꼭대기는 쌍갈래의 빗물받이 홈통 처럼 파였다. 일찍이 동방박사들도, 트리메지스트(trimégiste)[2] 연 금술의 대가들도 그보다 터무니없는 것을 가져 본 적이 없었을 만 큼 뾰족하고 괴상한 모자를 이 새끼악마는 무엇에 쓸까? 녀석이 사냥하는 것을 보면 알게 될 것이다.

　복장은 회색이 지배적이다. 허물을 몇 번

2 신(新)플라톤 학파의 그리스인 들이 Thôt신에게 붙인 이름

벗고 마지막 애벌레 시기가 되면 화려한 성충의 복장을 어렴풋이 보이는데 아직은 뚜렷하지 않지만 초록빛이 돌며 흰색과 분홍색도 띤다. 더듬이로는 벌써 암수가 구별되는데 미래의 어미는 실처럼 가늘고 미래의 수컷은 아래쪽 절반이 방추형으로 부풀었다. 나중에 여기서 멋진 깃털 장식이 나타날 것이다.

이것은 칼로(Callot)[3]의 환상적인 붓으로 그리기에나 적당한 벌레이다. 수풀에서 녀석을 만나면 네 개의 긴 다리로 버티고 서서 몸을 좌우로 흔들고 머리를 끄덕이며 잘 알았다는 듯한 태도로 당신을 바라보며 목 위의 모자 모양을 돌려서 어깨 너머의 사정을 알아본다. 그 뾰족한 얼굴에 꾀가 살살 기어 다니는 것 같다. 잡으려 하면 화려한 자세가 중단된다. 꼿꼿하게 세워졌던 앞가슴을 낮추고 강탈 다리의 도움으로 잔가지를 덥석 잡아채며 성큼성큼 달아난다. 관찰력을 조금이나마 갖춘 눈으로 보면 멀리 도망가지 않았다. 마침내 붙잡힌 녀석은 그 연약한 다리가 접질리지 않도록 원뿔처럼 접은 종이에 담겨졌다가 종 모양의 철망 뚜껑 밑에 갇히게 된다. 나는 10월에 이런 식으로 충분한 집단을 얻었다.

이 뿔사마귀들을 어떻게 길러야 할까? 녀석들은 나이가 한 달, 길어야 두 달 정도인 아주 어린것들이다. 녀석들의 몸집에 맞게 내가 구할 수 있는 것 중 제일 작은 메뚜기를 주어 본다. 하지만 원치 않았다. 되레 겁을 먹는다. 철망 천장에 평화롭게 네 다리로 매달려 있는 사마귀에게 경솔한 메뚜기가 다가가면 성가셔 하며 냉대한다. 뾰족한 주교 모자가 내려지면서 심하게 한 번 받아 내동댕이쳐 버린다. 이제 알겠다. 마술 모자는 방어용 무기요, 보호용 박차였다. 양의 수컷

3 17세기 초 프랑스 화가

은 이마로 받고 뿔사마귀는 주교
모자로 뒤엎는다.

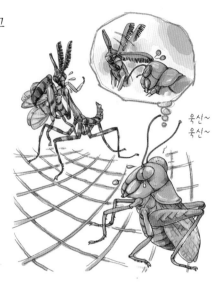

욱신~
욱신~

　하지만 메뚜기를 먹지는 않
는다. 살아 있는 집파리를 주
어 본다. 이것은 망설이지 않
고 받아들인다. 망을 보던 새
끼악마의 손이 닿는 곳에 파
리가 지나가기가 무섭게 머
리를 돌리고 앞가슴 줄기를
비스듬히 숙이며 다리를 내
밀어 작살로 찌르고 이중 톱
날 사이에 꽉 끼운다. 고양이가 쥐를 할퀴는 것도 이보다 빠르지
는 못하다.

　아무리 작은 사냥감이라도 한 끼 식사로는 충분하다. 하루치로
도, 때로는 여러 날 몫으로도 충분하다. 그렇게 사나운 연장을 갖
춘 곤충이 극도의 절제를 보여 첫 기대가 어긋났다. 나는 대식가
를 예견했었는데 가끔씩 하찮은 요기로 만족하는 곤충을 만난 것
이다. 파리 한 마리가 적어도 24시간 동안 녀석의 배를 채워 준다.

　늦가을이 이렇게 지나가고 점점 더 절제하는 뿔사마귀들은 철
망에 달라붙어서 꼼짝 않는다. 파리가 드물어져 계속 식량으로 대
주기에 대단히 곤란한 계절이 왔으나 타고난 녀석들의 절식에 나
는 큰 도움을 받았다.

　3개월의 겨울 동안 전혀 움직이지 않는다. 가끔씩 날씨가 좋으
면 철망을 햇볕이 드는 창가로 옮겼다. 포로들에게 일광욕을 시키

면 몸을 좌우로 흔들며 다리를 좀 펴서 자리를 옮기려 한다. 하지만 식욕은 살아나지 않는다. 행운이 내 열성에 드물게 선사한 파리도 녀석들의 마음을 끌지 못한다. 뿔사마귀들에게는 추운 계절을 완전한 절식 상태로 지내는 것이 규정이다.

사육장이 겨울 동안 이 곤충이 밖에서 어떻게 보내는지를 알려 준다. 해가 가장 잘 드는 자갈땅의 틈새로 들어간 어린 뿔사마귀들은 겨울잠을 자면서 따뜻한 날이 돌아오기를 기다린다. 돌무더기가 가려 주긴 했어도 결빙 기간이 길어지고 눈이 한없이 스며들어 가장 잘 보호된 구석까지 적실 때는 고통의 시간을 보내야 할 것이다. 아무래도 좋다. 좀더 튼튼한 녀석들과 내게 갇힌 녀석들은 겨울나기에서 위험을 모면했다. 어쩌다가 해가 쨍쨍 비춰 주면 용기를 내서 은신처 밖으로 나와 봄이 왔는지 알아본다.

실제로 봄은 온다. 3월이다. 하숙생들이 몸을 움직이며 허물을 벗는다. 녀석들에게 먹을 것이 필요하므로 나의 식량 보급 걱정은 다시 시작된다. 아직은 잡기 쉬운 집파리가 없다. 별 수 없이 좀 일찍 나오는 쌍시류, 즉 꽃등에(*Eristalis*)로 만족시켜 보자. 그런데 꽃등에는 녀석들에게 너무 크고 저항도 심해서 원치 않았다. 꽃등에가 다가오면 주교 모자로 받아서 자신을 방어했다.

아주 어린 메뚜기는 연한 요리로 아주 잘 받아들인다. 불행하게도 풀밭을 훑는 내 포충망 안으로는 그런 뜻밖의 행운이 너무 드물게 들어온다. 첫 나비들이 나올 때까지 굶어야만 한다. 이제부터는 양배추흰나비(*Pieris brassicae*)나 배추흰나비(*P. rapae*)가 대부분의 식량을 감당할 것이다.

뚜껑 밑에 그대로 놓아준 흰나비가 훌륭한 사냥감으로 판정된

배짧은꽃등에 우리나라에서는 저지대의 각종 꽃에서 볼 수 있다. 꽃등에와 닮아 혼동하기 쉽다. 하지만 꽃등에는 몸길이가 14~16mm로 10~13mm인 이 녀석보다 크고 누런색이 좀 많은 편이며 평지보다 산에 많고 발생 계절이 제한적이다. 두 종 모두 꽃가루받이에 큰 역할을 한다. 시흥, 11. X. '96

큰줄흰나비 줄흰나비보다 약간 크고(펼친 날개 너비 50~60mm), 앞날개의 줄무늬와 바깥 가장자리의 검은 테가 더 뚜렷하다. 봄부터 가을까지 1년에 3세대가 발생하며 각종 꽃에서 꿀을 빤다. 애벌레는 논냉이와 미나리냉이 잎을 먹는다. 시흥, 10. IV. '92

다. 뿔사마귀는 녀석을 노려보다가 잡는다. 하지만 제압할 수가 없어서 곧 놓쳐 버린다. 나비의 커다란 날개가 허공을 치며 뿔사마귀에게 충격을 주어 잡은 것을 놓치는 것이다. 허약한 뿔사마귀를 도와주자. 가위로 나비의 날개를 자른다. 날개가 잘렸어도 여전히 활기에 찬 녀석들이 철망으로 기어오른다. 반항에도 무서워하지 않고 뿔사마귀들에게 잡힌 녀석들은 즉시 씹어 먹힌다. 요리가 파리만큼이나 입맛에 맞다. 게다가 아주 푸짐해서 거들떠보지 않는 찌꺼기가 항상 생길 정도였다.

　머리와 가슴 위쪽만 먹히고 나머지, 즉 포동포동한 배, 가슴의 대부분, 다리, 그리고 잘린 날개는 ─ 이것은 말할 것도 없이 ─ 온전한 상태로 버려진다. 좀더 연하고 맛있는 부분을 골라먹은 것일까? 아니다. 즙액은 틀림없이 배에 많은데 파리는 끝까지 먹으면서 나비의 것은 원치 않는다. 그것은 전술인 것이다. 몸부림으로 식사를 방해하는 요리감을 빨리 죽이는 기술에 황라사마귀처럼 능숙한 목덜미 수술 곤충을 여기서 다시 만난 것이다.

한 번 알게 된 나는 파리, 메뚜기, 여치, 나비 등 어느 사냥감이든 항상 목덜미가 공격받음을 확인했다. 제일 처음 무는 곳은 언제나 목신경이 있는 곳이라 급격히 죽어서 움직이지 못하게 된다. 완전히 무력해져서 먹는 녀석이 안심하고 먹는데 이것은 맛있는 식사에 없어서는 안 될 조건이다.

결국 그렇게 연약한 새끼악마도 요리감의 저항을 즉시 없애는 비결을 가진 것이다. 녀석은 치명타를 주려고 우선 목덜미를 문다. 그러고는 그 둘레를 계속 갉아먹는다. 그래서 나비의 가슴 위쪽과 머리가 사라진 것이며 그래도 사냥꾼은 배가 부르다. 그렇게 작아도 녀석에게는 충분하지 않더냐! 맛이 없어서가 아니라 너무 많아서 나머지는 땅에 떨어진다. 흰나비 한 마리는 녀석의 위장 용량을 크게 초과했으니 남은 음식은 개미들 차지가 될 것이다.

탈바꿈을 관찰하기 전에 분명히 설명해야 할 또 한 가지가 있다. 철망 뚜껑 밑에서 어린 뿔사마귀들이 머무는 방식은 처음부터 끝까지 똑같다. 녀석들은 둥근 천장의 윗부분을 차지하고 등을 아래쪽으로 향했는데 네 뒷다리의 발톱으로 철망에 매달려 꼼짝 않는다. 결국 온몸의 무게를 네 개의 점으로 지탱한 것이다. 자리를 옮기고 싶으면 앞다리의 작살들을 벌여 뻗어 그물코 하나에 걸고 잡아당긴다. 짧은 산책이 끝나면 강탈용 앞다리들이 다시 접혀서 가슴에 붙는다. 어쨌든 뒤쪽 네 다리만 거의 항상 매달린 곤충을 지탱하는 것이다.

그런데 우리 생각에는 매우 괴로울 것 같은 거꾸로 자세가 잠시 동안 계속되는 게 아니다. 사육장에 있는 약 10달 동안 중단 없이 이어진다. 물론 천장에 달라붙은 파리도 같은 자세이나 녀석들은 쉬거나 날 때도 있고, 정상 자세로 걷거나 납작 엎드려서 햇볕을 쬐기도 한다. 곡예 훈련 기간도 짧다.

뿔사마귀는 10달 동안 이 이상한 평형을 유지한다. 등을 아래로 향해 철망에 매달려서 사냥하여 먹고 소화시키며 졸다가 허물을 벗어 탈바꿈하고 짝짓기 한 다음 알을 낳고 죽는다. 아주 어릴 때 저 위로 올라갔는데 나이를 많이 먹고 시체가 된 다음에야 거기서 떨어진다.

야생에서도 꼭 그런 것은 아니다. 덤불에서는 등을 위로 향해 정상 자세로 균형 잡았고 거꾸로 매달리기는 드물었다. 갇힌 포로들이 자기 종족에서 통상적이지 않은 자세로 그렇게 오랫동안 거꾸로 매달렸다는 것은 그만큼 주목거리가 될 수밖에 없다.

녀석들을 보면 동굴 천장에서 머리를 아래로 향하고 뒷다리로 매달려 있는 박쥐가 생각난다. 새는 발가락 구조가 독특하여 흔들리는 나뭇가지에서도 피곤하지 않게 자동적으로 움켜잡은 한 다리에 의지하여 잠을 잘 수도 있다. 뿔사마귀에게는 이런 장치와 비슷한 것조차 보이지 않는다. 녀석의 걷는다리 끝이 특수한 형태는 아니다. 끝에는 두 개의 갈고리 발톱, 즉 대저울의 갈고리 같은 두 개가 전부였다.

해부학이 그 발목마디, 그리고 실보다도 가는 종아리마디 안에서 발톱 쪽으로 명령하여 근육, 신경, 힘줄이 10개월 동안 깨었을

털보나나니
실물의 1.25배

때나 잘 때나 지치지 않고 머물도록 작용하는 것을 보여 주었으면 좋겠다. 만일 어떤 사람의 예리한 해부도가 이런 문제를 다루었다면 나는 그보다 훨씬 이상한 뿔사마귀, 박쥐, 새의 문제를 그 부탁하련다. 그것은 밤에 쉬는 벌들이 취하는 태도이기도 했다.

8월 말경 우리 울타리 안에서 앞다리가 붉은 털보나나니(*Ammophila holosericea*→ *heydeni*, 『파브르 곤충기』 제4권 270쪽 참조)를 흔히 볼 수 있는데 녀석은 라벤더의 가장자리를 침실로 택한다. 석양에, 특히 날씨가 무척 무덥고 소나기가 오려고 잔뜩 벼를 때면 나는 거기서 이상하게 자리 잡고 잠자는 녀석을 발견하리라고 확신한다. 야아! 밤에 쉬는 자세치고는 정말로 독특한 자세로다! 큰턱으로 라벤더 줄기를 꽉 물고 있다. 잎의 둥근 형태보다는 줄기의 네모난 형태가 더 든든한 바탕을 제공한다. 곤충의 몸은 유일한 이 받침대에 의지하여 허공으로 길게 뻣뻣이 뻗었다. 다리는 오므렸으나 몸은 받

나나니 나나니 무리는 『파브르 곤충기』 제2권과 제4권에서 보았듯이 새끼의 먹잇감으로 각종 나비목 애벌레를 사냥하여 땅굴에 저장한다. 우리나라에서는 10종에 가까운 나나니(*Ammophila*)가 알려졌는데 그 중 이 나나니가 가장 많다.
평창, 2. X. '96

376

침대의 축과 직각이 된다. 그래서 나나니가 지렛대의 대에 해당하
는데 그 무게 전체를 상대하는 것은 큰턱의 노고일 뿐이다.

나나니는 몸을 큰턱의 힘으로 허공에 뻗고 잠을 잔다. 휴식에
대한 우리의 개념을 이렇게 뒤엎어 놓는 행동의 소유자는 벌레들
밖에 없다. 잔뜩 벼르던 소나기가 쏟아지며 바람이 줄기를 흔들어
도 잠든 녀석은 흔들리는 대에 달아맨 침대를 걱정하지 않는다.
기껏해야 잠시 앞다리를 버팀대에 조금 걸칠 뿐이다. 다시 균형이
잡히면 제가 좋아하는 수평 지렛대의 자세를 잡는다. 어쩌면 큰턱
에 새의 발가락처럼 바람이 흔들면 더 세게 꽉 죄는 기능이 있는
지도 모르겠다.

이렇게 이상한 자세로 잠자
는 곤충은 나나니만이 아니다.
가위벌붙이(*Anthidium*), 감탕벌
(*Odynerus*), 청줄벌(*Anthrophora*)
따위의 다른 벌들도 그런데, 주
로 수컷들이 그렇게 잔다. 모두
큰턱으로 줄기를 물고 뻗은 몸
에 다리는 오므리고 잔다. 몸집
이 제일 큰 어떤 녀석은 활처럼
구부린 배 끝을 서슴없이 버팀
대에 갖다 대기도 한다.

벌들의 어느 공동 침실에서
이렇게 찾아본다고 해서 뿔사
마귀의 문제가 설명되는 것은

감탕벌 무리 호리병벌과 같은 무리로서
혼자 또는 암수가 공동으로 일하며 꽃에
모이기도 한다. 둥지는 땅속, 식물의 줄
기 속, 목재 속 등에 터널 모양으로 뚫고
새끼의 먹잇감으로 나비목 애벌레를 사
냥하여 저장한다. 잎벌이나 잎벌레의 애
벌레를 저장한 경우도 있다.
시흥, 20. VI. '96

아니며 그 역시 또 다른 어려운 문제를 제기할 뿐이다. 녀석들은 동물이라는 기계의 톱니바퀴에서 어떤 것이 피로이고 어떤 것이 휴식인지 해석하려는 우리가 얼마나 통찰력이 없는지를 말해 줄 뿐이다. 나나니는 큰턱의 정역학(靜力學)적 부조리를 가졌고 뿔사마귀는 대저울의 갈고리 같은 발톱으로 10달 동안 매달려도 지치지 않아서 생리학자를 어리둥절하게 할 뿐이다. 학자들은 정말로 휴식이란 무엇인지 의아해한다. 현실적으로 생명을 끝내는 휴식 외에는 휴식이 없다. 대결은 그침이 없어 항상 어떤 근육이 고생했고 어떤 힘줄이 잡아당겼다. 허무의 고요함으로 돌아가는 것처럼 잠 역시 깨어 있는 것과 마찬가지로 하나의 고역이다. 여기서는 다리와 구부린 꼬리 끝으로, 저기서는 발톱과 큰턱으로 노력하는 것이다.

5월 중순경 탈바꿈이 이루어져 성충 뿔사마귀가 나타나는데 형태와 복장이 황라사마귀보다 훨씬 주목을 끈다. 괴상한 애벌레 때의 모습 그대로인 것은 뾰족한 주교 모자, 톱날 모양의 팔받이, 긴 앞가슴, 무릎싸개, 복부복면의 얇은 조각 세 줄뿐이다. 지금은 배가 등 쪽으로 말리지 않아 좀더 단정한 모습이다. 연한 초록색인데 어깨에는 분홍색 무늬가 있다. 암수 모두를 재빨리 날 수 있게 하는 커다란 날개는 아랫면이 흰색이며 초록색 줄무늬를 가진 배를 지붕처럼 덮고 있다. 더 모양을 낸 수컷은 석양에 나타나는 밤나방이나 누에나방과 비슷한 깃털 장식의 더

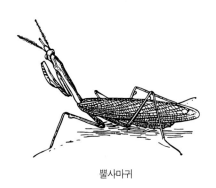

뿔사마귀

듬이를 가졌고 크기는 거의 암컷과 비슷하다.

뿔사마귀도 몇몇 세밀한 구조적 차이 외에는 황라사마귀와 거의 같다. 봄에 주교 모자를 쓴 곤충을 만난 농부는 혼동해서 저번 가을에 태어난 쁘레고 디에우로 착각한다. 형태가 같음은 습성도 같다는 표시일 것이다. 이상하게 생긴 갑옷에 마음이 끌려 뿔사마귀도 황라사마귀와 닮은 생활 방식을 하리라 생각하게 된다. 나도 처음에는 그랬고 유사성을 믿는 사람은 모두 그렇게 생각할 것이다. 오해를 풀어야 할 또 하나의 착오였다. 마치 싸움꾼 같은 모습과는 달리 뿔사마귀는 아주 온순한 곤충이었으며 양육비도 별로 들지 않았다.

대여섯 마리를 함께 모아 놓든, 한 쌍씩 따로 떼어 놓든 하나의 철망 밑에 자리 잡은 뿔사마귀는 언제나 온순함을 버리지 않았다. 애벌레 시절에는 아주 절제해서 파리 한두 마리면 하루치 식량으로 만족했다.

많이 먹는 녀석은 거칠다. 메뚜기를 잔뜩 먹고 배가 부른 사마귀는 쉽사리 흥분하며 권투 자세를 취한다. 간소하게 요기하는 뿔사마귀는 적대적 표시를 알지 못한다. 이웃 간에 싸우는 일은 절대로 없다. 마치 붙잡힌 뱀처럼 씩씩거리는 소리를 내며 유령 같은 태도를 취하려고 갑자기 날개 펼치기를 즐기는 일도 결코 없다. 난투에서 패배한 제 식구를 잡아먹는 야만적인 식사는 생각조차 않는다. 여기서는 그런 소름끼치는 일을 전혀 모른다.

비극적인 사랑 역시 모른다. 수컷은 다만 성공하기 전에 끈기 있고 과감하게 오랜 시련을 겪어야 할 뿐이다. 몇 날, 몇 날이라도 암컷을 들볶으면 마침내 그녀가 승복한다. 짝짓기 후에도 모든 게

단정하다. 깃털로 장식
한 수컷은 암컷에게
존중받으며 물러가 잡
아먹힐 염려 없
이 변변치 못한
사냥질에 종사
한다.

　암수는 7월 중순까
지 서로 무관심하게, 또 평화롭게 동거한다. 그때 나이가 많아 쇠
약해진 수컷은 사냥도 않고 철망에서 비틀거리며 조금씩 내려오
다가 끝내는 땅바닥에 주저앉는다. 그리고 곱게 죽는다. 다른 수
컷, 즉 황라사마귀 수컷은 식충이인 암컷의 뱃 속에서 끝난다는
것을 잊지 말자.

　수컷들이 사라진 다음 머지않아 산란이 뒤따른다. 뿔사마귀는
알집을 지을 때가 되었어도 황라사마귀처럼 다산하려고 무겁고
뚱뚱한 배를 갖지는 않았다. 여전히 날씬하고 날아오르기에 적합
한 몸매에서 자손이 별로 많지 않을 것이 예상된다. 실제로 그루
터기, 잔가지, 돌 조각에 고정시킨 녀석들의 알집은 꼬마인 탈색
사마귀(A. decolor) 알집만큼이나 작은 건물이라 길이가 기껏해야
1cm 정도였다. 일반적인 형태는 사다리꼴인데 좀더 작은 쪽은 약
간 볼록하고 다른 쪽은 경사졌다. 대개 이 경사의 위쪽은 가는데
황라사마귀나 탈색사마귀 알집 끝의 돌출물을 연상시키는 실 모
양의 부속물이 있다. 점성 재료의 마지막 한 방울이 거기서 엉기
며 끝나 실처럼 늘어난 것이다. 다 짓고 나면 건축물을 리본으로

푸른 나뭇가지 꼭대기에 묶어 놓는다. 사마귀과(목) 곤충들은 알집을 지은 다음 모두 이런 식으로 설치한다.

알들은 거품이 말라 회색을 띠는 얇은 칠로 덮였는데 특히 윗면이 그렇다. 쉽게 사라지는 섬세한 칠 밑에 동질의 각질이며 엷은 갈색을 띠는 기본 물질이 나타난다. 눈에 잘 띄지 않는 6~7열의 고랑이 옆의 얇고 구부러진 조각들을 갈라놓는다.

부화하면 알집의 꼭대기에 12개의 둥근 구멍이 뚫리는데 두 줄로 번갈아 배열되었다. 이 구멍들은 애벌레가 나오는 출구이다. 조금 돌출한 작은 출구는 교대로 손잡이가 달려 이중 열을 이루는 일종의 리본으로 연결된다. 이 리본의 기복은 산란할 때 있었던 산란관 진동운동의 결과였음을 분명하게 보여 준다. 이 출구들은 양옆에 의해 완성되어 형태와 배치가 매우 규칙적이며, 목신(Pan, 牧神)의 귀여운 피리를 두 줄로 나란히 놓아둔 모습이다.

각 구멍은 두 개의 알이 들어 있는 방에 해당한다. 따라서 총 산란 수는 24개가량이다.

나는 부화 장면을 관찰하지 못했다. 그래서 이 곤충의 애벌레도 나오기 전에 황라사마귀 애벌레처럼 해방되기에 적합한 과도기 상태를 거치는지의 여부를 모른다. 여기서는 탈출 준비가 아주 잘 되어 있어서 그런 과정이 없었을 수도 있다. 각 방에는 어떤 장애물도 없는 매우 짧은 현관이 위쪽에 절반쯤 뚫려 있다. 부서지기 쉬운 거품 물질로 조금 막아 둔 것이니 갓 난 애벌레의 큰턱으로 쉽게 부서질 것이다. 이렇게 밖으로 인도되는 넓은 현관이 있어서 긴 다리와 가는 더듬이가 성가신 부속물이 되지는 않을 것이다. 그래서 어린것들은 첫째 애벌레 상태를 거치지 않고도 알에서 나오면서부터 얼마든지 자유로울 수 있다. 나는 직접 관찰을 못했으니 이렇게 될 것 같다는 짐작만 진술하는 것으로 끝내련다.

서로 비교한 습성에 대해 한마디 더 해보자. 사마귀(Mante)에게는 잔인한 동족 포식 습성이 있고 뿔사마귀에게는 온화한 기질과 동종 간의 존중성이 있다. 조직은 같은데 이토록 심한 도덕상의 차이는 어디서 왔을까? 혹시 식사법에서 올 수도 있을 것이다. 사실상 검소함은 짐승에서든, 사람에서든 성격을 부드럽게 해준다. 짐승 같은 분노의 요인이 될 고기와 알코올을 먹고 마시는 폭음 폭식가는 빵을 소량의 우유에 찍어 먹는 검소한 사람과 같은 얌전함을 가질 수 없을 것이다. 사마귀는 폭음 폭식가요, 뿔사마귀는 검소한 자이다. 동감이다.

하지만 거의 같은 조직이니 같은 요구가 동반되어야 할 것 같은데 어째서 한 녀석에게는 허기증이, 다른 녀석에게는 절제성이 왔을까? 사마귀과(목) 곤충들도 이미 다른 많은 곤충이 알려 준 것을 녀석들 나름대로 되풀이했다. 경향과 적성은 해부학에만 의존된 것이 아니며 물질을 지배하는 물리적 법칙 훨씬 위에 본능을 지배하는 다른 법칙들이 감돌고 있다는 것이다.

찾아보기

기타

전문용어/인명/지명/동식물

도판

곤충 학명 및 불어명

A

기타

동식물 학명 및 불어명/전문용어

『파브르 곤충기』 등장 곤충

숫자는 해당 권을 뜻합니다. 절지동물도 포함합니다.

398

400

402

406

411